职教mooc
建设委员会

"十二五"
职业教育
国家规划
立项教材

西餐烹饪专业

西餐热菜制作

主编
闫文胜

高等教育出版社·北京

内容提要

本书是西餐烹饪专业“十二五”职业教育国家规划立项教材，依据教育部西餐烹饪专业教学标准，在《西餐烹调技术》（第二版）的基础上编写而成。

本书共分9个单元，内容包括：走进西餐烹调、西餐原料基础知识、西餐原料加工技术、西餐烹调方法、基础汤与少司制作、汤菜制作、蔬菜类和淀粉类菜肴制作、热菜菜肴制作、西式早餐与快餐制作。书后还附有西餐烹调常用词汇和烹调度量表。

本书在编写中考虑到西餐行业发展及学校教学实际，将原书名改为《西餐热菜制作》，进行了内容整合，更新了菜肴实例，删繁就简、去旧推新，突出理论联系实际和西餐热菜制作技艺的培养。书中经典菜肴配有彩色图片，部分菜肴的制作过程还配有演示视频，便于学习使用。

本书配有在线开放课程（MOOC）和学习卡资源，按照“本书配套数字化资源的获取与使用说明”及书后“郑重声明”页中的提示，可获取相关教学资源。

本书可作为职业院校西餐烹饪专业教材，还可作为西餐厨师岗位培训教材和烹饪爱好者的自学读物。

图书在版编目（CIP）数据

西餐热菜制作 / 闫文胜主编 . -- 北京 : 高等教育出版社 , 2021.8（2023.2重印）
西餐烹饪专业
ISBN 978-7-04-054961-4

Ⅰ . ①西… Ⅱ . ①闫… Ⅲ . ①西式菜肴 – 烹饪 – 中等专业学校 – 教材 Ⅳ . ① TS972.118

中国版本图书馆 CIP 数据核字 (2020) 第 160164 号

XICAN RECAI ZHIZUO

策划编辑 苏 杨　责任编辑 苏 杨　封面设计 张申申
版式设计 王 洋　责任校对 刘 莉　责任印制 赵 振

出版发行	高等教育出版社	网 址	http://www.hep.edu.cn
社 址	北京市西城区德外大街 4 号		http://www.hep.com.cn
邮政编码	100120	网上订购	http://www.hepmall.com.cn
印 刷	高教社（天津）印务有限公司		http://www.hepmall.com
开 本	889mm × 1194mm 1/16		http://www.hepmall.cn
印 张	17		
字 数	360千字	版 次	2021 年 8 月第 1 版
购书热线	010-58581118	印 次	2023 年 2 月第 3 次印刷
咨询电话	400-810-0598	定 价	54.80 元

物 料 号 54961-00

本书配套数字化资源的获取与使用说明

在线开放课程（MOOC）获取与使用

本书配套在线开放课程“西式简餐制作”，可通过计算机或手机APP端进行视频学习、测验考试、互动讨论。

● 计算机端：访问地址http://www.icourses.cn/vemooc，或百度搜索“爱课程”，进入“爱课程”网“中国职教MOOC”频道，在搜索栏内搜索课程“西式简餐制作”。

● 手机端：扫描中国大学MOOC二维码或在手机应用商店中搜索“中国大学MOOC”，安装APP后，搜索课程“西式简餐制作”。

中国大学MOOC

西式简餐制作

学习卡教学资源获取与使用

本书配套电子教案、教学课件等辅助教学资源，可登录高等教育出版社Abook网站http://abook.hep.com.cn/sve获取相关资源。详细使用方法见本书“郑重声明”页。也可扫描Abook APP下载安装地址，按操作程序进行学习。

Abook APP
下载安装地址

二维码教学资源获取与使用

本书配套微视频等学习资源，在书中以二维码形式呈现。扫描书中相应的二维码进行查看，随时随地获取学习内容，享受立体化学习体验。

前言

由于我国社会经济快速发展，人们的饮食生活趋于多样化，更为快捷的西餐受到国人的喜爱，我国餐饮从业人员的西餐烹饪水平也有了很大的提高。为适应行业对人才的需求，本书在2012年出版的《西餐烹调技术》（第二版）的基础上进行了重编，以更好地满足教学的实际需要。

《西餐烹调技术》2004年出版，2012年再版，其知识性和实用性强，在全国中等职业学校中受到普遍欢迎，在专业课程改革、提升职业能力和提高西餐烹饪专业教学质量等方面发挥了重要作用。随着教学改革的推进以及时代的发展，特别是近年来西餐行业的迅猛发展，新技术、新工艺、新材料不断涌现，教材也需要进行相应的调整，以进一步适应职业教育教学的需要。

本书本着删繁就简、去旧推新、循序渐进、易懂实用的原则，从全新的角度对原书中涉及的专业知识和技能进行了整合，突出实用性和职业能力的培养，力求深入浅出、理论联系实际，以适应职业院校西餐烹饪专业教学的需要。

本次编写从以下两个方面做了较大调整：

1. 内容方面

将上一版的第一单元“西餐概念”和第二单元“西餐基础知识”合并为“走进西餐烹调”。将第四单元“西餐烹调方法”、第七单元“配菜知识”进行了补充和修改，删除了第八单元“热菜菜肴制作”中较为陈旧的菜肴，增添了部分当今比较流行的新派菜肴。

2. 配套资源方面

本次增加了大量实物图片，便于学生认识和学习西餐常用器具及原料。书中的经典菜例配有成品彩图，核心操作过程还配有演示视频，大大提高了本书的教学适用性。

全书共分为9个单元，总学时为128，具体学时安排建议如下：单元一　8学时；单元二　12学时；单元三　12学时；单元四　14学时；单元五　14学时；单元六　16学时；单元七　14学时；单元八　24学时；单元九　8学时；机动学时　6学时。

本书由北京劲松职业高级中学闫文胜编写。在编写过程中，由于编者水平有限，难免有不足之处，恳请广大师生指正，以便修订完善。读者意见反馈信箱：zz_dzyj@pub.hep.cn。

编者

2021年4月

目录

001 单元一 走进西餐烹调

002 主题一 西餐的概念与发展概况
005 主题二 西餐的主要菜式和风味特点
012 主题三 西餐厨房的设置
014 主题四 西餐厨房常用设备及工具
023 主题五 西餐菜单的种类和编排结构

029 单元二 西餐原料基础知识

030 主题一 家畜
032 主题二 家禽
035 主题三 水产品
042 主题四 肉制品和乳制品
048 主题五 蔬菜和果品
053 主题六 谷物类原料和制品
058 主题七 西餐调味品和烹调用酒

069 单元三 西餐原料加工技术

070 主题一 刀工操作基本技法
073 主题二 蔬菜类原料的加工
077 主题三 肉类原料的加工
091 主题四 水产品原料的初加工

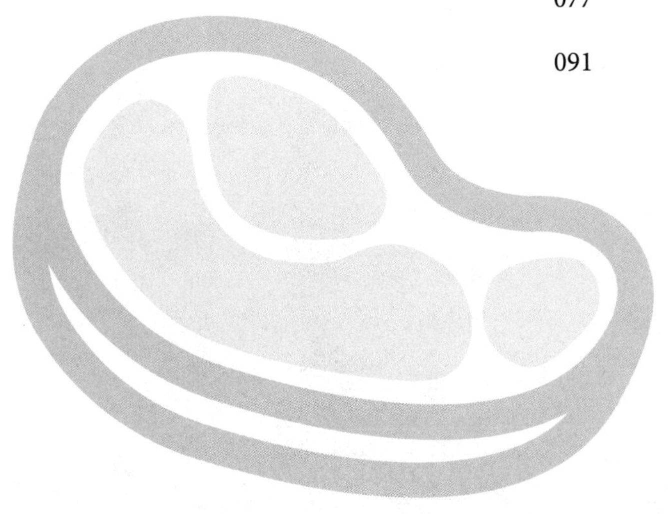

097 单元四 西餐烹调方法

098 主题一 烹调过程中的热传递

101 主题二 初步热加工

103 主题三 用油传热的烹调方法

107 主题四 用水传热的烹调方法

113 主题五 用空气传热的烹调方法

121 单元五 基础汤与少司制作

122 主题一 基础汤制作

125 主题二 少司制作

139 单元六 汤菜制作

140 主题一 清汤类制作

143 主题二 茸汤类制作

145 主题三 奶油汤类制作

149 主题四 浓肉汤类制作

150 主题五 蔬菜汤类制作

153 主题六 海鲜汤类制作

155 主题七 冷汤类制作

159 单元七 蔬菜类和淀粉类菜肴制作

160 主题一 配菜知识

161 主题二 马铃薯类菜肴制作

166 主题三 蔬菜类菜肴制作

170 主题四 谷物类菜肴制作

181 单元八 热菜菜肴制作

182 主题一 水产类菜肴制作

194 主题二 畜肉类菜肴制作

220 主题三 家禽类菜肴制作

233 单元九 西式早餐与快餐制作

234 主题一 西式早餐制作

244 主题二 西式快餐食品制作

251 附录一 西餐烹调常用词汇

259 附录二 烹调度量表

261 参考书目

单元一

走进西餐烹调

学习目标

1. 能明确西餐的概念，清楚西餐发展概况。
2. 能说出西餐主要菜式的特点。
3. 能说出西餐厨房设置和厨房主要设备和工具。
4. 能说出西餐菜单的种类，掌握西餐菜单编排的结构。

主题一
西餐的概念与发展概况

一、西餐的概念

“西餐”是中国人及其他东方国家和地区人民对西方各国菜点的统称，广义上讲，也可以说是东方人对西方各国餐饮文化的统称。但就西方人而言，他们并无明确的“西餐”概念，“西餐”只是东方人的概念。

西餐概念中的“西方各国”习惯上泛指欧洲各国和地区，以及以欧洲各国和地区的移民为主要人口的北美洲、南美洲和大洋洲的广大区域。由于欧洲各国间的地理位置较近，历史上曾多次出现过民族大迁徙，其餐饮文化早已相互渗透、相互融合，彼此间有很多共同之处。此外，在中世纪罗马时代形成的饮食习惯、饮食品种、饮食禁忌、餐饮形式、进餐习俗等也表现出了相当多的共性。因而东方人在刚开始接触西方各国餐饮文化时，把法国菜、意大利菜、英国菜等看起来大体相同、而又与东方餐饮文化迥异的西方各国餐饮统称为西餐。

知识拓展

西餐在我国早期被称为“番菜”。古人将天下分为五方，“华夏”居中，东方称为“夷”，西方称为“番”或“戎”，南方称为“蛮”，北方称为“胡”或“狄”。因此我国最早的西餐厅又称“番菜馆”。

二、西餐发展概况

西方餐饮文化的发展与西方文明史的发展密不可分。西方文明最早是在地中海沿岸发展起来的。公元前2000年左右，古希腊的克里特岛及爱琴海诸岛的古希腊人逐渐汲取了古埃及和西亚的先进文化，创造了欧洲最古老的文明——爱琴文明。

公元前5世纪，在古希腊的西西里岛上已出现了高度发达的烹饪文化，煎、炸、烤、煮、焖、炙、熏等多种烹调方法均已出现并被广泛应用，技艺高超的厨师得到全社会的尊敬。

在古罗马帝国时期，随着其疆域的不断扩大，餐饮文化开始被重视起来，很快便发展到一个新的水平。古罗马的宫廷膳房已出现了庞大的厨师队伍并有详细的、明确的分工，厨师总管的地位与贵族大臣相当，烹调方法也日臻完善，总结了数十种调味汁的制作方法，制作了最早的奶酪蛋糕。古罗马时期的餐饮文化后来影响了大半个欧洲，被誉为“欧洲大陆烹饪文化之始祖”。

罗马帝国灭亡后，整个欧洲进入所谓“黑暗的中世纪”阶段，在此阶段前后大约1 000年的时间内，欧洲大部分地区的餐饮文明和其他文明一样发展得比较缓慢。直到15世纪中叶欧洲文艺复兴时期，其餐饮文化才得以进一步发展，各种名菜、甜点不断涌现，驰名世界的意大利空心粉就是此时出现的。到17世纪左右，西餐桌上出现了切割食物的刀、叉等餐具，结束了用手抓食的进餐方法。18—19世纪，随着西方工业革命和自然科学的进步和发展，西方餐饮文化也发展到一个崭新阶段，瓷器餐具被普遍应用，先进、精美的炊具和餐具不断涌现，令人目不暇接，社会上也涌现出大量的饭店和餐厅，形成了高度文明的餐饮文化。

20世纪是西方餐饮文化发展的鼎盛时期，原来只被少数人享用的宫廷大菜走出高阁，逐渐在民间普及；西餐朝着个性化、多样化的方向发展，品种更加丰富多彩。

20世纪50年代，由于第二次世界大战结束后经济迅速发展，人们生活节奏加快，生活方式改变，“速食”食品在美国发展起来，快餐业随之兴起。到20世纪70年代初，快餐业的发展达到了高峰。

20世纪70年代，以法国保罗·博古斯（Paul Bocuse）等为代表的一批顶级厨师，尝试扬弃法国传统经典大菜富丽堂皇、精致烦琐的作风，摒弃厚重油腻的酱汁，以展现原料自身的本味，从而开启了法国新派料理（nouvelle cuisine）的风尚。

进入21世纪，分子美食（molecular gastronomy）成为当今西餐厨艺的亮点，分子烹饪的风潮正席卷着全球的烹饪界，众多星级饭店、餐厅的大厨都争先恐后地学习效仿。

知识拓展

分子美食（molecular gastronomy）一词，最早是在1988年由著名的美食家、牛津大学物理学教授尼古拉斯·柯蒂（Nicholas Kurti）和法籍化学家、《烹饪艺术之谜》的作者艾维·提斯（Herve This）提出的。简单而言就是将科学的物理、化学手段运用于烹调之中，将原料的分子结构重组，以创造出精美的食物。当今使用较为普遍的分子厨艺手段主要有：泡沫技术、胶囊技术、食物分解、低温慢煮、液氮速冻等。

三、西餐在我国的传播与发展

西餐是从西方国家传入我国的。西餐开始在我国传播大致可以追溯到17世纪中叶。当时西欧一些国家已开始出现资本主义制度，一些资本家、商人为了寻找市场，陆续来到我国广州等沿海地区通商。此外，一些西方传教士和外交官也不断到我国内陆地区传播西方文化，同时也将西餐烹调技艺带到了中国。据记载，1622年，来华的德国传教士汤若望在中国居住期间，曾用蜜面和以“鸡卵”制作的“西洋饼”来招待中国官员，食者皆“诧为殊味”。这是我国最早有明确文字记载的“西洋食品”。

清代初期，来我国的西方人越来越多。但西餐真正传入我国还是在1840年鸦片战争以后，我国的门户被打开，通商口岸的开放使西方人大量涌入我国，同时也带来了西餐烹调技艺。他们不但有自己的西方厨师，另外也雇用我国厨师为其服务，这样西餐烹调技艺就逐渐为我国厨师所掌握。

清朝光绪年间，在外国人较多的上海、北京、广州、天津等地，出现了由中国人经营的西餐厅（当时称为“番菜馆”）以及咖啡厅、面包房等，从此，中国有了西餐行业。据清末史料记载，最早的西餐厅是上海福州路的“一品香”。随后，上海又出现了“海天香”“一家春”“江南春”“万家春”等西餐厅。在北京最早出现的是光绪年间的“醉琼林”“裕珍园”等。

1900年，北京出现了“租借地”。租借地成了西方人的“乐园”，西餐行业也随之“安营扎寨”。这一年，法国人在北京创办了北京饭店，1903年建立了得利面包房。此后，西班牙人又创办了三星饭店，德国人开设了宝珠饭店，希腊人开设了正昌面包房，俄国人开设了石根牛奶厂等。

20世纪20年代初，上海的西餐业得到了迅速发展，出现了数家大型西式饭店，如理查饭店（现浦江饭店）、汇中饭店（现和平饭店南楼）、大华饭店。进入20世纪30年代，又有国际饭店、华懋饭店、上海大厦等相继开业。这些饭店都以经营西餐为主。此外，广州的哥伦布餐厅、天津的维克多利饭店、哈尔滨的马迭尔饭店等也都是这一时期出现的。这些西式饭店的兴起，在中国上层社会掀起了一股西餐浪潮，享用西餐成了一种时尚。总之，20世纪二三十年代是西餐在中国传播和发展最快的时期。

1949年中华人民共和国成立以后，西餐在我国又有了新的发展，如在北京相继建成了莫斯科餐厅、友谊宾馆、新侨饭店、北京饭店西楼、和平宾馆、民族饭店等大型饭店，这些饭店都设有西餐厅。由于当时我国与苏联及东欧国家交往密切，所以，此时的西餐主要以俄式菜为主。

党的十一届三中全会后，随着我国对外开放政策的实施、经济的发展、旅游业的崛起，西餐在我国的发展又进入了一个新的时期。20世纪80年代，在北京、上海、广州等地相继兴建了一批设备齐全的现代化饭店，著名的希尔顿、喜来登、假日酒店等酒店业集团也相继在中国设立了连锁店。这些饭

知识拓展

据中国餐饮协会2018年调查统计，目前全国西餐企业已多达2万多家，正式的西餐厅有3 200多家，酒吧3 800多家，西式快餐店4 000多家，咖啡厅3 500多家，西餐行业从业人数近30万，西餐业的网点发展非常迅速，60%以上的地级市都有西餐厅，西餐业在中国表现出了强大的生命力。

店的兴起，引进了新设备，带来了新技术、新工艺，使西餐在我国得到了迅速发展，菜系也出现了以法国菜为主，英、美、俄等菜式全面发展的格局。此外，随着肯德基、麦当劳、必胜客等西式快餐相继在中国落户，也加快了西餐在我国的普及。

21世纪世界经济全球化，随着中国经济总量的不断增加，人民饮食文化的多样化，西餐已走入普通百姓家，在丰富人们生活的同时，也为我国经济发展起到了推动作用。

主题二
西餐的主要菜式和风味特点

西方各国的饮食文化虽然有许多共同之处，但由于自然条件、历史传统、社会制度的不同，不同国家和地区人民的风土人情和饮食习惯也有较大差异，从而也就出现了风格不同的菜系流派，其中影响较大的有法国菜、意大利菜、英国菜、美国菜、俄罗斯菜、德国菜和西班牙菜等。

一、法国菜

法国位于欧洲西部，人口主要以法兰西人为主，大部分信奉天主教，地理条件优越，西部属海洋性温带阔叶林气候，南部属亚热带地中海式气候，中部和东部属大陆性气候。

法国农牧业发达，葡萄酒产量居世界前列。法国的葡萄酒、香槟酒、白兰地、奶酪均闻名于世。

法国是在西罗马帝国灭亡后，于843年成为独立国家的。在此之前它是古罗马的一个省，称为外高卢，当时经常有一些雅典和罗马城的著名厨师来这里献艺，为法国菜奠定了基础。16世纪，意大利公主凯瑟琳嫁给当时的法国国王亨利二世，随行中有数名当时意大利的名厨，将意大利在文艺复兴时期盛行的一些名菜，如烩牛仔核、煎嫩牛排、各种少司（汤汁）的制作方法、烹调技艺等都传到了法国，而原本就对饮食文化颇为重视的法国人，便将两国在烹饪上的优点融合在一起，使法国菜更加丰富。到法国路易十四时期，法国菜发展到一个高峰，此时法国国力强盛，路易十四经常在刚刚落成的凡尔赛宫为他的300名厨师举办烹饪大赛，优胜者由王后授予绶带，此奖项即为流传至今的蓝带（Le Cordon Bleu）奖。此后的路易十五、路易十六也都崇尚美食。在这种环境的影响下，厨师成了一个新兴职业，并且名厨辈出，出版的烹饪著作也很多，从而奠定了法国菜在西餐中的重要地位。法国菜从此享誉世界，法国人也以自己的烹饪技术而自豪。

法国菜有很多特点，主要体现在以下五个方面：

（1）选料广泛，用料讲究。一般来说，西餐在选料上局限性较大，而法国菜的选料却很广泛，如蜗牛、黑松露、洋蓟、椰树芯、马兰等皆可入菜。另外，其在选料上也很精细，由于菜肴不是制作成全熟，所以用料要求绝对新鲜，做什么菜用什么料也很讲究。

（2）烹调精细，讲究原汁原味。法国菜制作精细，有时一道菜要经过多种工序。尤其对少司的制作十分讲究，一般要由专门厨师制作，而且制什么菜用什么少司都有一定之规，如做牛肉菜肴用牛骨汤汁，做鱼类菜肴用鱼骨汤汁，有些汤汁要煮8 h以上，使菜肴不失原料的特点。

（3）追求菜肴的鲜嫩口感。法国菜要求菜肴水分充足、质地鲜嫩，如牛排一般只要求三四成熟，烤牛肉、烤羊腿只需七八成熟，烹调水产品不可过熟，而牡蛎则大多生食。

（4）烹调喜欢用酒和香料调味。法国菜在烹调中喜欢用酒调味，做什么菜用什么酒都十分讲究，如制作水产品用白兰地、白葡萄酒，制作畜肉和家禽用雪利酒和马德拉酒，制作火腿用香槟酒，制烩水果和点心用朗姆酒、甜酒等。而且酒的用量也很大，法国菜大都带有酒香气。法国菜特别注重对菜肴香味的调理，烹调中习惯使用具有特殊香型的各种天然植物香料调味，如百里香、迷迭香、莳萝、他拉根、鼠尾草等，什么原料搭配什么香料也都有一定的规矩。

（5）常以人名、地名、物名来命名菜肴。如马令古鸡、巴黎式土豆、马赛鱼羹。

知识拓展

法国烹饪的三大流派

1. 古典流派（classic cuisine/haute cuisine）：起源于18世纪，以被誉为法国烹饪之王的奥古斯都·埃斯科菲（Auguste Escoffier）为代表，菜肴用料名贵、制作精湛，辅以精致的餐具装配，又被称为“豪华料理”。

2. 平民流派（bourgeoise cuisine）：源于法国家庭菜肴，讲究用料新鲜，制作简单，在1950—1970年间最为流行。

3. 新派料理（nouvelle cuisine）：源于20世纪70年代，以保罗·博古斯（Paul Bocuse）等为代表，讲究选料名贵，用料新鲜，注重菜肴的原汁原味。

典型的法国菜菜肴很多，如洋葱汤、牡蛎杯、焗蜗牛、鹅肝冻、烤牛外脊。除此之外，法国还有许多著名的地方菜，如阿尔萨斯的奶酪培根蛋挞、勃艮第的红酒烩牛肉、诺曼底的诺曼底烩海鲜、马赛的马赛鱼羹。

二、意大利菜

意大利地处南欧的亚平宁半岛上，人口主要以意大利人为主，占总人口的94%左右，大部分信奉天主教。意大利南、北部的气候和地理形势差异很大，北部属大陆性气候，南部属地中海式气候。意大利优越的地理条件，使其农牧业和食品加工业都很发达。意大利的帕尔玛奶酪、意大利面条、萨拉米（香肠）、墨西拿剑鱼等闻名于世。

意大利历史悠久，是古罗马帝国和欧洲文艺复兴的中心。其餐饮文化也非常发达，影响了欧洲大部分国家和地区，被誉为“欧洲大陆烹饪之始祖”。时至今日，意大利菜仍在世界上享有很高的声誉。意大利北部邻近法国，受法国菜的影响较大，多用奶油、奶酪等乳制品入菜，口味较浓郁而调味则较简单。其南部三面临海，物产丰富，擅长用番茄酱、番茄、橄榄油等制菜，口味丰富。

意大利菜的主要特点体现在以下三个方面：

（1）讲究火候，注重传统菜肴制作。意大利菜对菜肴的火候很讲究，很多菜肴要求烹制成六七成熟，牛排要鲜嫩带血。意大利饭（risotto）、意大利面条一般习惯做成七八成熟、有硬心，这是其他国家所少有的。意大利菜中传统的红烩、红焖类菜肴较多，而现今流行的烧烤、铁扒类菜肴相对较少。意大利厨师也以自己的传统菜点为荣。

（2）注重原料本味，讲究原汁原味。意大利菜多采用煎、煮、蒸等保持原料原味的烹调方法，讲究体现原料自身的鲜美味道。在调味上直接、简单，除盐、胡椒粉外，主要以番茄、番茄酱、橄榄油、香草、红花、奶酪等调味。在少司的制作上讲究汁浓味厚，原汁原味。

（3）以米、面做菜，品种丰富。意大利菜以米、面入菜是其不同于其他菜式的明显特色。意大利面食（pasta）可谓千变万化，闻名世界，据说仅是款式便超过300种。这些面食既可做汤，又可做菜、做沙拉等。除面食外，意大利饭也是第一道菜的热门之选。

知识拓展

意大利菜的风格主要形成于欧洲文艺复兴时期。当时意大利威尼斯、佛罗伦萨等地的贵族们以拥有厨艺精湛的厨师和开发新的烹调技艺为荣，他们开发和改良了众多名菜、甜点等，如煎嫩牛排、烩牛仔核、冰淇淋、意大利面和酱汁等，发明了餐用刀叉，推广了就餐礼仪。1533年，嫁到法国的意大利公主凯瑟琳将这些烹饪方法和工艺带到了法国，法国人加以融合，并逐步将其发扬光大，创造出当今最负盛名的西餐代表“法国菜”。意大利菜对欧美国家的餐饮产生了深厚影响，故意大利菜又有“西餐之母”“欧洲大陆烹饪之始祖”的美称。

典型的意大利菜肴有：佛罗伦萨烤牛排、意大利菜汤、米兰式猪排、托斯卡纳魔鬼烤鸡、撒丁岛烤乳猪、比萨饼、意式馄饨等。

三、英国菜

英国地处欧洲大陆西侧的大不列颠岛上，人口以英格兰人为主，还有苏格兰人、威尔士人和北爱尔兰人，大部分信奉基督教的新教。英国属温带海洋性气候，畜牧业和乳制品业较发达，但粮食每年需要进口。

英国是在西罗马帝国灭亡后建立起来的国家。古罗马文化对英国有一定影响。到1066年，法国诺曼底公爵威廉渡海征服英格兰后，建立了诺曼王朝，带来了法国和意大利的饮食文化，为英国菜的发展打下了基础。但英国人不像法国人那样崇尚美食，因此英国菜相对来说比较简单。英国人也常自嘲不擅烹调。但英国菜中的早餐却很有特色，素有“big breakfast”即丰盛早餐的美称。

英国菜的特点主要体现在以下两个方面：

（1）选料单调，烹调简单。英国菜选料的局限性比较大，有许多禁忌。英国虽是岛国，但英国人不讲究吃海鲜，反而比较偏爱牛肉、羊肉、禽类、蔬菜等。在烹调上喜欢用煮、烤、铁扒、煎等方法，菜肴制作大都比较简单，肉类、禽类等也大多整只或大块烹制。

（2）调味简单，口味清淡。英国菜调味比较简单，主要以黄油、奶油、盐、胡椒粉等为主，较少使用香草和酒调味，菜肴口味清淡，油少不腻，尽可能地保持原料原有的味道。

知识拓展

英国人有喝“被窝茶”和“下午茶”的习惯。英国人一般早晨起床前要喝一杯较浓的红茶，俗称“被窝茶”，然后再吃早餐。午餐后，一般是在下午三点半到四点半之间，喝杯红茶，品尝些蛋糕、三明治、松饼等点心，称为“下午茶”（afternoon tea/low tea）。

英国菜的典型菜肴有：英格兰式煎牛扒、英格兰烤皇冠羊排、煎羊排配薄荷汁、马铃薯烩羊肉、烤鹅填栗子馅、牛尾浓汤等。

四、美国菜

美国位于北美洲大陆中部，东濒大西洋，西临太平洋，属温带和亚热带气候。美国人大多是来自世界各地的移民，其中主要以欧洲移民为主，是典型的移民国家。

自哥伦布发现美洲大陆后，欧洲人就不断向北美移民，到1733年，英国在北美建立了13个移民地。1776年7月4日美国正式独立。由于来自英国的移民较多，所以美国菜是以英国菜为基础，融合了众多国家的烹饪精华，并结合当地丰富的物产而发展起来的，形成了自己特有的餐饮文化。

知识拓展

感恩节吃火鸡的习俗源于美国。1620年一批英国移民乘“五月花”号抵达美洲大陆的普利茅斯山，由于当时物资贫乏，圣诞节要吃烤鹅的英国人只能就地取材，以普利茅斯山中的火鸡代替烤鹅。后来，这些英国人为了纪念登陆的这一天，也为了感激上帝的恩典，用烤火鸡进行庆祝，逐渐形成了美国特有的节日——感恩节。自此感恩节吃火鸡的习俗便延续下来，成为一种传统。

美国菜的特点有以下三个方面：

（1）喜欢用水果做菜，口味清淡，咸中带甜。由于美国盛产水果，所以水果经常是菜肴中不可缺少的原料，用水果做菜比较普遍，而且用量也较大。用水果、蔬菜制作的沙拉，口味清淡、爽口。热菜菜肴中加入水果，咸里带甜，别具特色。

（2）注重营养，合理搭配。美国菜注重菜肴的营养和搭配，而且针对不同人群制作的营养餐非常普及。时至今日，美国菜更流行低脂肪、低胆固醇的菜肴，肉类和高脂肪的菜肴相对减少，海鲜和蔬菜等消费量与日俱增，甚至出现了一部分纯素餐。

（3）快餐食品发展迅速。由于美国经济比较发达，人民生活节奏加快，所以，快餐业在美国得到了迅速发展，并很快影响到世界各地的餐饮业。快餐食品在美国菜中已占据了重要的一席之地。

美国菜的典型菜肴有：华尔道夫沙拉、烤火鸡配苹果、菠萝火腿扒、苹果派等。

五、俄罗斯菜

俄罗斯横跨欧亚大陆，地域广阔，人口大都集中在欧洲部分，大多数人信奉东正教；属温带和亚寒带大陆性气候，冬天漫长严寒，夏秋季节甚短。俄罗斯的畜牧业较发达，乳制品产量较大。俄罗斯的伏特加酒、鱼子酱闻名于世。

15世纪以莫斯科为中心的俄罗斯统一后，俄罗斯的饮食文化得以发展，尤其是到沙皇彼得大帝时期，俄罗斯全面接受西欧文化，在饮食文化方面，崇尚法国菜，所以受法国菜影响较大。除此之外，俄罗斯菜在其形成的过程中，还不断借鉴欧洲其他国家饮食的优良传统和特色，并结合俄罗斯的物产和饮食文化，逐渐形成了颇具特色的俄罗斯菜。

俄罗斯菜的特点主要体现在以下四个方面：

（1）传统菜肴油性较大。由于俄罗斯大部分地区气候比较寒冷，人们需要较多的热量，所以传统的俄罗斯菜较油腻。黄油、奶油是必不可少的，许多菜肴做完后还要再浇上少量黄油，部分汤菜也是如此。随着社会的进步，人们的生活方式也在改变，俄罗斯菜也逐渐趋于清淡。

（2）菜肴口味浓重。俄罗斯菜喜欢用番茄、番茄酱、酸奶油调味，菜肴口味浓重，酸、咸、甜、微辣各味俱全，俄罗斯人还喜欢生食大蒜、葱头。

（3）擅长制作蔬菜汤。汤是俄罗斯人每餐不可缺少的食品。由于俄罗斯气候寒冷，饮用汤可以驱走寒冷、带来温暖，还可以去菜中油腻，帮助进食，增进营养。俄罗斯人擅长用蔬菜等调制蔬菜汤，常见的蔬菜汤就有60多种，汤是俄罗斯菜的重要组成部分。

（4）俄罗斯小吃品种繁多。俄罗斯菜讲究冷小吃的制作，且品种繁多，口味酸咸爽口，其中以鱼子酱最负盛名。

俄罗斯菜的典型菜肴有：鱼子酱、红菜汤、基辅鸡卷、罐焖牛肉、莫斯科烤鱼等。

知识拓展

俄罗斯红菜汤（borsch）在俄罗斯、乌克兰、波兰等国家广为流传，因俄罗斯的英语为Russia，所以在我国很多地方将这种来自俄罗斯的汤称为罗宋汤或吕宋汤。正宗的俄罗斯红菜汤的主料是甜菜而非番茄，正是甜菜赋予了红菜汤鲜艳的红色和特别的味道。

六、德国菜

德国位于欧洲的中部，是连接西欧和东欧内陆的桥梁，人口主要以德意志人为主，大部分人信奉基督教新教和天主教。德国西北部靠近海洋，主要是海洋性气候；东部和东南部属大陆性气候。其农牧业发达，机械化程度高。德国饮食以啤酒和品种繁多的肉制品闻名于世。

德国是在西罗马帝国灭亡后，由日耳曼诸部落建立起来的国家，在欧洲中世纪时期一直处于分裂状态，直至1870年才真正统一。德国的饮食习惯与欧洲其他国家有许多不同。德国人注重饮食的热量分配及维生素等营养成分，喜食肉类食品和马铃薯制品。德国菜以丰盛实惠、朴实无华著称。

德国菜的特点主要体现在以下三个方面：

（1）肉制品丰富。由于德国人喜食肉类食品，所以德国菜的肉制品非常丰富，种类繁多，仅香肠一类就有上百种，其中法兰克福肠驰名世界。德国菜中有不少菜肴是用肉制品制作的。

（2）口味以酸咸为主，清淡不腻。德国菜中经常使用酸菜，特别是制作肉类菜肴时，加入酸菜，使菜肴口味酸咸，浓而不腻。

（3）生鲜菜肴较多。德国菜中生鲜菜肴较多。

知识拓展

德国是世界上啤酒产量和消耗量均较大的国家之一，被誉为啤酒王国。啤酒在德国就是一种饮料，而且是广受欢迎的饮料。德国的啤酒文化历史悠久，有许多关于啤酒的古老的传说。德国各地几乎都有“啤酒公园”，还有专属的节日和舞蹈，德国的“慕尼黑啤酒节”更是闻名世界。啤酒可以说是当代德国社会文化具有代表性的载体，也是德国餐饮文化的重要内容。

德国人有生食牛肉的习惯，如著名的鞑靼牛扒，就是将嫩牛肉剁碎，拌以生洋葱末、酸黄瓜末和生蛋黄食用。

德国菜的典型菜肴主要有：柏林酸菜煮猪肉、酸菜焖法兰克福肠、汉堡肉扒、鞑靼牛扒等。

七、西班牙菜

西班牙地处欧洲西南部伊比利亚半岛，人口主要以卡斯蒂利亚人为主，还有加泰罗尼亚人、加利西亚人和巴斯克人等，多信奉天主教。西班牙地貌复杂，多山，四面环海，水产品丰富。西班牙是世界主要的橄榄和橄榄油的生产国，其伊比利亚火腿、雪利酒也闻名于世。

西班牙菜在继承罗马饮食文化的基础上，借鉴并吸收了北非、中东等地的烹饪精华，从而使西班牙菜形成了别具特色的风格。

西班牙菜的特点主要体现在以下三个方面：

（1）在选料上，多以海鲜、水果、蔬菜为主。西班牙菜喜欢用海鲜做菜，对种类繁多的水果和蔬菜运用得也非常多，尤其偏爱马铃薯和番茄，米饭也是餐桌上常见的食物。

（2）在口味上，喜欢用橄榄油和大蒜调味。由于西班牙盛产橄榄油和优质大蒜，所以西班牙菜多以橄榄油烹制或调味，菜肴也大多具有浓郁的蒜香味。

（3）注重菜肴的原味，讲究色彩的搭配。西班牙菜强调保持原料自身的味道，酱汁的口味也较温和。虽然西班牙菜在菜肴的装饰上相对较为随意，但却注重色彩的搭配，菜肴大多色彩鲜艳，诱人食欲。

西班牙菜的典型菜肴有：西班牙塔帕斯、西班牙冷汤、西班牙海鲜饭、马铃薯煎蛋饼、伊比利亚火腿等。

知识拓展

地中海式饮食是目前公认最健康的饮食方式之一。地中海式饮食泛指西班牙、希腊、法国和意大利南部等地中海沿岸国家和地区的饮食方式。地中海式饮食追求自然、新鲜、美味，主张简单烹调，多凉拌，少油炸和熏烤食物。食材以橄榄油、全谷杂粮、根茎类和深色蔬菜、豆类、水果及海鲜为主。营养学家认为，长期以地中海式饮食方式选择食材与烹调方法，非常有益于人体的健康，地中海式饮食被世界卫生组织（WHO）列为值得推荐的饮食方式。

主题三

西餐厨房的设置

一、厨房的类型

西餐厨房的类型主要是根据餐厅的营业方式，即餐厅菜单上确定的供应范围和提供的服务形式与方法决定的。餐厅根据其供应特点和营业方式一般分为零点式餐厅和公司式或团体式餐厅两种。

零点式餐厅即客人根据餐厅菜单，临时零星点菜，又分为常规式零点餐厅和快餐式零点餐厅，如特色餐厅、咖啡厅、酒吧。

公司式或团体式餐厅又分为预订式餐厅和混合式餐厅，即餐厅定时、定菜、定价供应套餐，如宴会餐厅、自助餐厅。

在一些大饭店中，往往有多个不同类型的餐厅。为了适应不同类型餐厅的需要，饭店中一般都设有一个主厨房或宴会厅厨房及数个小型厨房。它们之间既有明确的分工，又彼此相互联系，构成饭店的厨房体系。在饭店中，一般西餐厨房主要由六个部门构成，如图1-1所示。

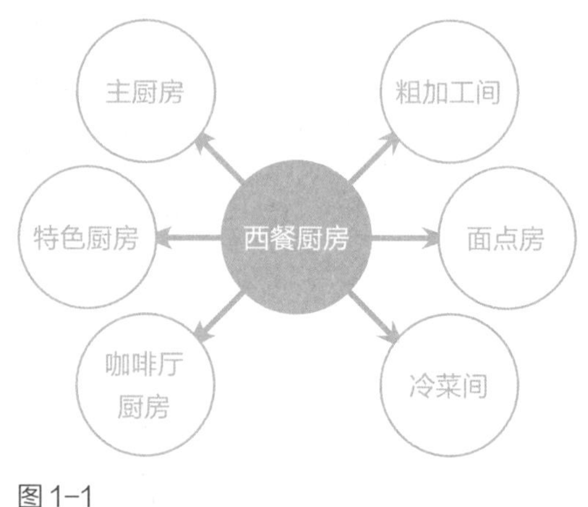

图1-1

西餐厨房

1. 主厨房（main kitchen）

主厨房主要负责宴会厅、自助餐厅等菜肴的制作及向各个分厨房供应基础汤汁和半成品等。

2. 特色厨房（hot kitchen）

特色厨房负责常规式零点餐厅菜肴的制作，主要以制作各式特色菜肴为主，如意大利菜、法国菜、德国菜。

3. 咖啡厅厨房（coffee shop kitchen）

咖啡厅厨房负责咖啡厅菜肴的制作，厨房规模一般较小，以制作一些快捷、简便的菜肴为主。

4. 冷菜间（cold kitchen）

冷菜间主要负责制作各式冷菜食品，如各种沙拉、冷少司及冷调味汁、各色开胃菜、冷肉及三明治。冷菜间又包括蔬菜加工间和水果加工间等。

5. 面点房（pastry and bakery kitchen）

面点房即饼房和面包房，负责制作面包、饼干、蛋糕、布丁及巧克力食品等面点制品。

6. 粗加工间（butcher kitchen）

粗加工间又称肉房，主要负责猪、牛、羊、禽、水产品等的分档取料。

二、厨房的组织结构

厨房的组织结构根据厨房规模的大小而不尽相同。厨房人员主要由厨师长和厨师等组成。一般中小型厨房由于其生产规模小，人员也较少，分工较粗，厨师长和厨师都可能身兼数职，从事厨房的各种生产加工工作；大型厨房生产规模大，部门齐全，人员多，分工细，其组织结构复杂。常见的组织结构如下：

1. 行政总厨（head chef/executive chef）

行政总厨又称主厨、大厨，全面负责整个厨房的日常工作。制订菜单及菜谱，检查菜点质量，负责厨房的烹饪和餐厅的食品供应等生产活动，包括各种宴会和各种餐饮活动。

2. 副总厨（second chef/sous chef/assistant head chef）

副总厨又称副主厨、二厨，主要是协助厨师长负责主持厨房的日常工作，参与菜单和菜谱的制订，负责对菜点质量进行检查等。

3. 厨师领班/主管（chef）

厨师领班/主管负责厨房的某一部门管理，负责本部门人员的工作安排和菜点烹调，控制菜点的质量等。

4. 少司厨师（sauce cook）

少司厨师主要负责制作厨房所需的各种基础汤、基础少司、热少司等。

5. 鱼类厨师（fish cook）

鱼类厨师主要负责鱼类菜肴及相关少司的制作。

6. 汤菜厨师（soup cook）

汤菜厨师主要负责各种奶油汤、清汤、肉羹、蔬菜汤等汤菜菜肴的制作。

7. 烤扒厨师（roast cook）

烤扒厨师主要负责烤、铁扒、串烧等菜肴的制作。烤扒厨师一般是经过全面专业技术培训、技术高超、经验丰富的厨师。

8. 蔬菜厨师（vegetable cook）

蔬菜厨师主要负责厨房所需的各种蔬菜的清洗、整理，以及蔬菜、淀粉类菜肴的制作。

9. 冷菜管理员（cold dish manager）

冷菜管理员主要负责冷菜部的管理，监督、制作冷调味汁、沙拉、部分开胃菜和水果、冷盘的切配及冷菜菜肴的装饰等。

10. 面点师（pastry cook）

面点师主要负责各种面包，冷、热、甜、咸点心等的制作。

11. 肉类加工员（butcher）

肉类加工员主要负责肉类、禽类、水产品原料的初加工，各种猪排、牛排、羊排等原料的分档。

12. 其他

厨师助手（cook's helper）、学徒（apprentice）、实习生（trainee）等。

知识拓展

厨师“chef”一词源于法文“chef-de-cuisine”，即“厨房的领导”。现代厨房所普遍采用的人员组织结构，是由被誉为法国烹饪之王的奥古斯都·埃斯科菲制定的，即厨房军旅制度（brigade de cuisine），将厨师根据其资历与分工等，分成像军队一样严谨的等级。

主题四 西餐厨房常用设备及工具

西式烹调常用的厨房设备和工具很多，主要可以分为炉灶设备、机械设备、制冷设备、厨房常用炊具和刀具。

一、炉灶设备

1. 西餐灶（kitchen range）

西餐灶又称“四眼灶”或“六眼灶”，一般由钢或不锈钢制成，灶面平坦，一般有4或6个灶眼，下部一般附有烤箱，高档西餐灶还有自动点火和温控装置。西餐灶的热量来源主要有电和燃气两类。燃气西餐灶（gas burner range）可以看到燃烧器，有明火，如图1–2所示。电西餐灶（electric hotplate range）通过电热板加热，没有明火，如图1–3所示。

2. 铁扒炉（grill/char grill）

铁扒炉又称扒炉、烧烤炉。铁扒炉表面是一块设有间距2 cm左右铸铁棒的烤架，热量来源主要有燃气、电和木炭等。根据其热量来源又可分为燃气扒炉（gas grill）、电扒炉（electric grill）、炭扒炉（charcoal grill）、

图 1-2
燃气西餐灶

图 1-3
电西餐灶

图 1-4
火山石扒炉

图 1-5
平面煎板

火山石扒炉（lava rock grill）等，如图1-4所示。还有一款主要用于户外的铁扒炉，称为BBQ烧烤炉（barbecue grill）。铁扒炉在使用前应提前预热。

3. 平面煎板（griddle）

平面煎板又称平面扒板（图1-5）。其表面是一块厚1.5 ~ 2 cm的平整或带浅槽的铁板，四周是滤油槽，铁板下面有一个能抽拉的铁盒，其热量来源主要有电和燃气两类，热量靠铁板传导，使被加热物体均匀受热。平面煎板在使用前应提前预热。

4. 深油炸炉（deep-fryer）

深油炸炉（图1-6）一般为长方形，主要由油槽、油脂过滤器、钢丝篮及热量控制装置等组成，炸炉大部分以电加热，能自动控制油温，其主要用于炸制食品。

5. 压力炸炉（pressure fryer）

压力炸炉（图1-7）主要是由密封锅体、排气阀和热量控制装置等组成，热量来源主要有电和燃气两类。压力炸炉主要是利用水蒸气使密封锅内的压力增高，使原料快速成熟，以缩短炸制时间，减少原料水分的流失。

图1-6
深油炸炉

图1-7
压力炸炉

6. 烤箱（oven）

烤箱又称烤炉、烘炉等（图1-8）。按热量来源分类，主要有燃气烤箱、电烤箱等。按烘烤原理分类，有常规烤箱、对流式烤箱和辐射式红外线烤箱等。现在主要使用的是对流式烤箱和辐射式红外线烤箱。

常规烤箱的传热形式是热传导。通过燃烧木炭、燃气或利用电流使电热丝发热产生热量，以热空气为介质传导热量烘烤食品。常规烤箱的缺点是烤箱内部温度不均衡，烘烤出的产品易出现色差。

对流式烤箱的传热形式是热传导和热对流。对流式烤箱是在烤箱内安装风扇和排气系统，使热空气可以在烤箱内循环流动，流动的热空气可以使烘烤更迅速、受热更均匀，从而避免出现常规烤箱中受热不均匀的现象。但由于烤箱内有热风流动，易使原料表面变得干燥。

辐射式红外线烤箱的传热形式是热辐射。辐射式红外线烤箱主要是通过电能加热石英管等，使石英管产生强烈的红外线，当红外线波长与被加热原料吸收的波长一致时，原料内部分子就会产生强烈的振动，造成原料内部分子之间高速摩擦，从而产生热量，达到加热的目的。辐射式红外线烤箱是直接辐射加热食品，没有传热介质，所以不会产生燃烧的废气和炭尘，较清洁卫生。

图1-8
烤箱

7. 万能蒸烤箱（combi oven）

万能蒸烤箱（图1-9）是蒸汽炉和对流烤箱的组合，具有热蒸汽烘烤、热空气烘烤、热空气+热蒸汽组合烘烤三种模式。其最大的特点就是热空气+热蒸汽的组合模式，热量来源主要是电和燃气。

万能蒸烤箱既能产生干燥的热对流空气，又能产生潮湿的高温蒸汽，而且还可以在烹饪的过程中自动切换干湿模式。它可以用来快速地蒸制蔬菜，同时也适合对鱼和肉类进行烧烤，或者烘烤面点。万能蒸烤箱能精确控制烤箱内部的温度和湿度，能

图1-9
万能蒸烤箱

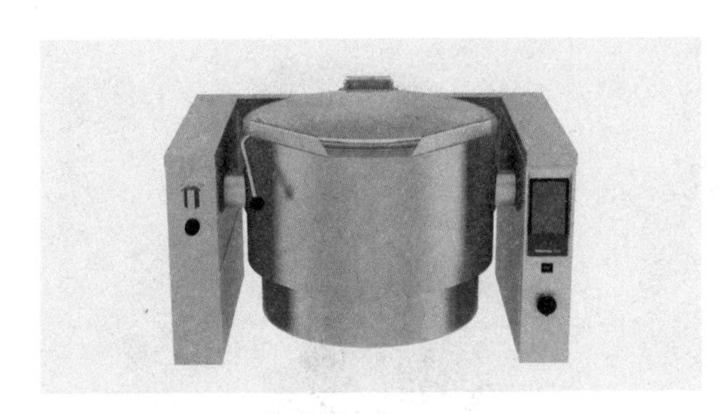

图 1–10
蒸汽汤炉

最大限度地保持原料内部的水分和营养成分。

8. 蒸汽汤炉（steam boiling pan）

蒸汽汤炉（图 1–10）的热量来源主要有电和燃气两种。其容积较大，有盖，通过管道蒸汽加热，一般有摇动装置，能使汤炉倾斜，由于是用蒸汽加热，不会煳底，所以适于长时间加热，例如煮、焖及制汤。

图 1–11
倾斜式多功能加热炉

9. 倾斜式多功能加热炉（tilting bratt pan）

倾斜式多功能加热炉主要由两部分组成，上半部分为长方形的平底容器锅，有盖，容积大，下半部分是加热装置，主要由加热容器锅、电热元件、热能控制装置、摇动装置等组成。加热容器锅能倾斜，如图 1–11 所示。倾斜式多功能加热炉用途广泛，适于煎、炸、煮、蒸、烩等多种烹调方法。

10. 明火焗炉（salamander）

明火焗炉又称面火焗炉（图 1–12），是一种立式的扒炉，中间为炉膛，有铁架，一般可升降，其热源在顶端，热量来源主要有电和燃气两种，一般适用于原料上色和表面加热。

图 1–12
明火焗炉

11. 微波炉（microwave oven）

微波炉（图 1–13）是利用微波辐射加热食物，其工作原理是利用电磁管将电能转换成微波，微波不是加热空气，而是直接穿透原料，使原料内部的分子（如水、脂肪、蛋白质）吸收微波，从而使分子高速振荡、摩擦，产生热量。微波炉加热食物不是由表及里，而是原料内外同时加热，所以微波炉加热食物成熟快、营养损失少、成品率高，并具有解冻、杀菌功能。但利用微波加热的菜肴缺乏烘烤产生的金黄色外表，风味较差。

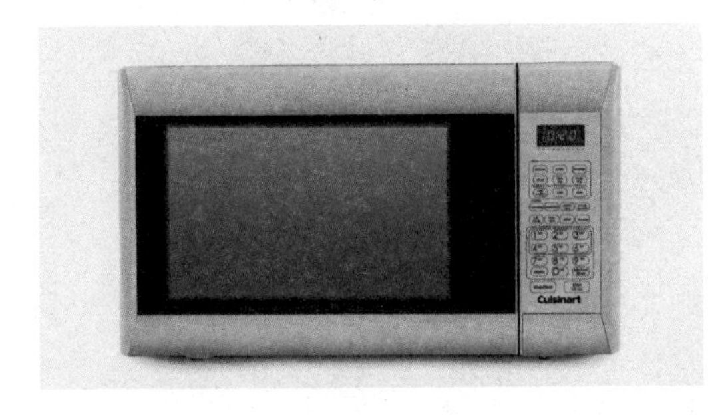

图 1–13
微波炉

小贴士

西餐炉灶设备应定期进行保养与维修，主要包括：燃烧器的清理、燃气系统气阀及管道的检查、电器设备元件的检查、电开关及线路的检测、整机绝缘性能的检测、箱体内外固定螺丝的检测、水系统的检查等。

微波可以穿透玻璃、陶瓷、聚乙烯塑料、纸张等绝缘物体，且不会被其吸收，所以不会发热。微波不能穿透金属，遇到金属就会反射产生火花，所以微波炉内不能使用金属器皿加热。

二、机械设备

1. 多功能搅拌机（multi-function mixer）

多功能搅拌机（图1–14）由电机、升降装置、控制开关、速度选择手柄、容器和各种搅拌龙头组成。其适于搅打蛋液、黄油、稀奶油及揉制、搅打各种面团等。

图 1–14
多功能搅拌机

2. 压面机（dough sheeter）

压面机（图1–15）有立式和台式两种，一般由电机、传送带、滚轮等主要构件组成。压面机可将面团擀压成面片，厚度可调，主要用于制作各种面团卷、面皮等。

图 1–15
压面机

3. 多功能粉碎机（multi-function cutter mixer）

多功能粉碎机（图1–16）由电机、原料容器和不锈钢叶片刀组成。其适于打碎水果、蔬菜、肉馅、鱼泥等，也可以混合搅打浓汤、鸡尾酒、调味汁、乳霜状的少司等。

图 1–16
多功能粉碎机

4. 切片机（slicer）

切片机（图1–17）有手动、半自动和全自动三种类型，主要由机架、传动机构、切削刀片、压料装置等构成，其适用于火腿、香肠、蔬菜、水果等原料的切片，也可加工其他食品，切片均匀，厚度可调，可根据要求切出规格不同的片。

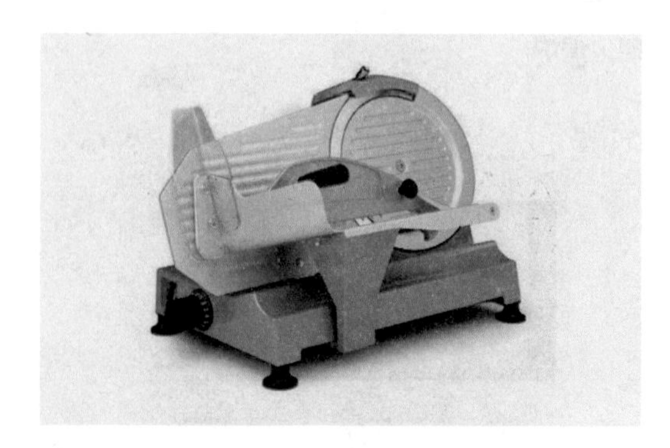

图 1–17
切片机

5. 绞肉机（mincer）

绞肉机（图1–18）有电动和手动两种，主要由机筒、刀具、螺旋推进器、圆形带孔钢盘组成，通过重力和螺旋供料器的旋转，把原料送往绞刀口进行切碎。绞肉机适于加工肉馅、鱼泥，也可以打碎水果、蔬菜等。

图 1–18
绞肉机

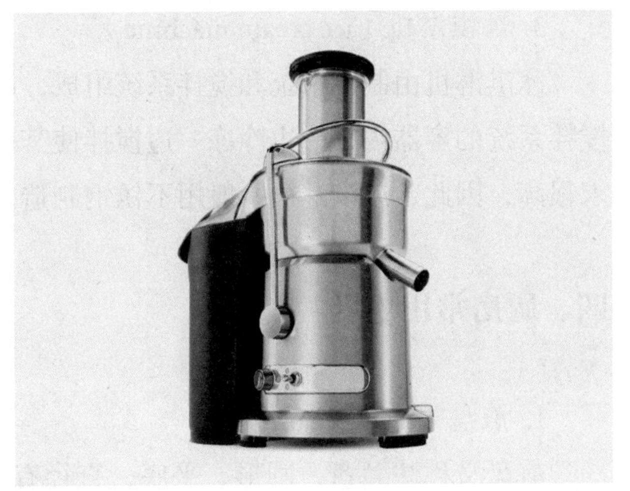

图 1–19
榨汁机

知识拓展

厨房机械设备的保养与维修应包括：整机的运行检测，传动齿轮与轴承的检查，电控、温控元件线路节点的检查，定期加注润滑油，绝缘状况的检测等。

6. 榨汁机（juicer）

榨汁机（图1–19）是一种可以将果蔬快速榨成果蔬汁的机器。其工作方法是电机带动刀网高速旋转，把水果、蔬菜从加料口推向刀网，刀网的尖刺将果菜削碎，在刀网高速运转所产生的离心力的作用下，果渣飞出刀网进入果渣盒，而果汁穿出刀网流入果汁杯。

知识拓展

厨房制冷设备的保养与维修应包括：制冷系统运转检测，保护装置和控制装置的运转是否正常，电线及电气零件有无绝缘、老化现象，元件线路接点有无松动，制冷剂是否泄漏，管路是否有异常损伤，整体密封状况是否良好等。

三、制冷设备

1. 冷藏设备（freezer）

厨房中常用的冷藏设备主要有小型冷藏库、冷藏箱和小型电冰箱。这些设备的共同特点是都具有隔热保温的外壳和制冷系统。冷藏设备按其冷却方式可分为冷气自然对流式（直冷式）和冷气强制循环式（风扇式）两种，冷藏的温度范围在 –40 ~ 10℃，并具有自动恒温控制、自动除霜等功能，使用方便。

2. 制冰机（ice maker）

制冰机主要由蒸发器的冰模、喷水头、循环水泵、脱模电热丝、冰块滑道、贮冰槽等组成。整个制冰过程是自动进行的，先由制冷系统制冷，水泵将水喷在冰模上，逐渐冻成冰块，然后停止制冷，用电热丝加热使冰块脱模，冰块沿滑道进入贮冰槽，再由人工取出冷藏。制冰机主要用于制备冰块、碎冰和冰花。

3. 冰淇淋机（ice cream machine）

冰淇淋机由制冷系统和搅拌系统组成，制作时把配好的液状原料装入搅拌系统的容器内，一边冷冻一边搅拌使其呈糊状。由于冰淇淋的卫生要求很高，因此，冰淇淋机一般用不锈钢制造，不易沾染污物，且易消毒。

四、厨房常用炊具

1. 煎盘（frying pan）

煎盘又称法兰盘，圆形、平底，直径有20 cm、30 cm、40 cm等规格，用途广泛。

2. 炒盘（saute pan）

炒盘又称炒锅，圆形、平底，形较小，较深，锅底中央略隆起，一般用于少量油脂的快炒。

3. 煎蛋盘（omelet pan）

煎蛋盘为圆形、平底，形较小，较浅，四周立边呈弧形，用于制作煎蛋卷。

4. 少司锅（sauce pan）

少司锅为圆形、平底，有长柄和盖，深度一般为7～15 cm，容量不等。锅底较厚，一般用于少司的制作。

5. 汤桶（stock pot）

汤桶的桶身较大、较深，有盖，两侧有耳环，容积为10～180 L不等，一般用于制汤或烩煮肉类。

6. 双层蒸锅（double boiler）

双层蒸锅的底层盛水，上层放食物，容积不等，有盖，一般用于蒸制食物。

7. 帽形滤器（cap strainer）

帽形滤器有一个长柄，圆形，形似帽子，用较细的铁纱网制成，一般用于过滤少司。

8. 锥形滤器（cone strainer）

锥形滤器由不锈钢制成，锥形，有长柄，锥形体上有许多小孔眼，一般用于过滤汤汁。

9. 蔬菜滤器（colander）

蔬菜滤器一般由不锈钢制成，用于沥干洗净后的水果和蔬菜等。

10. 漏勺（skimmer）

漏勺用不锈钢制成，浅底连柄，圆形广口，中有许多小孔，用于食品油炸后沥去余油。

11. 蛋铲（egg shovel）

蛋铲一般由不锈钢制成，长方形，铲面上有孔以沥掉油或水分，主要用于煎蛋等。

12. 焗盅（casserole）

焗盅又称焗罐，多以耐火的陶瓷或搪瓷材料制成，深底、椭圆形，用于制作罐焖、烩、肉批等菜肴。一般可连罐上席。

13. 汤勺（ladle）

汤勺一般由不锈钢制成，有长柄，供舀汤汁、少司等。

14. 擦床（grater）

擦床一般呈梯形，四周铁片上有不同孔径的密集小孔，主要用于擦碎奶酪、水果、蔬菜。

15. 打蛋器（whip）

打蛋器是由钢丝捆扎而成，头部由多根钢丝交织编在一起，呈半圆形，后部用钢丝捆扎成柄，主要用于搅打蛋液等。

16. 食品夹子（tongs）

食品夹子一般是由金属制成的有弹性的V形夹子，形式多样，用于夹取食品。

17. 烤盘（roast pan）

烤盘呈长方形，立边较高，薄钢制成，主要用于烧烤食品原料。

18. 烘盘（bake pan）

烘盘呈长方形，较浅，薄钢制成，主要用于烘烤面点食品。

五、厨房常用刀具

1. 法式分刀（french knife）

法式分刀刀刃锋利，呈弧形，背厚，颈尖，型号多样，长20 ~ 30 cm不等，用途广泛，切、剁皆可，如图1–20所示。

2. 厨师刀（chef's knife）

厨师刀刀锋锐利平直，刀头尖或圆，主要用于切割各种肉类，如图1–21所示。

3. 剔骨刀（boning knife）

剔骨刀刀身又薄又尖，较短，用于肉类原料的出骨，如图1–22所示。

4. 锯齿刀（serrated knife）

锯齿刀刀身窄而长，刀刃为锯齿状，主要用于切面包、蛋糕等食品，如图1–23所示。

5. 雕花刀（shaping knife）

雕花刀长6～8 cm，刀身呈弧形，主要用于各种蔬菜、橄榄的加工，如图1–24所示。

6. 水果刀（paring knife）

水果刀形似厨师刀，但其刀身较短，通常为6～10 cm，常用于水果和蔬菜的修整、去皮，如图1–25所示。

7. 蛤蜊刀（clam knife）

蛤蜊刀刀身扁平、尖细，刀口锋利，用于剖开蛤蜊外壳，如图1–26所示。

8. 牡蛎刀（oyster knife）

牡蛎刀刀身短而厚，刀头尖而薄，用以挑开牡蛎外壳，如图1–27所示。

9. 剁肉刀（chopping knife）

剁肉刀一般呈长方形，形似中餐刀，其刀身宽，背厚，用于带骨肉类原料的分割，如图1–28所示。

10. 肉锤（meat tenderizers）

肉锤主要用于拍砸各种肉类，使其纤维变松散，肉料变平整，如图1–29所示。

11. 肉叉（fork）

肉叉形式多样，用于辅助肉类切片、翻动原料等，如图1–30所示。

12. 磨刀棍（steel）

磨刀棍是一根硬质合金棍，表面粗糙，用于磨刀，使刀刃保持锋利，如图1–31所示。

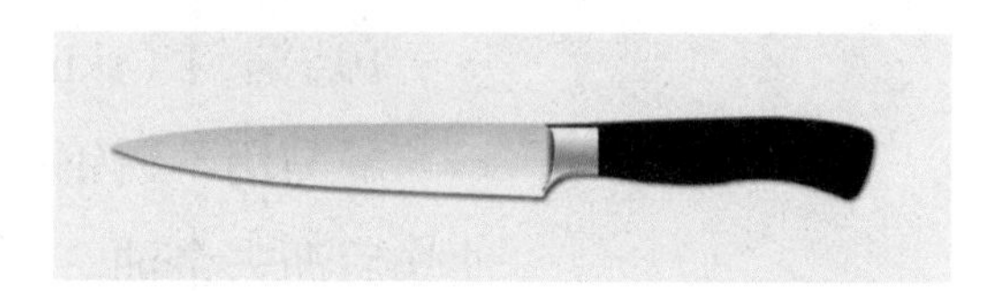

图1–20
法式分刀

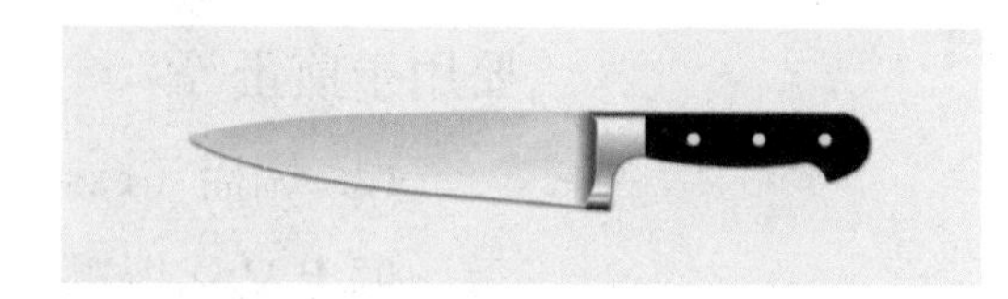

图1–21
厨师刀

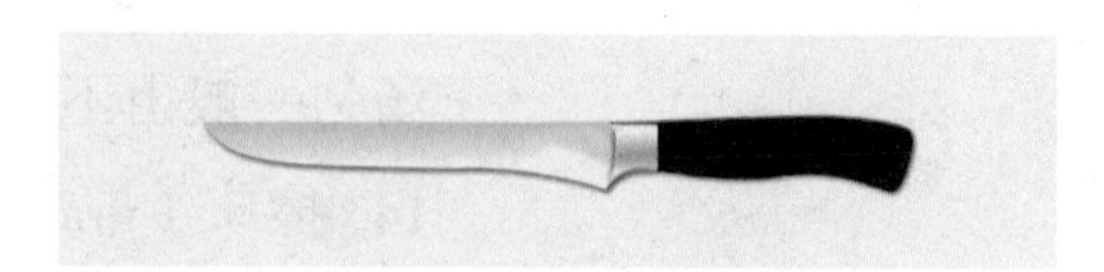

图1–22
剔骨刀

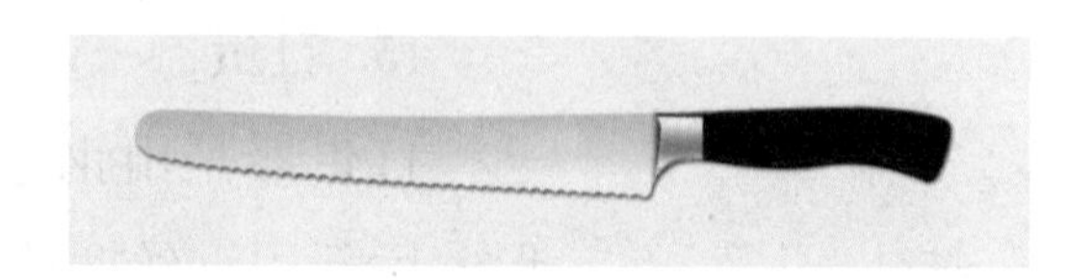

图1–23
锯齿刀

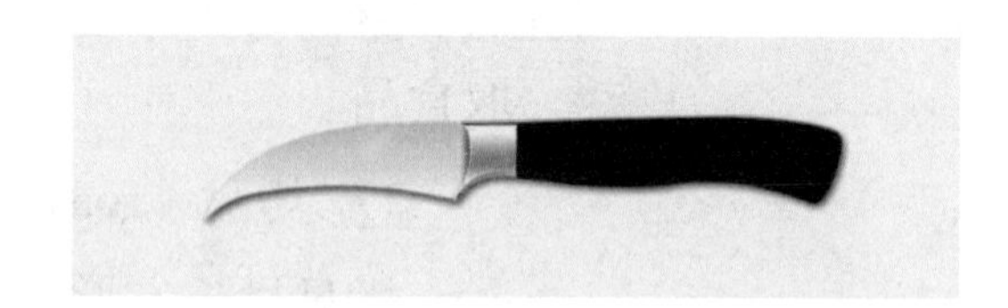

图1–24
雕花刀

图1–25
水果刀

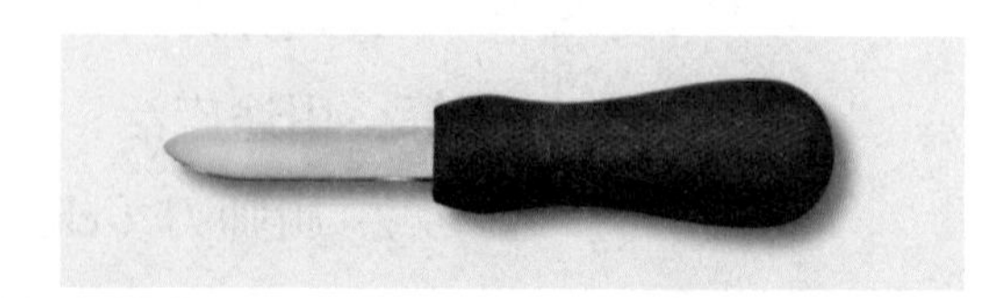

图1–26
蛤蜊刀

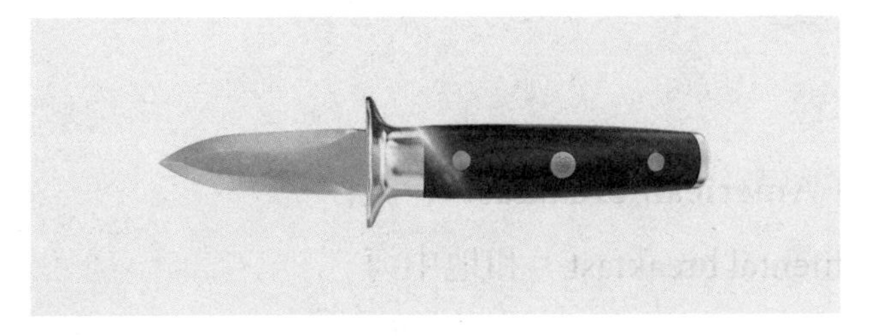

图 1-27
牡蛎刀

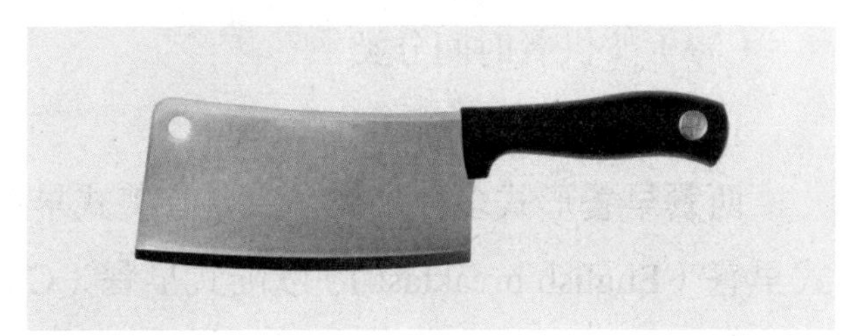

图 1-28
剁肉刀

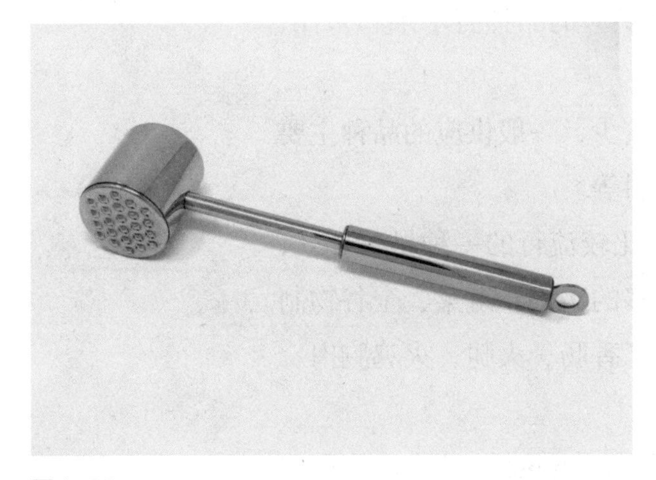

图 1-29
肉锤

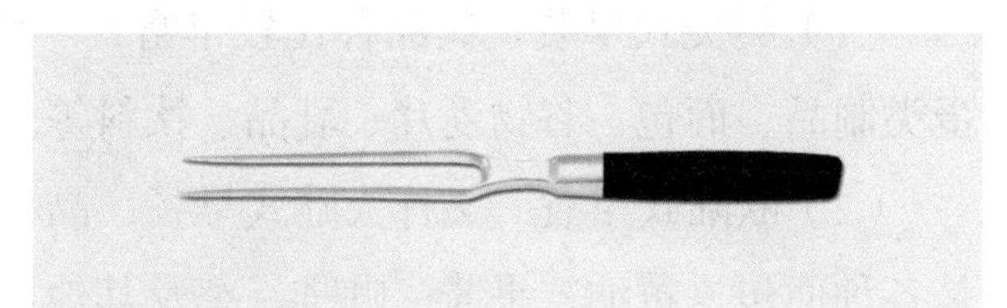

图 1-30
肉叉

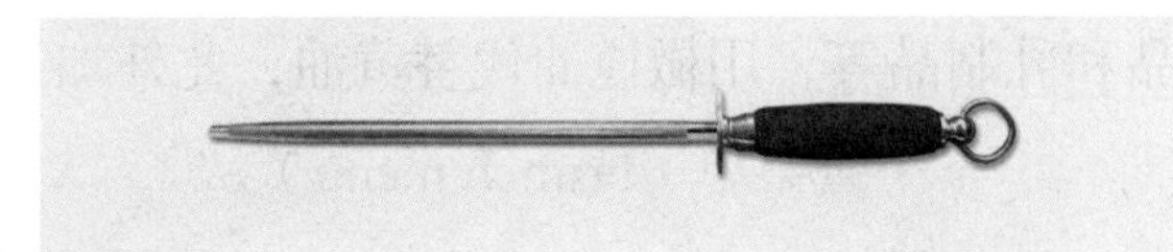

图 1-31
磨刀棍

主题五
西餐菜单的种类和编排结构

菜单（menu），源于法文的“le menu”，其原意是食品的清单或项目单。简单来讲，菜单是餐厅供应餐饮产品的目录，是提供给顾客选择餐饮产品的一览表。

菜单是餐厅经营的基础和关键，是餐厅经营方针和特色的反映，是餐厅与顾客之间进行沟通的桥梁，是餐厅重要的营销和管理工具。餐厅的经营活动要围绕菜单这个核心进行。

一、西餐菜单种类

由于各国的餐饮文化、餐厅的经营范围、背景及特色等有所不同，所以产生了各种不同形式、不同需求的菜单，也就给菜单的形式增加了特殊性和多样性。西餐菜单分类如下所述。

（一）按供餐时间分类

1. 早餐菜单（breakfast menu）

西餐早餐形式多种多样，主要有美式早餐（American breakfast）、英式早餐（English breakfast）、欧陆式早餐（Continental breakfast）和地中海式早餐（Mediterranean breakfast）。美式早餐是在英式早餐的基础上发展、演变的，两者有许多相似之处，故又统称为英美式早餐。

（1）英美式早餐　其品种比较丰富，一般供应的品种有水果和果汁、蛋类制品、面包、谷物麦片、乳品、饮料等。

（2）欧陆式早餐　又称大陆式早餐，品种较少，一般供应的品种主要是各种面包、黄油、果酱、咖啡、茶及其他饮料等。

（3）地中海式早餐　地中海式早餐是当今比较流行的一种早餐形式，与欧陆式早餐类似，但地中海式早餐增加了更多的水果、蔬菜、全谷物制品和乳制品等，用橄榄油代替黄油，此外加入了香肠、火腿，火鸡胸肉。

2. 早午餐菜单（brunch menu）

早午餐（brunch）是早餐（breakfast）与午餐（lunch）的合成，即将早餐和午餐合二为一，通常在上午10时至下午3时供应。早午餐通常只有在周日才有，菜单内容基本上就是早餐和午餐的品种。

3. 午餐菜单（lunch menu ）

由于中午用餐时间相对比较有限，故西餐中大多数午餐菜单主要是品种不多的正餐、简餐和比较简便快捷的食品，如三明治、沙拉、意大利面等。

4. 下午茶菜单（afternoon tea menu）

下午茶大多在下午三四点左右供应，一般由蛋糕、小块三明治、司康饼等甜点，以及水果和茶组成。由于客人会坐在低矮的沙发上，茶点也摆在较低的茶几上，故下午茶也称为low tea 。

5. 正餐菜单（dinner menu）

西餐中大多数宴请活动都安排在晚餐中进行，所以习惯上将晚餐称为正餐。正餐菜单内容丰富、品种齐全，一般包括开胃菜、汤、沙拉、海鲜类菜肴、肉类菜肴、甜食、咖啡和茶等。

6. 夜宵（supper menu）

夜宵菜单一般是餐厅晚上10时左右提供的菜单。夜宵菜单一般品种较少，主要是沙拉、三明治、小吃和一些制作简单、口味清淡的菜肴。

（二）按供餐方式分类

1. 零点菜单（à la carte）

零点菜单又称点菜菜单，是指每道菜品都单独标价的菜单。零点菜单上的菜品一般依其特性分类，如开胃菜、汤、肉类、沙拉、甜食，顾客可根据需求和喜好进行选择，是使用广泛且常见的菜单形式。

2. 套餐菜单（set menu）

套餐菜单的法语为table d'hote，意思是主人的餐桌，也称为固定价格菜单（prix fixe），即餐厅以固定的价格，将多道菜品搭配组合成套餐。

套餐菜单是餐厅将3道或5道菜品搭配组合，固定其价格，顾客只需从菜单上选取主菜即可，其他的开胃菜、汤、沙拉、甜食等则不需要客人再选择。套餐菜单相较于零点菜单品种比较少，但价格比较实惠，便于顾客选择，也利于餐厅操作。大多数零点餐厅都有套餐菜单，套餐菜单也常用于各种宴会、商业午餐、节假日的活动等。

3. 自助餐菜单（buffet menu）

自助餐菜单是餐厅直接将菜单制作成卡片置于菜品前方，由顾客自行选择，有部分需要现场制作的菜品则是将菜品列表，由客人现场点菜。自助餐菜单一般没有菜品价格，只列出所提供的菜品名称。

4. 品尝菜单（taste menu）

品尝菜单又称精品菜单、浅尝菜单、试味菜单等，即在一个固定价格的套餐下，餐厅提供多道小分量的菜品给顾客品尝。

品尝菜单是餐厅主厨精心挑选的餐厅特色菜肴，一般会提供6 ~ 10道精致菜肴，有的可多达20多道甚至40多道。品尝菜单不同于普通的套餐菜单，其菜肴道数多，但每份的量却很少，可以让顾客品尝到更多的菜肴，所以在一些英文菜单中，品尝菜单又称为“样品菜单（samples menu）”。品尝菜单是当今许多高档餐厅非常流行的一种菜单形式。

（三）按使用周期分类

1. 固定菜单（fixed menu）

固定菜单也称为标准菜单，是指菜单的内容标准化，相对固定，菜单上的菜品大多是餐厅有特色、有代表性的菜肴，不会经常调整。固定菜单主要适用于顾客数量多、流动性大的餐厅，如旅游饭店、特色餐厅等大都采用固定菜单。

2. 循环菜单（cycle menu）

循环菜单是指餐厅按照一定的周期而循环使用的菜单。使用循环菜单，餐厅必须按照预定的周期天数制订出一套完整菜单，也就是周期有多少天，就要有多少份各不相同的菜单，当这套菜单从头至尾用了一遍，就完成了一个周期。

3. 每日特餐菜单（daily special menu）

每日特餐菜单主要是为了配合特定的节假日、纪念日所设立的菜单。此外，还包括一些应季的菜品、餐厅促销的菜品和主厨推荐的菜品（chef's special）等。每日特餐菜单使用的周期一般都很短。

二、西餐菜单的编排结构

西餐菜单虽千差万别、各有不同，但综合来说，还是有一定的规律可循，菜单内容一般是按照顾客点餐上菜的顺序进行编排的。依据上菜顺序是编排西餐菜单的基本原则。现代的西餐菜单一般多是按照：开胃菜、汤、主菜、沙拉、甜食、饮料的顺序进行编排的。

西餐菜式种类繁多，以法国菜、意大利菜、西班牙菜等为主流菜式，其中又以法国菜最具代表性，传统的法国菜菜单通常都是十多道菜式，现今已比较少见。进入20世纪，随着人民生活节奏的加快，传统古典菜单逐渐被摒弃，现代较流行的西餐正餐菜单通常为6～8道菜；到了20世纪70年代，新派料理的出现，西餐菜单的结构更加趋于简化，许多餐厅出现了5道菜、3道菜的菜单结构。

1. 现代西餐菜单（正餐）编排结构

（1）开胃菜（appetizer/starter） 又称前菜、头盘、餐前小吃等，通常为全餐的第一道菜。开胃菜又分为热开胃菜和冷开胃菜，多用水果、蔬菜、熟肉和新鲜水产制成，配以美味的少司，味以酸、咸为主，量少而精。

（2）汤（soup） 主要有清汤、奶油汤、蔬菜汤和冷汤等，如海鲜汤、美式蛤蜊汤、意式蔬菜汤、俄式罗宋汤、法式葱头汤。汤具有开胃的作用，通常为全餐的第二道菜。

（3）副菜（entree） 副菜又称“中间菜”，也可说是一道主菜。副菜主要是以水产类菜肴为主，水产类菜肴肉质鲜嫩，比较容易消化，一般在肉类菜肴之前上菜，作为全餐的第三道菜。

（4）主菜（main course） 全餐的第四道菜是畜肉类、禽类菜肴，称为主菜或主盘，是全餐的精华所在。畜肉类菜肴的原料取自牛、羊、猪、小牛、兔和鹿等各个部位的肉，其中牛排是最有代表性的畜肉类菜肴。禽类菜肴主要是鸡、鸭、鹅等。

（5）蔬菜类菜肴（salad） 一般安排在肉类菜肴之后，也可以与肉类菜肴同时上桌，可以算作一道菜，也可作为配菜。蔬菜类菜肴主要是以各种蔬菜沙拉为主，一般用生菜、番茄、黄瓜、芦笋等制作。还有一些熟制的蔬菜，如炸薯条、煮菠菜，通常是与肉类主菜一同摆放在餐盘中上桌，称为配菜。

（6）甜食（dessert） 又称餐后甜点，是在主菜后食用的全餐第六道菜，也可以说是正餐中的最后一道菜。甜食又有软点、干点和湿点之分，常见的甜食有布丁、煎饼、冰淇淋、奶酪、水果等。

（7）饮料（beverage） 饮料通常是以咖啡、茶为主，如意式咖啡，且以热饮为多。

2. 三道菜式西餐菜单编排结构

（1）前菜（starter） 包括若干的汤、沙拉和各式开胃菜、小吃。

（2）主菜（main course） 通常包括猪肉、牛肉、羊肉、家禽和水产品菜肴。

（3）甜食（dessert） 包括各种蛋糕、冰淇淋，以及咖啡和茶等饮料。

3. 传统法式菜单（正餐）编排结构

（1）冷开胃头盘　（2）汤　（3）热开胃头盘

（4）鱼肉　（5）中间菜　（6）沙冰/雪芭

（7）肉类主菜　（8）烧烤菜肴　（9）蔬菜

（10）小甜点　（11）风味小吃　（12）奶酪

（13）餐后甜品

4. 法式品尝菜单编排结构

（1）餐前酒　（2）开胃小吃　（3）前菜

（4）汤　（5）主菜　（6）奶酪

（7）甜食　（8）咖啡　（9）餐后酒

单元小结

本单元共分为五个主题，主要介绍西餐发展概况，西餐厨房的设置及西餐厨房常用设备和工具，西餐烹调中常用的烹调原料及西餐菜单的种类和编排结构。阐述和说明学习“西餐热菜制作”课程需要了解和掌握的基础知识。

思考与练习

一、选择题

1. 西餐是我国和其他东方人民对（　　）菜点的统称。

A. 意大利　　B. 法国　　C. 英美　　D. 西方各国

2. 意大利菜在制作时常喜欢用（　　）调味。

A. 水果　　B. 番茄酱　　C. 酸菜　　D. 香槟酒

3. 餐厅根据其供应特点和营业形式一般分为零点式餐厅和（　　）两种。

A. 咖啡厅式餐厅　　B. 酒吧式餐厅

C. 公司式或团体式餐厅　　D. 预定式餐厅

4. 西餐早餐的第一道菜通常是（　　）。

A. 开胃菜　　B. 汤　　C. 主菜　　D. 甜食

二、判断题（正确的打“√”，错误的打“×”）

1. 美国菜是在法国菜的基础上发展起来的。（　　）

2. 红菜汤是法国菜典型的代表菜肴。（　　）

3. 烤箱从烘烤原理上可分为对流式烤箱和辐射式烤箱两种。（　　）

4. 烤火鸡是欧美许多国家圣诞节和感恩节餐桌上不可缺少的食物。（　　）

三、简答题

1. 西餐中的主要菜式有哪些？各有什么特点？

2. 微波炉的工作原理是什么？

四、实践题

制作一份西餐正餐菜单。

单元二 西餐原料基础知识

学习目标

1. 能说出西餐中常用原料的种类，能说明其在西餐烹调中的相关应用。
2. 能识别常用的西餐原料，能描述西餐常用原料的特征、特点。
3. 能对西餐常用原料的品质进行鉴别、判断。

主题一
家畜

家畜肉是西餐烹调的主要原料。家畜肉的种类很多，西餐烹调常用的家畜肉主要是牛肉，其次是羊肉、猪肉等，鹿肉、兔肉等也比较常见。

一、牛肉（beef）和小牛肉（veal）

1. 牛肉

牛肉是西餐烹调中最常用的原料。西餐对牛肉原料的选用非常讲究，主要以肉用牛的肉作为烹调原料。目前已培养出了很多品质优良的肉用牛品种，如法国的夏洛莱牛、利木赞牛，瑞士的西门塔尔牛，美国的安格斯牛等。这些肉用牛出肉率高、肉质鲜嫩、品质优良，现已被引入世界各地广泛饲养。美国、澳大利亚、德国、新西兰、阿根廷等国均为牛肉生产大国。日本、澳大利亚、美国等国家，拥有顶级品种的肉用牛。

肉用牛根据饲养方式分为草饲牛和谷饲牛。草饲牛是将牛放养在牧场，以饲喂牧场新鲜的牧草为主，一般30～36个月可达到成品体重。谷饲牛是当小牛达到一定体重时进行圈养，喂食谷饲饲料进行育肥，一般在18～24月龄就可以达到成品体重。草饲牛的肉质细嫩，味道浓郁，脂肪含量低，其缺少肌间脂肪，没有大理石状油花。谷饲牛的肉质细嫩、多汁，色泽鲜艳，饱满又极富弹性，大理石状油花均匀分布在肌肉组织中，但相对缺少牛肉特有的醇厚、浓郁的味道。

由于肉的品质参差不一，优劣没有衡量标准，所以许多国家都制定了一套统一的标准对牛肉进行评价、分级或分类。

日本是将日本和牛按可食用率和油花等级分为15级，按可食用率分为ABC三档，按油花等级分为1～5级，即分为A1～A5、B1～B5、C1～C5，共15级。其中A5和牛肉为最高级，其油花分布均匀细密，被称为“霜降牛肉”。

美国农业部（USDA）以油花分布情况和牛只屠宰的年龄将牛肉分成8类：极佳级（prime）、特选级（choice）、上选级（select）、标准级（standard）、商业级（commercial）、实用级

知识拓展

日本神户牛肉（wagyu beef），也称日本和牛。是目前世界上品质最好的牛肉。顶级的神户牛肉主要产自日本兵库县的但马地区。神户牛肉以其超级柔嫩的口感和丰富的味道闻名于世，它肉质细腻、纹理清晰、红白分明、肥瘦相间，有入口即化的感觉。

(utility)、切割级(cutter)和制罐级(canner)。前5个等级，消费者能够直接购买，最后3个等级则多用来做成加工食品。

澳大利亚最早将牛肉分为9级，从M1到M9，M9级为最高级别。但澳大利亚牛肉的肉味较淡，M9级也只达到日本的A3级水平。后来澳大利亚将日本和牛与美国安格斯牛进行杂交，培养出澳洲和牛，所以在M9的基础上又增加了M10、M11和M12级。现在中国市场常见到的“极黑牛”或“和牛”主要就是来自澳大利亚的澳洲和牛。

2. 小牛肉

小牛肉又称牛仔肉、牛犊肉，是指生长期在5～10个月宰杀获得的牛肉。3～5月龄的称为乳牛肉或白牛肉，英文为white veal；5～10月龄的称为小牛肉。小牛生长期过了12个月，一般肉色变红，纤维逐渐变粗，此时已不再是小牛肉。

小牛生长期不足3个月时，其肉质中水分太多，不宜食用。3个月以后，小牛肉质渐纤细，味道鲜美，特别是3～5月龄的乳牛，由于此时尚未断奶，其肉质更是细嫩、柔软，富含乳香味。

小牛肉肉质细嫩、柔软，脂肪少，味道清淡，是一种高蛋白、低脂肪的优质原料，在西餐烹调中应用广泛，尤其是在意大利菜、法国菜中更为突出。小牛除了部分内脏外，其余大部分部位都可以作为烹调原料，特别是小牛喉管两边的胸腺膵脏，又称牛核，更被视为西餐烹调中的名贵原料。

知识拓展

当今风靡国际餐桌的小牛肉，最早是从荷兰流行起来的，法国、德国、美国、日本等国也都有生产，但以荷兰小牛肉最具特色。荷兰小牛肉是用特制的牛奶乳饲，这种特制的牛奶铁含量较少，所以荷兰小牛肉肉质嫩白，口感爽滑，并有淡淡的奶香味，是众多高档餐厅所偏爱的食材。

二、羊肉(mutton)和羔羊肉(lamb)

在西餐烹调中，羊肉的应用仅次于牛肉。羊肉在西餐烹调上又有羔羊肉(lamb)和成羊肉(mutton)之分。羔羊是指生长期为3～12个月的羊，其中没有食过草的羔羊又被称为乳羊(milk fed Lamb)。成羊是指生长期在一年以上的羊。西餐烹调中以使用羔羊肉为主。

羊的种类很多，其品种类型主要有绵羊、山羊和肉用羊等，其中肉用羊的羊肉品质最佳。肉用羊大多是由绵羊培育而成，体形大，生长发育快，出肉率高，肉质细嫩，肌间脂肪多，切面呈大理石花纹，其肉用价值高于其他品种。其中较著名的品种有无角多赛特、萨福克、德克塞尔及德国美利奴、夏洛莱等。

澳大利亚、新西兰等国是世界主要的肉用羊生产国，目前我国的羊肉市场供应主要以绵羊肉为主，山羊肉因其膻味较重，使用相对较少。

三、猪肉（pork）

猪肉也是西餐烹调中最常用的原料，尤其是德国菜对猪肉更是偏爱，其他欧美国家也有不少菜肴是用猪肉制作的。

猪在西餐烹调上有成年猪（pig）和乳猪（sucking pig）之分。乳猪是指尚未断奶的小猪，其肉嫩色浅，水分充足，是西餐烹调中的高档原料。成年猪一般以饲养1～2年为最佳，其肉色淡红，肉质鲜嫩、味美。

知识拓展

产自伊比利亚半岛的黑毛猪，被誉为“世界顶级的黑猪”。伊比利亚黑毛猪因食用大量的橡木果，所产猪肉有着浓郁的橡木香味。这种猪肉富含不饱和脂肪酸，食用后有益身体健康，而且口感可媲美神户牛肉，也是制作著名的伊比利亚火腿的原料。伊比利亚黑猪肉同松露、鱼子酱、鹅肝一样被美食界视为珍馐，为世界名厨所钟爱。

主题二 家禽

西餐烹调中常用的家禽主要有鸡、鸭、鹅、火鸡、珍珠鸡、鸽、鹌鹑，根据其肉色又可分为白色家禽肉、红色家禽肉两类。肉色为白色的家禽主要有鸡、火鸡，肉色为红色的家禽主要有鸭、鹅、鸽、珍珠鸡。

一、鸡（chicken）

鸡是西餐烹调中最常用的家禽类原料。鸡的分类方法很多，按其用途一般可分为蛋用型、肉用型、兼用型等。在西餐烹调中多选用肉用型鸡作为烹调原料，其优良品种有美国的白洛克鸡、爱拔益加肉鸡，英国的科尼什鸡，德国的罗曼肉鸡及我国的海新肉鸡等。

在西餐烹调中，作为烹调原料的鸡分为三类：

（1）雏鸡（chick） 雏鸡是指生长期在1个月左右，体重250～500 g的小鸡。雏鸡的肉虽少，但肉质鲜嫩，适宜整只烧烤、铁扒等。

（2）春鸡（spring chicken） 春鸡又名童子鸡，是指生长期两个半月左右、体重500 ~ 1 250 g的鸡。春鸡肉质鲜嫩，口味鲜美，适宜烧烤、铁扒、煎、炸等。

（3）阉鸡（capon） 阉鸡又称肉鸡，是指生长期在3 ~ 5个月、用专门饲料喂养、体重在1 500 ~ 2 500 g的公鸡。阉鸡肉质鲜嫩，油脂丰满，水分充足，但由于其生长期较短，香味不足，适宜煎、炸、烩、焖等。

除上述三种外，还有部分生长期在5个月以上或1年以上的鸡，统称为老鸡（fowl）。

按用途不同，鸡又可分为以下几种：阉鸡、用于"烤"的鸡（roaster）、用于"炸"或"铁扒"的鸡、雏鸡/小母鸡（cornish hen）、法式春鸡（poussin）等。

知识拓展

法国的"国鸡"——布雷斯鸡（Bresse chicken），是世界上公认的品质极佳的鸡肉，出产于法国布雷斯地区。因其鸡冠鲜红、羽毛雪白、脚爪纲蓝，与法国国旗配色相似，故被称为法国"国鸡"。布雷斯鸡自然放养，且养殖成本极高，故数量稀少，价格昂贵。

二、火鸡（turkey）

火鸡又名吐绶鸡、七面鸡，原产于北美，最初为印第安人所驯养，是一种体形较大的家禽。因其发情时头部及颈部的褶皱皮变得火红，故称为火鸡。

西餐中作为烹调原料使用的主要是肉用型火鸡，如美国的尼古拉火鸡、加拿大的海布里德白钻石火鸡、法国的贝蒂纳火鸡。肉用火鸡胸部肌肉发达，腿部肉质丰厚，生长快，出肉率高，低脂肪、低胆固醇、高蛋白，味道鲜美，是西餐烹调中的高档原料，也是欧美许多国家圣诞节和感恩节餐桌上不可缺少的食品。

三、鹅（goose）

鹅在世界范围内饲养很普遍，从其主要用途看，鹅的品种可分为羽绒型、蛋用型、肉用型、肥肝用型等。与西餐烹调有关的主要是肉用型和肥肝用型鹅。

肉用型鹅生长期不超过1年，又有仔鹅和成鹅之分。仔鹅是指饲养期为2 ~ 3个月、体重在2 ~ 3 kg的鹅。成鹅是指饲养期在5个月以上、体重为5 ~ 6 kg的鹅。鹅在西餐烹调中主要用于烧烤、烩、焖等菜肴的制作。

肥肝用型鹅主要是利用其肥大的鹅肝。这类鹅经"填饲"后肥肝重达600 g以上，优质的甚至可达1 000 g左右，其著名的品种主要有法国的朗德鹅、图卢兹鹅等，当然这类鹅也可肉用，但习惯上把它们作为肥肝专用型品种。肥鹅肝是西餐烹调中的上等原料，在法国菜中的应用最为突出，鹅肝酱、鹅肝冻等都是法国菜中的名菜。

知识拓展

国内市场上售卖的法国鹅肝一般多用法文“Foie Gras”标志，在法语中，Foie Gras是“肥肝”的意思，是肥鹅肝与肥鸭肝的统称。因此，单凭“Foie Gras”一词并不足以确定所用原料是鹅肝还是鸭肝。通常，鹅肝比鸭肝大，肥鹅肝一般重700 ~ 800 g，肥鸭肝一般重450 ~ 500 g。肥鹅肝的脂肪含量较肥鸭肝高，其口感绵软、细腻，入口即化，而肥鸭肝的口感不如鹅肝细嫩精致，但风味较肥鹅肝浓郁。

四、鸭（duck）

家鸭是由野生鸭驯化而来，历史悠久。鸭从其主要用途看，可分为羽绒型、蛋用型、肉用型等品种，西餐烹调中主要使用肉用型鸭作为烹调原料。

肉用型鸭的饲养期一般为40 ~ 50天，体重可达2.5 ~ 3.5 kg。肉用型鸭胸部肥厚，肉质鲜嫩。比较著名的肉用型鸭品种主要有美国的枫叶鸭，丹麦的海格鸭、力加鸭，澳大利亚的狄高鸭等。鸭在西餐中的使用也很普遍，常用的烹调方法主要有烤、烩、焖。

五、鸽（pigeon）

鸽又称家鸽，由岩鸽驯化而来。经长期选育，目前全球鸽的品种已达1 500多种，按其用途可分为信鸽、观赏鸽和肉鸽。西餐烹调中主要以肉鸽作为烹调原料。

肉鸽体形较大，一般雄鸽体重可达500 ~ 1 000 g，雌鸽体重也可达400 ~ 600 g。其中较为著名的品种有美国的白羽王鸽，欧洲的普列斯肉鸽、蒙丹鸽、贺姆鸽、卡奴鸽等。肉鸽肉色深红，肉质细嫩，味道鲜美。经专家测定，肉鸽一般在28天左右体重就能达到500 g左右，这时的鸽富含营养，含有17种以上氨基酸，且含十多种微量元素及多种维生素。因此鸽肉是高蛋白、低脂肪的理想原料。鸽在西餐烹调中常被用于烧烤、煎、炸、红烩或红焖等，乳鸽一般适宜铁扒等。

六、珍珠鸡（guinea fowl）

珍珠鸡又名珠鸡，原产于非洲，羽毛非常漂亮，全身灰黑色，羽毛上有规则地散布着点点白色圆斑，形状似珍珠，故名珍珠鸡。

珍珠鸡肉色深红，脂肪少，肉质柔软细嫩，味道鲜美，在西餐烹调中使用较多，适宜铁扒、烩、焖或整只烧烤等。

主题三
水产品

水产品分布广，品种多，营养丰富，口味鲜美，是人类所需动物蛋白质的重要来源。水产品包含的范围广泛，可食用的品种也很多，根据其不同特性大致可分为鱼类及贝壳类、软体类等其他水产品。

一、鱼类（fish）

在水产原料中，鱼类的品种是最多的，按其生活习性和栖息环境的不同，又可分为海水鱼和淡水鱼两类。

（一）海水鱼

海水鱼是指生活在海水中的各种鱼类。海水鱼的品种极其丰富，有1 700多种，分布在世界各大洋中。西餐烹调中常用的海水鱼主要有比目鱼、鲑鱼、金枪鱼、鳀鱼、鳕鱼、银鳕鱼、鲱鱼、海鲈鱼、真鲷、海鳗、沙丁鱼。

1. 比目鱼（flat fish）

比目鱼是世界重要的经济海产鱼类之一，主要生活在大部分海洋的底层。比目鱼体侧扁，头小，两眼长在同一侧，有眼的一侧大多呈褐色，无眼的一侧呈灰白色，鳞细小。比目鱼的品种很多，西餐烹调中常用的比目鱼主要有以下三种：

（1）牙鲆鱼（flounder） 牙鲆鱼又称扁口鱼、偏口鱼，是名贵的海洋经济鱼类之一，主要分布于北太平洋西部海域。我国沿海均产，渤海、黄海的产量最高。

牙鲆鱼体侧扁，两眼均在头的左侧，呈长椭圆形，一般体长25 ~ 50 cm，体重在1 500 ~ 3 000 g，大者可达5 000 g。

牙鲆鱼肉色洁白，肉质细嫩，无小刺，每百克肉中约含蛋白质19.1 g，脂肪1.7 g，营养价值高，味道鲜美。

（2）鲽鱼（plaice） 鲽鱼属于冷水性经济鱼类，主要分布于太平洋西部海域。鲽鱼鱼体侧扁，两眼在右侧，呈长椭圆形，一般体长10 ~ 20 cm，体重100 ~ 200 g，体表有黏液。

鲽鱼肉质细嫩，味道鲜美，且刺少，尤其适合老年人和儿童食用。但因其含水分多，肌肉组织比较脆弱，容易变质，一般需冷冻保鲜。

（3）舌鳎（tonguefish） 舌鳎又称箬鳎鱼、鳎目鱼、龙利鱼，是名贵的海洋经济鱼类之一，主要分布于北太平洋西部海域。我国沿海均有出产，但产量较低。

舌鳎体侧扁，呈舌状，一般体长25 ~ 40 cm，体重500 ~ 1 500 g。两眼均在头的左侧，有眼一侧呈淡褐色，有2条侧线；无眼一侧呈白色，无侧线。背鳍、臀鳍完全与尾鳍相连；无胸鳍；尾鳍为尖形。

舌鳎营养丰富，肉质细腻，味美，尤以夏季的鱼最为肥美，食之鲜肥而不腻。舌鳎的品种较多，较为名贵的有柠檬舌鳎、英国舌鳎、都花舌鳎、宽体舌鳎等。

除以上三种外，还有其他一些比目鱼品种也常在西餐烹调中应用，如大菱鲆鱼，又称多宝鱼、大比目鱼、沙滩比目鱼。

2. 鲑鱼（salmon）

鲑鱼属鲑科，又称三文鱼，是世界著名的冷水性经济鱼类之一，主要分布在大西洋北部、太平洋北部的冷水水域。鲑鱼在我国主要产于松花江和乌苏里江流域。

鲑鱼平时生活在冷水海洋中，在生殖季节长距离洄游，进入淡水河流中产卵。鲑鱼在产卵期之前，一般肉质都比较好，味道浓厚。鲑鱼在产卵期内，肉质会变得较粗，味道也淡，此时的品质较差。

鲑科的鱼类很多，能被称为三文鱼的主要有太平洋大马哈鱼属的国王鲑/大鳞马哈、马苏大马哈、红鲑/红大马哈 、银鲑/银大马哈、细鳞鲑/驼背大马哈、秋鲑/秋大马哈，以及鲑属的大西洋鲑/大西洋大马哈和红肉虹鳟8个品种。其中以大西洋鲑鱼和银鲑的品质为最佳。

大西洋鲑鱼的特点是体形大，鱼体扁长，体侧发黄，两边花纹斑点较大，肉色橙红，质地鲜嫩，刺少味美。挪威是大西洋鲑鱼主要的养殖和出口国。

银鲑的特点是鱼体呈纺锤状，鳞细小，整个侧面从背鳍到腹部都是银白色，有像花纹似的斑点，比较漂亮。其肉色鲜红，质地细嫩，味道鲜美。野生的银鲑主要产于美国的阿拉斯加，智利是全球最大的养殖银鲑生产国。

知识拓展

三文鱼是一个统称，是鲑科中若干种鱼的共同名称，主要是指鲑科中的鲑属和鳟属（大马哈鱼属）两类中的8个品种的鱼。由于野生三文鱼资源有限，远不能满足市场消费的需求，所以当今市场上所见到的三文鱼绝大部分是人工养殖的。挪威养殖的三文鱼主要是大西洋鲑，芬兰养殖的三文鱼主要是大规格红肉虹鳟，加拿大、美国、智利的三文鱼主要是太平洋银鲑鱼。

人工养殖的三文鱼因缺少天然饵料，其肉质大多为白色，故在养殖过程中要在饲料中添加虾青素，以提高三文鱼的色泽。用天然虾青素喂养的三文鱼不但可以增加三文鱼的色泽，还可提高鱼肉的营养成分含量，与喂养人工合成虾青素或染色的三文鱼有着本质的区别。

3. 金枪鱼（tuna）

金枪鱼又称鲔、青干、吞拿鱼，是海洋暖水中上层结群洄游性鱼类，主要分布于印度洋和太平洋西部海域。我国南海和东海南部均有出产，是名贵的海洋鱼类之一，在国际市场很畅销。

金枪鱼品种较多，常见的有：蓝鳍金枪鱼，其肉色暗红、肉质坚实，是金枪鱼中的极品；马苏金枪鱼，其肉色鲜红，富含油脂；大目金枪鱼，其肉色艳红；黄鳍金枪鱼，其肉色桃红；长鳍金枪鱼，其肉色淡白，几乎无红色。

金枪鱼大多切成鱼片生食，要求其鲜度好，所以捕获的活鱼要立即在船上宰杀，并要除去鳃和内脏，清洗血污后冰冻保鲜冷藏。

知识拓展

蓝鳍金枪鱼（blue fin tuna）又称黑鲔，主要包括大西洋蓝鳍金枪鱼、太平洋蓝鳍金枪鱼、南方蓝鳍金枪鱼三个品种，其中又以大西洋蓝鳍金枪鱼体型最大，最为珍贵。蓝鳍金枪鱼的色泽和口感是判断鱼肉新鲜度的重要标准。新鲜的蓝鳍金枪鱼鱼肉中，肌红蛋白中的铁元素以亚铁形式存在，故鱼肉呈鲜红或暗红色，如果呈现暗褐色，则表明亚铁离子被氧化，新鲜度下降。新鲜的蓝鳍金枪鱼肉pH通常在6左右，入口有微微的回酸，当新鲜度降低时，肉中将产生碱性物质，酸味消失。

4. 鳀鱼（anchovy）

鳀鱼又称黑背鳀、银鱼、小凤尾鱼，是世界重要的小型经济鱼类之一，主要分布于太平洋西部海域，我国东海、黄海和渤海均有出产。

鳀鱼体细长，稍侧扁，一般体长8 ~ 12 cm，体重5 ~ 15 g，体侧有一条银灰色纵带，腹部为银白色。鳀鱼肉色暗红，肉质细腻，味道鲜美。但因其肌肉组织脆弱，离水后极易受损腐烂，故在西餐中常将其加工成罐头制品，俗称“银鱼柳”。鳀鱼是西餐的上等原料，一般用作配料或少司调料，风味独特。

5. 鳕鱼（cod）

鳕鱼属海洋冷水性底层鱼类，主要分布在大西洋北部的冷水区域。我国只产于黄海和东海北部。

鳕鱼体型长，稍侧扁，一般体长25 ~ 40 cm，体重可达300 ~ 750 g，头大、尾小、灰褐色，有不规则的褐色斑点或斑纹。

鳕鱼肉色洁白，肉质厚实，刺少，味淡，清口不腻，是西餐烹调中使用较广泛的鱼类之一。此外，鳕鱼肝大而肥，油脂含量高，富含维生素A和维生素D，是提取鱼肝油的原料。

常见的鳕鱼品种有太平洋鳕鱼、大西洋鳕鱼和格陵兰鳕鱼。鳕鱼的主要出产国是冰岛、加拿大和挪威。

知识拓展

鳕鱼现已被列入濒危鱼类，捕捞量已被严格限制。目前市场上所见到的龙鳕鱼、圆鳕鱼、银鳕鱼、狭鳕鱼（明太鱼）、扁鳕鱼、水鳕鱼等大多不是真正的鳕鱼，只有鳕形目、鳕科、鳕属的鱼类才是真正的鳕鱼。

6. 银鳕鱼（sablefish/black cod）

银鳕鱼，学名裸盖鱼，属冷水域深海鱼类，产于北大西洋沿岸。银鳕鱼不是鳕鱼，但因其酷似鳕鱼，所以常被称为黑鳕鱼“black cod”或蓝鳕鱼“blue cod”。银鳕鱼肉质洁白、细嫩，含有丰富的油脂，是西餐烹调中常用的鱼类。美国是银鳕鱼的主要产地。

小贴士

市场上有一种价格便宜的“银鳕鱼”，其实并不是真正的银鳕鱼，而是油鱼，即“异鳞蛇鲭”。油鱼切片后与银鳕鱼相似，但油鱼肉质粗糙、口感较差，属于廉价鱼类，因其肌肉及内脏富含蜡质油脂，多吃易导致腹泻。

7. 鲱鱼（herring）

鲱鱼又名青条鱼、青鱼，是世界上重要的经济鱼类之一，属冷水性海洋上层鱼类，食浮游生物，主要分布于西北太平洋海域。我国只产于黄海和渤海。

鲱鱼体长而侧扁，一般体长25 ~ 35 cm，眼有脂膜，口小而斜，背为青褐色，背侧为蓝黑色，腹部为银白色，鳞片较大，排列稀疏，容易脱落。

鲱鱼肉质肥嫩，脂肪含量高，口味鲜美，营养丰富，是西餐中使用较广泛的鱼类之一。

8. 海鲈鱼（sea perch）

海鲈鱼又名花鲈，有黑色、白色两种。海鲈鱼属海洋中下层鱼类，主要栖息于近海，早春在咸淡水交界的河口产卵，冬季在较深海域越冬。幼鱼有溯河入淡水的习性。其在全世界温带沿海均有出产，我国主要产于渤海、黄海海域。

海鲈鱼体长，侧扁，吻尖，口大而斜裂，下颌稍突出，上颌骨后端扩大，伸达眼后缘下方。鳞片细小，体背侧及背鳍散布若干不规则的小黑点，腹部为银灰色。海鲈鱼体长一般为30 ~ 60 cm，重1.5 ~ 2.5 kg，最大可达25 kg以上。

海鲈鱼肉色洁白，刺少，肉质鲜美，适宜炸、煎、煮等。

9. 真鲷（genuine porgy）

真鲷又名加吉鱼、红加吉、铜盆鱼等，是暖水性近海洄游鱼类，主要分布于印度洋和太平洋西部海域。我国近海均有出产，也是我国出产的比较名贵的鱼类之一。

真鲷体侧扁，呈长椭圆形，一般体长15 ~ 30 cm，体重300 ~ 1 000 g。自头部至背鳍前隆起，头部和胸鳍前鳞细小而紧密，腹面和背部鳞较大，头大，口小，全身呈现淡红色，体侧背部散布着鲜艳的蓝色斑点，尾鳍后缘为墨绿色，背鳍基部有白色斑点。

真鲷肉肥而鲜美，无腥味，特别是鱼头颅腔内含有丰富的脂肪，营养价值很高。真鲷除鲜食外还可制成罐头和熏制品。

（二）淡水鱼

淡水鱼是指主要生活在江河湖泊等淡水环境中的鱼类。西餐中淡水鱼的使用相对比较少，常用的品种主要有鳟鱼、鳜鱼、鲤鱼、河鲈鱼。

1. 鳟鱼（trout）

鳟鱼属鲑科，原产于美国加利福尼亚州，是一种冷水性鲑科鱼类，养殖地域分布较广泛，温带国家大都有出产。鳟鱼品种很多，常见的有虹鳟、金鳟、湖鳟等。

虹鳟体侧扁，底色淡蓝，有黑斑。体侧有一条橘红色的彩带。其肉色发红，无小刺，肉质鲜嫩、味美，无腥味，高蛋白、低胆固醇，含有丰富的氨基酸、不饱和脂肪酸，营养价值极高。

2. 鳜鱼（mandarin fish）

鳜鱼又称桂鱼、花鲫鱼，是一种名贵的淡水鱼。鳜鱼体侧扁，背部隆起，腹部圆。眼较小，口大头尖，背鳍较长，体色黄绿，腹部黄白。体侧有大小不规则的褐色条纹和斑块。鳜鱼肉质紧实、细嫩，呈蒜瓣状，味鲜美。

3. 鲤鱼（carp）

鲤鱼俗称鲤拐子，原产于我国，后传至欧洲，现世界上已普遍养殖。鲤鱼体侧扁，上颌两侧和嘴各有触须一对。按生长地域分为河鲤鱼、江鲤鱼、池鲤鱼。河鲤鱼鱼体发黄，带有金属光泽，鳞为白色，肉嫩味鲜；江鲤鱼鳞片为白色，肉质仅次于河鲤鱼；池鲤鱼鳞青黑，刺硬，有泥土味，但肉质鲜嫩。

二、其他水产品

水产品中除了鱼类以外，还有虾、蟹等贝壳类和软体类等其他水产品。在西餐烹调中常见的其他水产品主要有龙虾、对虾、牡蛎、扇贝、贻贝、蜗牛、鱼子等。

1. 龙虾（lobster）

龙虾属于节肢动物甲壳纲龙虾科，一般栖息于温暖海洋的近海海底或岸边，分布于世界各大洲的温带、亚热带、热带海洋中。我国主要产于东海、南海海域。

龙虾头胸部较粗大，外壳坚硬，色彩斑斓，腹部短小，一般体长在

20 ~ 40 cm，重500 g左右，是虾类中最大的一种。

龙虾品种繁多，常见的主要有：

锦绣龙虾（ornate spiny lobster），因有美丽五彩花纹，俗称“花龙”。

波纹龙虾（scalloped spiny lobster），俗称“青龙”。

中国龙虾（Chinese spiny lobster ），呈橄榄色，也俗称“青龙”。

日本龙虾（Japanese spiny lobster ），俗称“红龙”。

赤色龙虾（painted spiny lobster），俗称“火龙”。

澳大利亚龙虾（Australia spiny lobster）和波士顿龙虾（Boston spiny lobster）。

其中锦绣龙虾的体型最大，一般体长可达80 cm，最重可达5 kg以上。我国龙虾品种较多，但产量都很低，主要依靠进口。欧洲、美国、澳大利亚等地的龙虾产量较高，也是目前世界主要龙虾出口地区。

2. 对虾（prawn）

对虾又称明虾、大虾，属甲壳纲对虾科，是一种暖水性经济虾类，主要分布于世界各大洲的近海海域。我国主要产于渤海海域。

对虾体较长，侧扁，整个身体分为头胸部和腹部，头胸部有坚硬的头胸盔，腹部披有甲壳，有5对腹足，尾部有扇状尾肢。

对虾的品种较多，常见的有日本对虾（kuruma prawn），又称斑竹大虾；深海对虾（deep sea prawn）；斑节对虾（giant tiger prawn），俗称草虾；都柏林对虾（dublin prawn）等。

对虾体大肉多，肉质细嫩，味道鲜美。

3. 牡蛎（oyster）

牡蛎又称蚝、海蛎子，是重要的经济贝类，主要生长在温热带海洋中，我国沿海均产。

牡蛎壳大而厚重，壳形不规则，下壳大、较凹并附着他物，上壳小而平滑，壳面有灰青、浅褐、紫棕等颜色。

知识拓展

法国西北部布列塔尼地区的贝隆河口出产的贝隆牡蛎，肉体丰满，口感脆爽，有特殊的榛果香气，特别是金属味明显，所以又有铜蚝之美称，被誉为“蚝中之王”。

牡蛎的品种很多，常见的有法国牡蛎、东方牡蛎、葡萄牙牡蛎等，其中以法国牡蛎最为著名。我国出产的牡蛎主要有近海牡蛎、长牡蛎、褶牡蛎。牡蛎肉柔软鼓胀，滑嫩多汁，味道鲜美，有较高的营养价值。牡蛎以外观整齐、壳大而深、相对较重者为最佳。牡蛎在法国菜中常配柠檬汁带壳鲜食，也可煎炸或煮制，还可干制或加工成罐头。

4. 扇贝（scallop）

扇贝又称带子，属扇贝科，因壳形似扇，故名扇贝。其在世界沿海各地均有出产，我国主要产于渤海、黄海和东海海域。

扇贝贝壳呈扇圆形，薄而轻。上下两壳大小几乎相等，壳表面有10～20条放射肋，并有小肋夹杂其间。两壳肋均有不规则的生长棘。贝壳表面一般为紫褐色、淡褐色、黄褐色、红褐色、杏黄色、灰白色等。贝壳内面白色，有与壳面相当的放射肋纹和肋间沟。后闭壳肌巨大，内韧带发达。壳内的闭壳肌为主要可食部位。

扇贝的品种很多，品质较好的主要有海湾扇贝、地中海扇贝、皇后扇贝。我国品质比较好的扇贝主要是栉孔扇贝、虾夷扇贝。

扇贝肉色洁白，肉质细嫩，口味鲜美，是一种高档原料，既可用于煎、扒等，也可干制。

5. 贻贝（mussel）

贻贝又称青口贝、海红，是较为常见的一种贝类，主要产于近海海域。贻贝贝壳呈椭圆形，体形较小。壳顶细尖，位于壳的最前端。贝壳后缘圆，壳面由壳顶沿腹缘形成一条隆起，将壳面分为上下两部分，上部宽大斜向背缘，下部小而弯向腹缘，故两壳闭合时在腹面构成一个菱形平面。生长线明显，但不规则。壳面有紫黑色、青黑色、棕褐色等。壳内面呈紫褐色或灰白色，具有珍珠光泽。其可食部分主要是橙红色的贝尖。

贻贝肉质柔软，鲜嫩多汁，口味清淡。烹调大多使用的是鲜活贻贝。

6. 蜗牛（snail）

蜗牛主要生活在湿地及潮湿的河、湖岸边，品种很多，蜗牛肉口感鲜嫩，营养丰富，是法国和意大利的传统名菜。目前普遍食用的有以下三种：

（1）法国蜗牛　又称苹果蜗牛、葡萄蜗牛，因其多生活在果园中而得名。欧洲中部地区均产法国蜗牛，其壳厚呈茶褐色，中间有一条白带，肉为白色，质量好。

（2）意大利庭院蜗牛　多生活在庭院或灌木丛中。此种蜗牛壳薄，呈黄褐色，有斑点，肉有褐色、白色之分，质量也很好。

（3）玛瑙蜗牛　原产于非洲，又名非洲大蜗牛。此种蜗牛壳大，呈黄褐色，有花纹，肉为浅褐色，肉质一般。

7. 鱼子和鱼子酱（caviar）

鱼子是用新鲜的鱼子腌制而成，浆汁较少，呈颗粒状。鱼子酱是在鱼子的基础上经加工而成，浆汁较多，呈半流质胶状。

知识拓展

严格意义上讲，只有鲟鱼产的黑鱼子做成的酱才能被称为鱼子酱。其中伊朗产的贝鲁嘉鱼子酱最为名贵，贝鲁嘉鱼子酱选用超过60年的成熟贝鲁嘉鲟鱼鱼卵加工而成，年产量不到100尾，是品质优良的顶级鱼子酱，被誉为“海中宝石”。

鱼子酱主要有红鱼子酱和黑鱼子酱两种。红鱼子酱用鲑鱼或马哈鱼的鱼卵制成，价格一般较便宜。黑鱼子酱用的是鲟鱼或鳇鱼的鱼卵。黑鱼子酱比红鱼子酱更名贵，以俄国、伊朗出产的最为著名，价格昂贵。

鱼子和鱼子酱，味咸鲜，有特殊鲜腥味，一般配柠檬汁和面包一同食用。鱼子酱还作为开胃菜或冷菜的装饰品使用。

主题四
肉制品和乳制品

一、肉制品

肉制品食用方便，耐储藏并有特殊风味，在西餐烹调中应用广泛。西餐中的肉制品种类很多，根据其制作原料和加工方法的不同，大致可分为培根、火腿、香肠和冷切肉等。

（一）培根（bacon）

培根又称咸肉、板肉，是西餐烹调中使用较为广泛的肉制品。根据其制作原料和加工方法的不同主要有以下五种。

1. 五花培根（streaky bacon）

五花培根也称美式培根（American bacon），是将猪五花肉切成薄片，用盐、亚硝酸钠或硝酸钠、香料等，经腌渍、风干、熏制而成。

2. 外脊培根（back bacon）

外脊培根也称加拿大式培根（Canadian bacon），是用纯瘦的猪外脊肉经腌渍、风干、熏制而成，口味近似于火腿。

3. 爱尔兰式培根（Irish bacon）

爱尔兰式培根是用带肥膘的猪外脊肉经腌渍、风干加工制成的，这种培根不用烟熏处理，肉质鲜嫩。

4. 意大利培根（Italian bacon/pancetta）

意大利培根又称意大利烟肉，是将猪腹部肥瘦相间的肉，用盐和特殊的调味汁等腌渍后，将其卷成圆桶状，再经风干处理，切成圆片制成的。意大利培根也不用烟熏处理。

5. 咸猪肥膘（salt pork）

咸猪肥膘是用干腌法腌制而成，其加工方法是将规整的肥膘肉均匀地切上刀口，再搓上食盐，腌制而成。咸猪肥膘可直接煎食，还可切成细条，嵌入用于焖、烤等肉质较瘦的大块肉中，以补充其油脂。

（二）火腿（ham）

知识拓展

意大利帕尔玛火腿、西班牙伊比利亚火腿和中国的金华火腿被誉为世界三大火腿。

正宗的帕尔玛火腿产自意大利北部的帕尔马省，其色泽嫩红，切片后可看到云石纹理的脂肪，嗅起来有陈年的肉香及烟熏的气味，口感柔软，口味咸香。

西班牙伊比利亚火腿选用的是放养在橡树林里、吃橡木子的伊比利亚黑脚猪的后腿，用粗海盐腌制，经16个月以上的自然风干后制成，其色泽鲜红，肉质鲜香。

火腿是一种在世界范围内流行很广的肉制品，目前除少数信奉伊斯兰教的国家外，几乎各国都有生产或销售。西式火腿可分为两种类型：无骨火腿和带骨火腿。

1. 无骨火腿（boneless ham）

无骨火腿一般是选用去骨的猪后腿肉，也可用净瘦肉为原料，用掺有香料的盐水浸泡、腌渍入味，然后加水煮制。有的还需要经过烟熏处理后再煮制。这种火腿有圆形和方形的，使用比较广泛。

2. 带骨火腿（boned ham）

带骨火腿一般是用整只的带骨猪后腿加工制成的，其加工方法比较复杂，加工时间长。一般是先把整只后腿肉用盐、胡椒粉、硝酸盐等干擦表面，然后浸入加有香料的盐水卤中腌渍数日，取出风干、烟熏，再悬挂一段时间，使其自熟，就可形成良好的风味。

世界上著名的火腿品种有法国烟熏火腿、苏格兰整只火腿、德国陈制火腿、黑森林火腿、意大利帕尔玛火腿、西班牙伊比利亚火腿等。火腿在烹调中既可作为主料又可作为辅料，也可用于制作冷盘。

（三）香肠（sausage）

香肠的种类很多，仅西方国家就有上千种，主要有冷切肠系列、早餐香肠系列、萨拉米肠系列、小泥肠系列、风干肠、烟熏香肠及火腿肠系列。其中生产香肠较多的国家有德国和意大利。

制作香肠的原料主要有猪肉、牛肉、羊肉、火鸡肉、鸡肉和兔肉，其中以猪肉最为普遍。一般的加工过程是将肉绞碎，加上各种不同的辅料和调味料，然后灌入肠衣，再经过腌渍或烟熏、风干等方法制成。

世界上比较著名的香肠品种有德式小泥肠、米兰萨拉米香肠、维也纳牛肉香肠、法国香草萨拉米香肠等。香肠在西餐烹调中可做沙拉、三明治、开胃小吃、煮制菜肴，也可作为热菜的辅料。

二、乳制品

牛奶和乳制品是西餐饮食中最常见的食品之一，它们在西餐烹调中常被用于许多风味食品的制作。

（一）牛奶（milk）

牛奶也称牛乳，营养价值高，含有丰富的蛋白质、脂肪及多种维生素和矿物质。牛奶根据奶牛的产乳期可分为初乳、常乳和末乳。市场上供应的大多是常乳，主要是鲜奶和灭菌牛奶。牛奶在西餐烹调中一般又可分为以下七种：

1. 鲜奶（homogenized milk）

鲜奶中含有极微小的透明的乳脂球或油滴悬浮于乳液中。

2. 酪奶（butter milk）

酪奶又称白脱牛奶、酪乳。它是将制作黄油后残余的乳清牛奶经自然发酵而成的、略带酸味的乳制品。

3. 脱脂奶（nonfat milk）

脱脂奶即为脱去乳脂的奶。

4. 淡炼乳（evaporated milk）

脱去牛奶中50%～60%的水分，即为淡炼乳。

5. 甜炼乳（condensed milk）

甜炼乳又称凝脂牛奶。脱去牛奶中的大部分水分，再加入蔗糖，使其糖含量为40%左右，呈奶油状，即成甜炼乳。

6. 酸奶（sour milk）

将乳酸菌加入脱脂牛奶中，经过发酵制成的、带有酸味的牛奶，即为酸奶。

7. 酸奶酪（yogurt）

将乳酸菌加入全脂牛奶中，经过发酵制成的、带有酸味的半流体状制品，即为酸奶酪。

优质的牛奶应为乳白色或略带浅黄，无凝块，无杂质，有乳香味，气味平和自然，品尝起来略带甜味，无酸味。牛奶一般采取冷藏法保存，如需长期保存，应放在−18～−10℃的冷库中；如短期储存，可放在−2～−1℃的冰箱中。

（二）奶油（cream）

奶油是从牛奶中分离出的脂肪和其他成分的混合物。奶油的含脂率较低，一般在15%～25%，除脂肪外，还有水分、蛋白质等成分。奶油主要有以下三种类型：

1. 稀奶油（light cream）

即利用乳油分离器等，直接从牛奶中分离出来的脂肪和其他成分的混合物。稀奶油的含脂率较低，为18% ~ 25%，一般不能打成泡沫状的“掼奶油”（whipped cream），但可用于菜肴的制作。

2. 稠奶油（heavy cream）

即将稀奶油进行专门加工处理，使其含脂率达到30% ~ 36%。稠奶油既可打成泡沫状的掼奶油，用于面点的装裱，也可用于菜肴的制作。西餐烹调中使用的大多是这种奶油。

3. 酸奶油（sour cream）

奶油经乳酸菌发酵即成酸奶油。酸奶油比鲜奶油要稠，呈乳黄色，风味也比鲜奶油更浓郁。酸奶油在俄国菜中使用得较多。

优质的奶油应为乳白色或略带浅黄色，呈半流质状态，气味芳香纯正，口味稍甜，口感细腻、无结块。由于奶油营养丰富，水分充足，很容易变质，其制品在常温下超过24 h就不能再食用，所以要注意及时冷藏。保存奶油一般采用冷藏法，保存温度在4 ~ 6℃，为防止污染，保存时应放在干净的容器内密封保存。

（三）黄油（butter）

黄油又称白脱、牛油，我国北方习惯上称为黄油，上海称为白脱，广州、香港一带则习惯称为牛油。黄油是从奶油中进一步分离出来的较纯净的脂肪。黄油在西餐烹调上一般又有鲜黄油和清黄油之分。

知识拓展

黄油在常温下为浅黄色固体，熔点为28 ~ 34℃，加热熔化后有明显的乳香味。黄油具有良好的起酥性、乳化性和一定的可塑性。由于黄油的脂肪含量较高，比奶油容易保存，短期存放可放在5℃的冰箱中，长期保存应放在-10℃的冰箱中。因其易氧化，所以存放时应避免阳光直射，且应该密封保存。

1. 鲜黄油（butter）

鲜黄油是从奶油中进一步分离出来的较纯净的脂肪，其脂肪含量在85%左右，口味香醇。由于其含有较多的牛奶成分，故不耐高温，不宜直接用作烹调原料。

2. 清黄油（clarified butter）

清黄油是从黄油中提炼得更为纯净的脂肪，通过加热使黄油熔化，将黄油中的水分与乳清去除，其脂肪含量在97%左右，比较耐高温，可直接用于烹调菜肴。

（四）奶酪（cheese）

奶酪又称干酪、乳酪，英文是cheese，故中文常根据发音直译为芝士、计司、吉士等。制作奶酪的原料主要是牛奶，其次是山羊奶和绵羊奶。奶酪的品种繁多，目前世界上的奶酪品种有千种之多，其中以法国、瑞士、意大利、荷兰等国的奶酪较为有名。

1. 新鲜奶酪（fresh cheese）及凝脂奶酪（cream cheese）

新鲜奶酪是指未经过酝酿的过程，还带有浓浓鲜奶香的奶酪，利用乳酸菌和酶将牛奶凝结后，再去除部分水分即可。

凝脂奶酪是一种软质奶酪，因为不需要经过酝酿的过程，所以也可算是新鲜奶酪。唯一不同的是，这类奶酪还加入了鲜奶油或鲜奶油和牛乳的混合物，所以也称奶油奶酪，多用于制作奶酪蛋糕。其微酸的味道、浓郁与芳香的气味使得蛋糕更加好吃。由于其新鲜，保存期限并不长，最好尽快食用。

常见品种有：白奶酪/乡村奶酪、意大利瑞可塔奶酪、马斯卡彭奶酪、意大利马苏里拉奶酪/水牛奶酪、贝尔培斯奶酪、菲达奶酪等。

2. 白霉奶酪（white mold cheese）

白霉奶酪属于软质奶酪，表面披覆一层白色霉菌，其制作方法是将牛乳凝结成凝乳状，切碎后放入模具中，压成块状后，在表面喷洒霉菌的孢子；经过4～5天，表面就会产生一层白霉。白霉最大的作用就是使奶酪的口感变得滑顺、柔软，并将蛋白质分解成氨基酸，为奶酪增添甘美的味道。白霉奶酪切开后内部呈奶油色，在制作过程中，表面会出现红褐色的斑点，内部变成软膏状。

常见品种有：卡蒙贝尔奶酪、法国布里奶酪等。

3. 蓝纹奶酪（blue cheese）

蓝纹奶酪是一种利用青霉的繁殖酝酿出独特风味的奶酪，切口处可以看见如大理石花纹般的蓝、绿色霉菌。其与白霉奶酪最大的不同点是由内部开始熟成，是所有奶酪中风味较独特的一种。

常见品种有：法国洛克福羊乳奶酪、英国斯提耳顿奶酪、意大利戈尔贡佐拉奶酪、法国布勒德布瑞塞奶酪等。

4. 山羊乳奶酪（chever cheese）

山羊乳奶酪是指以山羊乳制成的奶酪，它的历史比牛乳奶酪还悠久。山羊乳奶酪的特点是大多数经过干燥熟成，质地结实、干硬。其外形有扁平圆形、金字塔形、梯形、圆筒形等；种类有新鲜奶酪、白霉奶酪等，还有些会在表面撒上一层

知识拓展

法国洛克福羊乳奶酪是世界著名的蓝纹奶酪之一，有“奶酪之王”的称号。它以特定的羊乳为原料，放在石灰岩洞内熟成，内部柔软，布满均匀的蓝色纹脉，风味独特。1411年法国国王查理六世的皇室宪章规定，只有存放在天然石灰岩山洞内熟成的奶酪，才有资格被称为洛克福羊乳奶酪，此认证标准一直延续至今。

炭粉。

著名的山羊乳奶酪有：法国的普利尼－圣皮埃尔奶酪和法隆赛奶酪等。

5. 半硬质奶酪（semi–hard cheese）

半硬质奶酪制作时先将乳汁凝结，后将凝乳切碎促使水分分离，再持续搅拌混合，使水分更容易排出，最后装到模具内，加压成块。其熟成期一般为4～6个月。半硬质奶酪气味温和，没有怪味，较易入口，是应用范围较广的一种奶酪，大多用于菜肴制作及制成加工奶酪。

常见品种有：荷兰高达奶酪、荷兰埃达姆奶酪、荷兰马斯丹奶酪、丹麦哈瓦蒂奶酪等。

6. 硬质奶酪（hard cheese）

硬质奶酪制作时先将乳汁凝结，再切成细的颗粒，边加热边搅拌，促使水分排出，而后装填到模具内，再加压成形。其熟成期至少半年，有些要2年以上。硬质奶酪体型都较大，单个重20～30 kg。因其熟成的时间长，质地又硬，故能长期保存。

常见品种有：英国切达奶酪、瑞士埃曼塔奶酪（大孔奶酪）、意大利帕尔玛奶酪、瑞士干酪/古老也奶酪、意大利帕达诺奶酪、瑞士拉克莱特奶酪等。

7. 洗浸奶酪（washed rind cheese）

洗浸奶酪是在奶酪熟成期间，用盐水或酒类清洗奶酪表皮，由于奶酪表皮上附着的细菌会发酵，因此味道较强烈。在最后一次擦洗时，有些奶酪品种会用当地生产的酒擦洗，因而大多数的洗浸奶酪都具有独特的地方特色。洗浸奶酪拥有馥郁的香气与浓稠醇厚的口感，因此常以甜点的形式出现。

常见品种有：塔雷吉欧奶酪、彭雷维克奶酪等。

奶酪的保存：奶酪一般应在温度5℃左右、相对湿度88%～90%的冰箱中冷藏保存，保存时最好密封。在专业的温湿控制环境中，大部分奶酪的保存期限大约在60天。

主题五
蔬菜和果品

一、蔬菜

蔬菜是人们平衡膳食、获取人体所需营养物质的重要来源。蔬菜的品种很多，按照蔬菜的可食部位可分为叶菜类、茎菜类、根菜类、果菜类、花菜类和食用菌类。蔬菜在西餐烹调中的应用非常广泛，下面介绍在西餐烹调中有代表性的、比较特殊的蔬菜品种。

1. 洋蓟（artichoke）

洋蓟又称朝鲜蓟、洋百合、法国百合、菊蓟等，为菊科多年生草本植物，原产于欧洲地中海沿岸。洋蓟外面包着厚实的花萼，只有菜心和花萼的根部比较柔软，可以食用。洋蓟品种较多，法国、意大利栽培较多也最为有名。洋蓟味道清淡、生脆，是西餐烹调中的高档蔬菜。

2. 芦笋（asparagus）

芦笋又名石刁柏、龙须菜，属百合科多年生宿根植物，原产于亚洲西部，因其枝叶如松柏状，故名石刁柏。芦笋的可食部位是其地下和地上的嫩茎。芦笋的品种很多，按颜色分有白芦笋、绿芦笋、紫芦笋三种。芦笋自春季从地下抽薹，如不断培土并使其不见阳光，长成后即为白芦笋；如使其见光生长，刚抽薹时顶部为紫色，此时收割的为紫芦笋；如待其长大后即为绿芦笋。白芦笋多用来制成罐头，紫芦笋、绿芦笋可鲜食或制成速冻品。

芦笋在西餐烹调中可用于制作配菜，或作为菜肴的辅料。

3. 西蓝花（broccoli）

西蓝花又名绿菜花、茎椰菜等，原产于意大利，属十字花科，是甘蓝的变种。西蓝花介于茎用甘蓝和菜花之间，其可食部位是其松散的小花蕾及其嫩茎。西蓝花的主茎顶端形成绿色的花球，但结球不紧密，质地脆嫩。

西蓝花在西餐烹调中主要用于制作配菜，也可单独成菜。

4. 红菜头（beet root）

红菜头又名紫菜头、甜菜根，是藜科甜菜属植物，是甜菜的一个变种，为二年生草本植物。红菜头原产于希腊，其可食部位是肥大的肉质块根，多呈扁圆锥形，外皮为灰黑色。其根肉含有较多的甜菜红素，呈紫红、殷红、鲜红色，与糖甜菜串色后可呈红白相间的花色。

红菜头色泽鲜艳，在西餐烹调中常用来制作沙拉、汤及配菜，并可作为菜肴的装饰点缀原料。

5. 西洋菜（cress/watercress）

西洋菜俗称豆瓣菜、水田芥、水生菜等，十字花科豆瓣菜属草本植物，原产于欧洲地中海东部和南亚热带地区。西洋菜的可食部分是其嫩茎叶。西洋菜叶片呈卵圆形或圆形，叶色深绿，遇低温时易为紫绿色。西洋菜含有较多的铁、钙和维生素等，有较强的辛辣味和淡淡的苦香，质地脆嫩，风味独特。

西洋菜在西餐烹调中主要用作配菜。

6. 生菜（lettuce）

生菜又名叶用莴苣，原产于欧洲地中海沿岸，是莴苣的变种。生菜的品种很多，按其形态和脆嫩程度，可分为四大类。

（1）长叶生菜（romaine Lettuce） 长叶生菜又称罗曼生菜、罗马生菜等，形似中国白菜，质地松脆，有红叶和绿叶两种。红叶的口味较常规绿叶的更甜美。常用于恺撒沙拉的制作。

（2）奶油生菜（butter head Lettuce） 奶油生菜因其叶有奶油般的光滑质感而得名，叶片柔软鲜嫩，常被用于制作沙拉，常见品种有波士顿生菜、比布生菜等。

（3）结球生菜（crisp head Lettuce） 结球生菜俗称西生菜、圆生菜，呈球形或扁圆形，形似圆白菜，质地松脆，口味稍差，最著名的品种是冰山生菜等。

（4）散叶生菜（loose-leaf Lettuce） 散叶生菜又称皱叶生菜、花生菜、玻璃生菜等。散叶生菜叶面皱缩，叶片深裂、松散，脆而多汁，味道比结球类生菜更具特色。常见的品种有绿叶生菜、红叶生菜、橡叶生菜、罗莎生菜等。

7. 菊苣（chicory）

菊苣又称欧洲菊苣、苦白菜、苦白苣等，原产于欧洲地中海、亚洲中部和北非，菊科菊苣属，多年生草本植物，是野生菊苣的一个变种，以其嫩叶、叶球、叶芽为可食部位。菊苣又分为四种：

（1）平叶菊苣（belgian chicory） 平叶菊苣又称比利时菊苣/比利时苣荬菜、白菊苣或苦白菜、法国菊苣/法国苣荬菜等，外形长而圆，形似白菜心，叶片呈白色或淡黄色，质地较脆，苦味稍重。平叶菊苣光照充足就会变绿，而且会更苦。

（2）皱叶菊苣（curly chicory） 皱叶菊苣又称法国生菜、苦苣，形似皱叶生菜，叶片鲜绿呈披针形，叶梗为白色，叶缘有锯齿，深裂或全裂，味道略为刺激，带苦味。

（3）红叶菊苣（red chicory） 红叶菊苣又称意大利菊苣，红色的叶子上有白色的纹路，味道苦、辣，但烤制后会变得醇美。红叶菊苣在意大利很普遍，大多用橄榄油烤食或制作成沙拉生食。

（4）阔叶菊苣（escarole） 阔叶菊苣又称荷兰菊苣，叶阔而厚，口感粗糙而硬，味温和微苦。在意大利菜中通常与橄榄油和大蒜一起烤制之后食用。

8. 松露（truffles）

松露又名块菰或松露菌、块菌，是一种野生真菌，全世界有30多个不同品种，其中以意大利白松露和法国黑松露最为有名，除此之外还有英国红纹黑松露、西班牙紫松露、中国黑松露等。

黑松露（black truffles）又称黑菌，整体呈黑色，带有清晰的白色纹路，其气味芬芳，是一种珍贵的菌类。黑松露主要产于法国、英国、意大利、西班牙等地，而较好的种类主要产自法国西南部的佩里戈尔地区。法国黑松露生长于橡树林内，其口味鲜美又极富营养，有“黑钻石”之美称。

白松露（white truffles）主要产于意大利北部的阿尔巴地区，其色泽偏浅，气味独特。意大利白松露比法国的佩里戈尔黑松露更为名贵和稀有，被称为“餐桌上的钻石”，是世界上最昂贵的食材之一。

9. 白菌（button mushroom）

白菌又称鲜蘑、双孢蘑菇、白蘑菇，属担子菌纲伞菌科，其产地非常广泛，在我国和欧洲一些国家均有生产。鲜蘑菌盖呈白色或淡黄色，幼菇为半球形，边缘内卷，随成熟逐渐展开呈伞形。此种蘑菇大多数为人工培植产品，可供鲜食，也可制成罐头。优质的鲜蘑个大、均匀，质地嫩脆，口味鲜美。

鲜蘑在西餐中广泛用作冷、热菜的配料，在有些菜肴中还可作为主料使用。

10. 羊肚菌（morels）

羊肚菌又称羊肚菇、草笠竹，属真菌，因其外形褶皱酷似羊肚而得名。羊肚菌味道鲜美，营养丰富，富含氨基酸、维生素，被称为健康食品，是一种珍贵的食用菌，在法国菜和意大利菜中常被使用。

二、果品

果品含有丰富的营养价值，在西餐中使用非常广泛，既可直接食用，也可制成各种菜点。一般习惯上又将其分为鲜果和干果两类，下面介绍的是在西餐烹调中有代表性、比较特殊的鲜果和干果品种。

1. 柠檬/青柠檬（lemon/lime）

柠檬属芸香科，常绿小乔木，原产于地中海沿岸及马来西亚等国。柠檬果呈长圆形或卵圆形，又分为柠檬、青柠檬、中国柠檬等，在西餐烹调中广泛用于调味。

柠檬（lemon）：颜色淡黄，表面粗糙，前端呈乳头状，皮厚，有芳香味，果汁充足而酸。

青柠檬（lime）：又称酸橙，形似柠檬但较柠檬稍小，皮色青绿，芳香味浓郁，果汁也较柠檬更酸。

中国柠檬（Meyer lemon）：又称北京柠檬，形似柠檬，颜色深黄，皮薄，果汁带有甜味，芳香味不足。

2. 醋栗/穗醋栗（gooseberry/currant）

醋栗为虎耳草科醋栗属（或称茶藨子属）植物，原产于北半球和南美西部的温带地区，通常把醋栗属果树分为穗醋栗和醋栗两大类。

（1）醋栗　果色有白色、绿色、黄色和红色等。

（2）穗醋栗　按果实的颜色又分为红穗醋栗、白穗醋栗、黑穗醋栗，又称红加仑子、白加仑子、黑加仑子。

醋栗和穗醋栗除鲜食外，主要用于果汁、果酒、果酱的加工。

3. 树莓（raspberry）

树莓又称木莓、覆盆子等，原产于俄罗斯及东欧地区，因其果形、色、味与草莓相似但长在树上，故称树莓。树莓根据其果实成熟时的颜色又分为黑莓、红莓、黄莓/金莓等。

树莓果实营养丰富，除鲜食外还可以加工制成果汁、果酒等系列食品。

4. 荔枝（litchi）

荔枝又名丹荔，属无患子科，常绿乔木，植株可高达20 m，原产于我国南方。近百年来印度、美国、古巴等国从我国引进了荔枝，但果品质量均不如我国。荔枝的品种很多，常见的有三江月、圆枝、黑叶、元红、桂绿等。荔枝贵在新鲜，优质的荔枝要求色泽鲜艳，个大、核小、肉厚，质嫩、汁多、味甜，富有香气。

5. 猕猴桃（kiwi fruit）

猕猴桃又名藤梨、奇异果，属藤本植物，原产于我国中南部，现已有很多国家引种，是一种新兴水果。猕猴桃为卵形，果肉呈绿色或黄色，中间有放射状小黑子。其品质独特，甜酸适口，富含维生素C。猕猴桃以果实大、无毛、果细、水分充足者为上品。

6. 橄榄（olive）

橄榄又名青果，一般有黑橄榄和绿橄榄之分。市场上出售的橄榄大都是盐渍品。黑橄榄是盐渍的成熟橄榄果实，绿橄榄是盐渍的未成熟果实。盐渍的目的是为了消除橄榄的苦味和涩味。橄榄在西餐烹调中常用作开胃菜，做餐前小吃。

7. 鳄梨（avocados）

鳄梨又名油梨、酪梨、牛油果，是一种适于热带及南亚热带地区栽培的果树。它原产于中南美洲热带及亚热带地区的墨西哥、厄瓜多尔、哥伦比亚等国，我国的海南、台湾、广东、广西、云南、福建、四川、浙江等省（区）的南亚热带地区都有栽培与分布。

鳄梨营养丰富，含有丰富的维生素E及胡萝卜素，其所含的脂肪中80%为不饱和脂肪酸，极易被人体吸收；鳄梨肉含糖量低，是适合糖尿病患者食用的高脂低糖食品。

8. 杧果（mango）

杧果又称芒果，属于漆树科杧果属。杧果属品种、品系很多，根据品种的种子特征将杧果品种分为单胚和多胚两个类群。单胚类群杧果的特点是种子为单胚，果形变化大，且多为短圆、肥厚，少有长而扁平的。果皮黄色带红或全红，果肉多具有特殊香气或松香气味。多胚类群杧果的特点是种子为多胚，果实多为长椭圆形且较扁平，宽度大、厚度小，果肉芳香无异味，品质特好。著名的吕宋杧果即属此类。

9. 阳桃（star fruit）

阳桃又称洋桃、杨桃、五敛子、五棱子，原产于印度尼西亚马鲁古群岛，属于茜草科的多年生常绿灌木植物。阳桃表面有5～6个棱，其断面像星星的形状，果肉呈淡黄色、半透明。阳桃品种较多，有蜜丝种、白丝种、南洋种等。

10. 番木瓜（papaya）

番木瓜又称万寿果、木瓜，属番木瓜科热带小乔木或灌木，原产于热带美洲。果实含有的木瓜酶，对人体有促进消化和抗衰老作用，既是水果，又可做菜。

11. 开心果（pistachio nut）

开心果又称阿月浑子仁，原产地为美国加州，后移植于世界各地，产地分布广泛。由于开心果对生长环境——气候、温度、湿度、光照度要求较高，因此，世界上开心果产地现在主要分布于美国加州、伊朗、土耳其、巴西四个地方，这就是所谓的美国加州果、伊朗果、土耳其果、巴西果。其中，以美国所产的开心果最为有名，质量也较佳。

开心果味道鲜美、营养价值较高，口味香甜松脆，未加工时有一种清香，加工后因添加材料不同而有不同口味，可制作沙拉等美食。

12. 扁桃仁（jordan almond）

扁桃仁又名巴旦木、美国大杏仁、甜杏仁，属蔷薇科扁桃属，是扁桃的果仁。扁桃仁营养丰富，含有多种维生素及矿物质，脂肪含量20% ~ 70%，蛋白质含量高达25% ~ 35%，超过核桃等干果，是营养价值极高的果品。

13. 腰果（cashew）

腰果又称树花生，属热带常绿乔木，原产于巴西东北部。果仁营养丰富，富含蛋白质及各种维生素，与扁桃仁、核桃仁和榛子仁并称为世界四大干果。

14. 榛子（hazelnut）

榛子又名毛榛、尖栗。果实为卵圆形，近球形，果形美观，果仁肥厚，甜美适口，营养丰富。除含有人体所需的维生素和胡萝卜素外，还含有约22%的蛋白质、14.7%的淀粉和44.8%的脂肪，是营养价值极高的果品。

主题六 谷物类原料和制品

谷物类原料也是西餐烹调的重要原料之一，在西餐烹调中常作为制作主菜或配菜的原料。西餐烹调中常用的谷物类原料的品种主要有面粉、大米、麦类、菰米和意大利面食等。

一、面粉（flour）

面粉是小麦经磨制而制成的粉状物。小麦按其硬度可分为硬质小麦和软质小麦。硬质小麦的蛋白质含量较高，用于生产高筋面粉，软质小麦则用于生产低筋面粉。西餐中常用的面粉主要有低筋面粉、高筋面粉、中筋面粉和特殊面粉。

1. 低筋面粉（soft flour）

低筋面粉是由软质小麦磨制而成的，其蛋白质含量低，约为8%，湿面筋含量在25%以下。此种面粉适合制作蛋糕类、油酥类点心及饼干等。

2. 高筋面粉（strong flour）

高筋面粉又称强筋面粉，通常用硬质小麦磨制而成，其蛋白质含量高，约为13%，湿面筋含量在35%以上。此种面粉适合制作面包类制品及起酥类点心等。

3. 中筋面粉（medium flour）

中筋面粉是介于高筋与低筋之间的一种具有中等韧性的面粉，其蛋白质含量为10%左右，湿面筋含量在25%～35%。这种面粉既可制作点心，也可用于面包的制作，是一般饼房常用的面粉。

4. 全麦面粉（whole wheat flour）

全麦面粉是一种特制的面粉，是由整颗麦粒磨成的，它含有胚芽、麸皮和胚乳，在西点中通常用于发酵类制品。

5. 麦芯粉（wheat core powder）

麦芯粉又称为麦心粉，是用小麦中心部分的胚乳磨制而成的面粉，其质地细腻洁白，蛋白质含量高。常说的意大利00号面粉就是麦芯粉，最适于制作比萨面团。

6. 杜兰面粉（semolina）

杜兰小麦是地中海地区特产的一种非常坚硬的硬质小麦，不易被碾碎。将杜兰小麦碾碎后，颗粒较大的粗麦粉称为“semolina”，多用于制作不易煮烂的意大利面食，研磨比较细的称为“fancy durum”，多用于制作面包。

7. 粗麦粉（couscous）

粗麦粉又称北非小米，是将杜兰小麦碾制的粗粉浸湿，撒入干面粉，搓揉制成小米粒大小的颗粒，因其形似小米，故又称北非小米、中东小米、阿拉伯小米等，是北

知识拓展

意大利面粉分为两大类，分别是杜兰硬麦粉和普通小麦粉。普通小麦粉分为00号/0号/1号/2号面粉。1号与2号面粉质地相对粗糙，相当于中筋面粉；0号面粉比较细腻，蛋白质含量高；00号面粉是纯麦芯粉，蛋白质含量高，一般达到12.8%以上，质地细腻、洁白。

非摩洛哥、突尼斯以及意大利南部撒丁岛、西西里岛等地的特产。

现在国内市场上销售的北非小米大部分都是经过蒸制后的半成品，很容易成熟，也称为蒸粗麦粉。粗麦粉在西餐烹调中用途广泛，可以作为开胃沙拉，也可以作为主菜或配菜，可冷食也可热食，甚至可以制作甜点。

二、大米（rice）

大米是稻谷经脱壳而制成的。大米的种类有很多，其色泽主要有白色、棕色、黑色。按大米的性质可分为粳米、籼米、糯米。按米粒的形状可分为长粒米和短粒米，常作为畜肉类、水产品和禽类菜肴的配菜，也可以制汤，还可用来制作甜点等。在西餐烹调中，常用的大米主要有长粒米、中粒米、短粒米、营养米和即食米等。

1. 长粒米（long-grain rice）

长粒米的外形细长，含水量较低。成熟后，米粒蓬松、容易分开，在西餐烹调中主要用于制作配菜。其代表品种有泰国茉莉香米、印度泰国香米、美国长粒大米等。

2. 中粒米（medium-grain rice）

中粒米外形较长粒米短，体形饱满，在西餐烹调中主要用于制作西班牙式煮饭和意大利式煮饭。其代表品种有西班牙米、意大利米。

3. 短粒米（short-grain rice）

短粒米又称圆粒米，外形椭圆，含水量较高。成熟后黏性强，米粒不易分开，在西餐中主要用于制作大米布丁。

4. 营养米（enriched rice）

营养米是经过特殊加工的大米——在米粒的外层附以各种维生素和矿物质等营养成分，用于弥补大米在加工过程中损失的营养成分。

5. 即食米（instant rice）

即食米是将大米煮熟、脱水而成的米。即食米烹调时间短，食用方便，但价格较高，常用的烹调方法有煮、蒸和烩。

三、麦类

1. 大麦（barley）

大麦形似小麦，主要有皮麦和元麦两种类型。大麦富含糖类，约占70%，含粗纤维也较多，是一种保健食品。西餐烹调中常使用的是大麦仁和大麦片，主要用于制作早餐食品、汤菜，烩制菜肴，也可用于制作配菜和沙拉。

2. 燕麦（oat）

燕麦在西餐中被称为营养食品，它含有大量的可溶性纤维素，食用后可控制血糖上升，降低血中胆固醇含量。燕麦由于缺少麦胶，一般可加工成燕麦片或碎燕麦。在西餐烹调中，燕麦主要用于制作早餐食品和饼干制品。

3. 藜麦（quinoa）

藜麦原产于南美洲安第斯山区，其种子颜色主要有白、黑、红等色系，营养成分相差不大，其中以白色藜麦口感最好；红色藜麦富含纤维、颜色鲜艳，普遍用于制作沙拉；黑色藜麦口感上更有韧性，而且有甜味。

藜麦是一种全谷全营养完全蛋白食物，其蛋白质含量为13.4%，所含氨基酸种类丰富，特别是含有多数作物缺乏的赖氨酸，并且含有种类丰富且含量较高的矿物元素，以及多种人体正常代谢所需要的维生素，被营养学家们称为“未来食品”。

四、菰米（wild rice）

菰米又称野米，野米不是稻米，是一种菰草的草种，其产地颇广，美洲与亚洲均有。市场上的菰米主要是美洲菰米，主要产自美洲五大湖和加拿大北部的湖沼中，故又称冰湖野米、加拿大野米等。

菰米外壳不用打磨，呈灰黑色。菰米中的蛋白质、微量元素、膳食纤维等都比大米高，被称为“米中之王”“谷物中的鱼子酱”。

五、意大利面食（pasta）

意大利面食一般是以杜兰面粉和鸡蛋为主要原料加工制成，其形状各异，色彩丰富，品种繁多。

从意大利面的质感上可以分为干制意大利面和鲜意大利面两类。从意大利面的外观和形状上可分为以下六种：

1. 直身意大利面（strand pasta）

直身意大利面种类较多，形状各有不同，有宽、扁、圆、方、实心、空心等，粗细不一，相同之处是它们都是棍状、直身面条，其中最有代表性的是意大利实心粉，习惯上将这种棍状直身意大利面统称为spaghetti。

直身意大利面主要有：意大利细丝面（capellini）、细长意大利面（bucatini）、细短意大利面（vermicelli）、扁意大利面（linguine）、细意大利实心粉（spaghettini）、直身空心粉（ziti）、宽条意大利面（tagliatelle）等。

2. 片状意大利面（ribbon pasta ）

片状意大利面主要有：鲜意大利宽面（fettuccine）、意大利宽条面（pappardelle ）、千层面（lasagne）等。

3. 管状意大利面（tubular pasta）

管状意大利面主要有：葱管面（penne）、指环面（canneroni）、弯型空心粉（macaroni）、大管面（manicotti）、直筒粉（pennoni）、坑纹长筒粉（garganelli）、短大孔通心粉（mezzi paccheri）、长大孔通心粉（paccheri）等。

4. 花饰意大利面条（shaped pasta）

花式意大利面主要有：贝壳面（conchiglie）、大贝壳面（conchiglioni）、扭纹粉（casarecci）、蝴蝶粉（farfalle）、百合粉（gigli）、蜗牛粉（lumaconi）、猫耳粉（orecchiette）、螺纹粉（eliche）、螺丝粉（fusilli）等。

5. 意式饺子与馄饨（stuffed pasta）

意式饺子与馄饨主要有：新月形饺子（agnolotti）、土耳其式水饺（manti）、三角水饺（pansotti）、意式小馄饨（tortellini）、意式饺子（ravioli）、半月形馄饨（tortelli）等。

6. 意大利汤面（soup pasta）

意大利汤面主要有：圆环粉（anelli pasta）、小圆环粉（anellini pasta）、麦粒面（orzo pasta）、米粒粉（risi pasta）、星星粉（stelle pasta）、小星星粉（stelline pasta）等。

知识拓展

意大利面据说是起源于古罗马时期。意大利面早在17世纪初就有文字记载，早期的意大利面是由铜铸的模子压制而成，外形较粗厚，表面凹凸不平，较容易沾上调味酱料，吃起来味道口感更佳。南部的意大利人喜爱食用干意大利面，而北部则较为流行鲜意大利面。

主题七
西餐调味品和烹调用酒

一、西餐常用调味品

调味品是指增加菜肴口味的原料，其在西餐烹调中有着重要的作用。常用的调味品有盐、辣酱油、醋、番茄酱、胡椒粉、咖喱粉、芥末等。

（一）辣酱油（worcestershire sauce）

辣酱油是西餐中广泛使用的调味品，于19世纪初传入中国，因其色泽风味与酱油接近，所以习惯上称为辣酱油。辣酱油的主要成分有海带、番茄、辣椒、洋葱、砂糖、盐、胡椒、大蒜、陈皮、豆蔻、丁香、糖色、冰糖等。优质的辣酱油为深棕色，流体，无杂质，无沉淀物，口味浓香，酸辣咸甜各味协调。以英国产的李派林辣酱油较为著名，使用很普遍。

（二）醋（vinegar）

醋也是西餐烹调主要的调味品之一。醋的品种繁多，如有意大利香脂醋（balsamic vinegar）、香槟酒醋（champagne vinegar）、香草醋（herb vinegar）、他拉根香醋（tarragon vinegar）、麦芽醋（malt vinegar）、葡萄酒醋（wine vinegar）、雪利酒醋（sherry vinegar）、苹果醋（apple cider vinegar）等。根据制作方法的不同，醋又可大致分为发酵醋和蒸馏醋两大类。在西餐中经常使用的醋有以下五种。

1. 葡萄酒醋

葡萄酒醋是用葡萄或酿葡萄酒的糟渣发酵而成，有红葡萄酒醋和白葡萄酒醋两种。其口味除酸外还有芳香气味。

2. 苹果醋

苹果醋是用酸性苹果、沙果、海棠等原料经发酵制成，色泽淡黄，口味醇鲜而酸。

3. 醋精

醋精是用冰醋酸加水稀释而成，醋酸含量高达30%，口味纯酸，无香味，使用时应控制用量或加水稀释。

4. 白醋

白醋是用醋精加水稀释而成，醋酸含量不超过6%，其风格特点与醋精相似。

知识拓展

意大利香脂醋又称意大利黑醋，以意大利北部摩德纳生产的香脂醋最为著名。香脂醋有传统型和普通型两类，普通型是一种大批量生产的香脂醋，一般窖藏时间4～6年。传统型一般为手工制造，窖藏时间在12年以上。摩德纳的香脂醋一般以葡萄叶子作为商标图案，叶子越多表示醋的档次越高。意大利香脂醋黏稠醇厚，酸中带甜，堪称意大利的一宝。

5. 意大利香脂醋

意大利香脂醋的主要材料是加热煮沸变浓稠的葡萄汁，经长期发酵制成。意大利香脂醋颜色深褐，汁液黏稠，口感酸甜而圆润。

（三）番茄酱（tomato paste）和番茄沙司（ketchup）

番茄酱是西餐中广泛使用的调味品，由红色小番茄经粉碎、熬煮再加适量的食用色素制成。优质的番茄酱色泽鲜艳，浓度适中，质地细腻，无颗粒，无杂质。

番茄沙司是将红色小番茄经榨汁粉碎后，调入白糖、精盐、胡椒粉、丁香粉、姜粉等，经煮制、浓缩，调入微量色素和冰醋酸制成。

（四）咖喱粉（curry）

咖喱粉是由多种香辛料混合调制成的复合调味品。其制作方法最早源于印度，以后逐渐传入欧洲，目前已在世界范围内普及，但仍以印度及东南亚国家生产的为佳。制作咖喱粉的主要原料是黄姜粉、胡椒、肉桂、豆蔻、丁香、莳萝、孜然、茴香等。目前我国制作咖喱粉的调味料较少，主要有姜黄、白胡椒、茴香粉、辣椒粉、桂皮粉、茴香油等。

优质的咖喱粉香辛味浓烈，用热油加热后色不变黑，色味俱佳。

（五）芥末（mustard）

芥末是将成熟的芥末籽（种子）烘干研磨碾细制成的，色黄、味辣，含有芥子油等。芥末辣味浓烈，食之刺鼻，可促进唾液分泌，促使淀粉酶和胃膜液分泌增多，有增强食欲的作用。我国和欧洲一些国家均有出产，其中以法国的第戎芥末酱（Dijon mustard）和英国制造的牛头芥末粉（colman's mustard powder）较为著名。

二、西餐常用香料

香料是由植物的根、茎、叶、种子、花及树皮等，经干制、加工制成。香料香味浓郁、味道鲜美，被广泛应用于西餐烹调中。

（一）香叶（bay leaf）

香叶又称桂叶，是桂树的叶子。桂树原产于地中海沿岸，属樟科植物，为热带常青乔木。香叶一般2年采集一次，采集后经日光晒干即成。

香叶可分为两种，一种是月桂叶，形椭圆，较薄，干燥后颜色淡绿。

另一种是细桂叶，其叶较长且厚，叶脉突出，干燥后颜色淡黄。

香叶是西餐特有的调味品，其香味十分清爽又略带苦味，其干制品和鲜叶都可使用，用途广泛。在实际使用时，香叶需要烹煮较长时间才能有效释放其独特的香味。香叶普遍用于制汤和烹调海鲜、畜肉、家禽肉，以及肝酱类菜肴中的调味。

（二）胡椒（pepper）

胡椒原产于马来西亚、印度、印度尼西亚等地。胡椒为被子植物，多年生藤本植物。胡椒按品质及加工方法的不同又分为黑胡椒、白胡椒、红胡椒、绿胡椒等品种。

1. 黑胡椒（black pepper）

黑胡椒是用成熟的果实，经发酵、暴晒后，使其表皮皱缩变黑而成。

2. 白胡椒（white pepper）

白胡椒是用成熟的果实，经水浸泡后，剥去外皮，洗净晒干而成。

3. 绿胡椒（green pepper）

绿胡椒是指果实未成熟、外皮呈青绿色的胡椒，一般浸入油脂中保存。

4. 红胡椒（red pepper）

红胡椒是用绿胡椒经特殊工艺发酵后，使其外皮变红的胡椒，一般也放入油脂中保存。

优质的胡椒颗粒均匀硬实，香味浓烈。白胡椒应白净，含水量低于12%。黑胡椒外皮应不脱落，含水量在15%以下。

（三）辣根（horseradish）

辣根又称马萝卜，原产于欧洲南部和亚洲西部，植株属十字花科，多年生宿根草本植物，我国南北方均有种植。其根皮较厚、色黄，有强烈的辛辣味，常用于制作辣根少司，可用作西餐中多种冷热菜的调味品。

（四）红椒粉（paprika）

红椒粉又称甜椒粉，属茄科一年生草本植物，形如柿子椒，果实较大，色红，略甜，味不辣，干后制成粉，主要产于匈牙利。红椒粉在西餐烹调中常用于烩制菜肴。

（五）多香果（allspice）

多香果又称牙买加甜辣椒，形状类似胡椒，但较胡椒大，表面光滑，略带辣味，具有肉桂、豆蔻、丁香三种原料的味道，故称多香果。常用于畜肉类、家禽等菜肴的调味。

（六）肉豆蔻（nutmeg）

肉豆蔻原产于印度尼西亚的马鲁古群岛、马来西亚等地，现我国南方已有栽培。肉豆蔻又称肉果，为豆蔻科的常绿乔木。肉豆蔻近似球形，淡红色或黄色，成熟后剥去外皮取其果仁经石灰水浸泡，烘干后即可作为调料。干制后的肉豆蔻表面呈褐色，质地坚硬，切面有花纹。肉豆蔻气味芳香而强烈，味辛而微苦。优质的肉豆蔻个大、沉重，香味明显，在烹调中主要用于做肉馅以及西点中的马铃薯菜肴。

（七）丁香（clove）

丁香又名雄丁香、丁香料，原产于马来西亚、印度尼西亚的马鲁古群岛等地，现我国南方有栽培。丁香属桃金娘科常绿乔木，丁香树的花蕾在每年9月至来年3月间由青逐渐转为红色，这时将其采集后，除掉花柄，晒干后即成调味用的丁香。干燥后的丁香为棕红色，长1.5 ~ 2 cm，基部渐狭小，下部呈圆柱形，萼管上端有4片花瓣。优质的丁香坚实而重，入水即沉，刀切有油性，气味芳香微辛。丁香是西餐烹调中常见的调味品之一，可作为腌渍香料和烤焖香料。

（八）肉桂皮（cinnamon）

肉桂皮是菌桂树之皮。菌桂树属樟科常绿乔木，主产于东南亚及地中海沿岸，我国南方亦产。菌桂树多为山林野生，7年以上则可剥去其皮，经晒干后即成调味用的肉桂皮。肉桂皮含有1% ~ 2%的挥发性油，桂皮油具有芳香和刺激性甜味，并有凉感。优质的肉桂皮为淡棕色，并有细纹和光泽，用手折时松脆、带响，用指甲在腹面刮时有油渗出。肉桂皮在西餐中常用于腌渍水果、蔬菜，也常用于甜点。

（九）水瓜柳（caper）

水瓜柳又称水瓜钮、酸豆，原产于地中海沿岸及西班牙等地，为蔷薇科常绿灌木，其果实酸而涩，可用于调味。目前市场上供应的多为其瓶装腌渍制品。水瓜柳常用于鞑靼牛排、海鲜类菜肴以及冷少司、沙拉等开胃小吃的调味。

（十）香兰草（vanilla）

香兰草又称香荚兰、香子兰、上树蜈蚣，多年生攀缘藤木，其果实富含香兰素，香味充足。香兰草豆荚及其衍生物在食品业中应用十分广泛，尤其是在糖果、冰淇淋及烘烤食品中。

三、西餐常用香草

（一）番芫荽（parsley）

番芫荽又名洋香菜、欧芹等，原产于希腊，属伞形科草本植物。番芫荽的品种主要有卷叶番芫荽、意大利番芫荽两种。卷叶番芫荽叶蜷缩，颜色青翠，味较淡，外形美观，主要用于菜肴的装饰。意大利番芫荽叶大而平，颜色深绿，味较卷叶番芫荽浓重，主要用于菜肴的调味。

（二）细叶芹（chervil or french parsley）

细叶芹又称法国番芫荽、法香、山萝卜等。细叶芹的外形与番芫荽相似，色青翠，但叶片如羽毛状，味似大茴香和番芫荽的混合味。细叶芹既可用于菜肴的装饰，又可用于菜肴的调味，是西餐烹调中常用的原料。

（三）百里香（thyme）

百里香又名麝香草，主要产于地中海沿岸，属唇形科多年生灌木状草本植物，全株高18～30 cm，茎四棱形，叶无柄且上有绿点。茎叶富含芳香油，含量约为0.5%，主要成分有百里香酚。百里香的叶及嫩茎可用于调味，干制品和鲜叶均可，在法、美、英式菜中使用较普遍和广泛，主要用于制汤和畜肉、海鲜、家禽等菜肴的调味。

（四）迷迭香（rosemary）

迷迭香原产于欧洲南部，我国南方也有栽培。迷迭香属唇形科，常绿小乔木，高1～2 m。叶对生，线形，革质。夏季开花，花唇形，紫红色，轮生于叶腋内。其茎、叶、花都可提取芳香油，主要成分有桉树脑、乙酸冰片酯等。迷迭香的茎叶无论是新鲜的还是干制品都可用于调味，常用于肉馅、烤肉、焖肉等，使用量不宜过大，否则味过浓，甚至有苦味。

（五）他拉根香草（tarragon）

他拉根香草又称茵陈蒿、龙蒿、蛇蒿，主要产于欧洲南部。与我国药用的茵陈不同，其叶为长扁状，干后仍为绿色，有浓烈的香味，并有薄荷似的味感。他拉根香草用途广泛，常用于禽类、汤类、鱼类菜肴，也可泡在醋内制成他拉根醋。

（六）鼠尾草（sage）

鼠尾草又称艾草、洋苏叶，在香港、广州一带习惯按其译音称为“茜子”。鼠尾草世界各地均产，其中以欧洲巴尔干半岛产的最佳。鼠尾草是多年生灌木，生长很慢，其叶白绿相间，香味浓郁，可用于调味。鼠尾草主要用于鸡、鸭、猪类菜肴及肉馅类菜肴的调味。

（七）莳萝（dill）

莳萝又称土茴香，在香港、广州一带习惯按其译音称为“刁草”。莳萝原产于欧洲南部，现北美及亚洲南部均产。莳萝属伞形科多年生草本植物，叶羽状分裂，最终裂片成狭长线形，果实椭圆形，叶和果实都可作为香料。在烹调中主要用其叶调味，用途广泛，常用于海鲜、汤类及冷菜的调味。

知识拓展

藏红花只采自藏红花的雌花花蕊，每朵藏红花只有3根雌蕊，1 g干制的藏红花需要200朵左右的藏红花花蕊。藏红花花期每年只有一次，必须在10月花朵绽放时采收，整个采摘、焙烤过程也必须人工进行，因此格外矜贵，堪称世界最昂贵的香料。

（八）藏红花（saffron）

藏红花又称番红花，原产于地中海地区及小亚细亚。我国早年藏红花常经西藏走私入境，故称藏红花，是西餐中名贵的调味品，也是名贵药材。目前以西班牙、意大利产的为佳。藏红花既可调味又可调色，是法国海鲜汤和西班牙海鲜饭等菜肴中不可缺少的调味品。

（九）罗勒（basil）

罗勒俗称紫苏、洋紫苏、九层塔，产于亚洲和非洲的热带地区，我国中部、南部均有栽培。罗勒属唇形科，一年生芳香草本植物，种类较多，常见的有甜罗勒、紫叶罗勒、柠檬罗勒、意大利罗勒等。其中甜罗勒因其香味柔和、带甜味，用途最为广泛。罗勒作为调味品常用于番茄类菜肴、肉类菜肴及汤类。

（十）牛膝草（marjoram）

牛膝草又名马佐林，原产于地中海地区，现已在世界各地普遍栽培。牛膝草的叶可用于调味，整片或搓碎使用均可，在法国、意大利及希腊的菜肴中使用普遍，常用于味浓的菜肴。

（十一）牛至（oregano）

牛至又称阿里根奴，原产于地中海地区，第二次世界大战后美国及其他美洲国家普遍种植。它是唇形科芳香植物，叶子细长圆，种子微小，花有一种刺鼻的芳香。牛至与牛膝草相似，常用于烟草业，烹调中以意大利菜使用较为普遍，是制作馅饼不可缺少的调味品。

（十二）香葱（chives）

香葱别名细香葱、虾夷葱，属百合科多年生草本植物，原产于欧洲，主要食用部分为其嫩叶和假茎。香葱质地柔嫩，有浓烈的特殊香味，可鲜食或干制，西餐烹调中常用于汤类、少司、沙拉的调味或作为点缀装饰。

（十三）薄荷（mint）

薄荷原产于地中海沿岸，属唇形科草本植物，有20多个品种，其中常用的是绿薄荷和胡椒薄荷。薄荷具有特殊的芳香气味、辛辣感和清凉感，在烹调中常与羊肉搭配，也常用于冷菜调味和菜肴装饰。

四、西餐常用调味酒

酒也是西餐烹调中经常使用的调味品。由于各种酒本身具有独特的香气和味道，故在西餐烹调中常常被用于菜肴的调味。雪利酒、马德拉酒一般用于制汤及畜肉类、禽类菜肴的调味；干白葡萄酒、白兰地酒主要用于鱼、虾等海鲜类菜肴的调味；波特红葡萄酒主要用于畜肉、菜肴的调味；香槟酒主要用于烤鸡、焗火腿等菜肴的调味；朗姆酒、利口酒主要用于各种甜点的调味。

（一）常用的蒸馏酒类

1. 白兰地（brandy）

白兰地是英文brandy的译音，原意是蒸馏酒，现习惯指用葡萄蒸馏酿制的酒类，用其他原料制作的酒类一般要注明是苹果白兰地或是杏子白兰地。

白兰地的种类很多，以法国科尼亚克地区产的科尼亚酒（也称干邑）最著名，有“白兰地之王”的美誉。白兰地在西餐烹调中使用非常广泛。

2. 威士忌（whisky）

威士忌是一种谷物蒸馏酒，主要生产国大多是英语国家，其中以英国的苏格兰威士忌最为著名。苏格兰威士忌是用大麦、谷物等原料，经发酵蒸馏制成的。著名的品牌有：红方、黑方、海格、白马等。

除苏格兰威士忌外，较有名气的还有爱尔兰威士忌、加拿大威士忌、美国波本威士忌等。

3. 金酒（gin）

金酒又译为毡酒或杜松子酒，金酒始创于荷兰。现在世界上流行的金酒有荷兰式金酒、英式金酒。

荷兰式金酒是以大麦、黑麦、玉米、杜松子及香料为原料，经过三次蒸馏，再加入杜松子进行第四次蒸馏而制成。 著名的品牌有波尔斯、波克马等。

英式金酒又称伦敦干金酒，是用食用酒精、杜松子及其他香料共同蒸馏（也有将香料直接调入酒精内）制成的。著名的品牌有哥顿等。

4. 朗姆酒（rum）

朗姆酒又译为兰姆酒、老姆酒，是世界上消费量较大的酒品之一，主要生产地有牙买加、古巴、马提尼克岛、瓜德罗普岛、特立尼达和多巴哥、海地等国家和地区。朗姆酒是以甘蔗为原料经酒精发酵、蒸馏取酒后，放入橡木桶内陈酿一段时间制成的。著名的品牌有唐·Q、哈瓦那俱乐部等。

（二）常用的酿制酒类

1. 葡萄酒（wine）

葡萄酒在世界酒类中占有重要地位。葡萄酒中最常见的有红葡萄酒和白葡萄酒。

红葡萄酒（red wine）是用颜色较深的红葡萄或紫葡萄酿造而成的，品种有玫瑰红、赤霞珠等，适于食用肉类菜肴时饮用。

白葡萄酒（white wine）是用颜色青黄的葡萄为原料酿造而成的，白葡萄酒以干型最为常见，品种较多，如霞多丽、雷司令、夏布利等，清冽爽口，适宜食用海鲜类菜肴时饮用，烹调中也广泛使用。

2. 香槟酒（champagne）

香槟酒是用葡萄酿造的汽酒，是一种非常名贵的酒，有着“酒皇”的美称，产自法国北部的香槟地区。香槟酒采用不同的葡萄为原料，经发酵、勾兑、陈酿转瓶、换塞填充等工序制成。在法国菜中香槟酒经常用于烹调菜肴。

知识拓展

香槟酒是17世纪中期发明的。香槟酒的酿造分两个主要步骤，即初步发酵和二次发酵，一般需要储藏3年时间才能饮用，以6～8年的陈酿香槟为佳。香槟酒色泽金黄透明，果香浓郁，口感清爽、纯正，被誉为葡萄酒之王。

（三）常用的配制酒类

1. 苦艾酒（vermouth）

苦艾酒也称味美思，首创于意大利的杜林，主要生产国有意大利和法国。苦艾酒是以葡萄酒为酒基，加入多种芳香植物，根据不同的品种再加入冰糖、食用酒精、色素等，经搅匀、浸泡、冷澄、过滤、装瓶等工序制成的，常作为餐前开胃酒。

2. 雪利酒（sherry）

雪利酒又译为谢里酒，主要产于西班牙的加的斯。雪利酒以加的斯所产的葡萄酒为酒基，勾兑当地的葡萄蒸馏酒，采用逐年换桶的方式，陈酿15～20年，其品质可达到顶点。雪利酒常用来佐餐甜食。

3. 马德拉酒（madeira）

马德拉酒主要产于大西洋上的马德拉岛（葡萄牙属），马德拉酒是用当地产的葡萄酒和葡萄蒸馏酒为基本原料经勾兑陈酿制成。马德拉酒既是上好的开胃酒，又是世界上屈指可数的优质甜食酒。著名的品牌有伯爵、弗兰卡、利高克等。马德拉酒在烹调中常用于调味。

4. 波特酒（port wine）

波特酒常被译为钵酒，产于葡萄牙的杜罗河一带。波特酒是葡萄原汁酒与葡萄蒸馏酒勾兑而成的，在西餐烹调中常用于畜肉类、肝类及汤类菜肴的调味。

5. 利口酒（liqueur）

利口酒又称利乔酒、立口酒，是一种以食用酒精和蒸馏酒为酒基，配制各种调香物质并经过甜化处理的含酒精饮料，是一种特殊的甜酒。

6. 马尔萨拉酒（marsala）

马尔萨拉酒产于意大利西西里岛，是葡萄酒与葡萄蒸馏酒勾兑而成的配制酒。酒呈金黄带棕色，香气芬芳，口味舒爽、甘润。根据陈酿的时间不同，马尔萨拉酒的风格也有所区别。马尔萨拉酒适于作甜食酒和开胃酒，常用于甜食的制作。

（四）啤酒（beer）

啤酒主要以大麦为原料，经麦芽配制、原料处理、加酒花、糖化、发酵、储存、灭菌、澄清过滤等工序制成。啤酒酒精体积分数为3.5% ~ 5%。啤酒按其酒色可分为淡色啤酒、浓色啤酒、黑色啤酒。按风味可分为拉格啤酒、爱尔啤酒、世涛啤酒、波特啤酒、慕尼黑啤酒等。啤酒在烹调中常用于调味，尤以德国菜中使用较多。

单元小结

本单元共分为七个主题，主要介绍西餐烹调中常用的烹调原料，包括家畜肉、家禽、水产品、肉制品和乳制品、蔬菜和果品、谷物类原料、调味品和烹调用酒。阐述和说明了西餐常用原料的外观、结构、产地、供应季节及对原料的选择、鉴定和保管等。

思考与练习

一、选择题

1. 白牛肉又称乳牛肉，是指生长期在（　　）宰杀获得的牛肉。

A. 1～3个月　　B. 3～5个月　　C. 5～10个月　　D. 10～12个月

2.（　　）肉色暗红、肉质坚实，是金枪鱼中的极品。

A. 蓝鳍金枪鱼　　B. 马苏金枪鱼　　C. 大目金枪鱼　　D. 长鳍金枪鱼

3. 培根一般是以（　　）为原料加工制作的。

A. 羊肉　　B. 牛肉　　C. 鸡肉　　D. 猪肉

4. 鲽鱼的特征之一是（　　）。

A. 两眼在左侧　　B. 两眼在右侧　　C. 两眼一左一右　　D. 两眼一上一下

二、判断题（正确的打“√”，错误的打“×”）

1. 乳猪是指尚未断奶的小猪，乳猪肉嫩色浅，是西餐烹调中的高档原料。（　　）

2. 烤火鸡是欧美许多国家圣诞节、感恩节餐桌上不可缺少的食品。（　　）

3. 鲑鱼在产卵期内，肉质会变得细腻，味道浓厚，品质较好。（　　）

4. 白松露主要产于意大利，色泽偏浅，气味独特。（　　）

三、简答题

1. 什么是清黄油？

2. 发酵奶酪的制作工艺是什么？

四、实践题

撰写一份关于鱼子酱的调查报告。

单元三 西餐原料加工技术

学习目标

1. 能明确西餐烹调常用的刀法类型，能说出西餐常用刀法的应用范围。

2. 能掌握西餐烹调常用刀法的技术动作要领和相关应用技能。

3. 能知道常用蔬菜类原料的加工方法，能掌握常用蔬菜类原料的加工技术。

4. 能知道常用动物性原料的分档取料、加工步骤，初步掌握其加工技术。

主题一

刀工操作基本技法

一、刀工操作姿势与要求

1. 刀工操作姿势

掌握正确的刀工操作姿势有利于厨师提高工作效率、减少疲劳、保障身体健康。刀工操作时，一般有两种站立法。

（1）八字步站法　双脚自然分开，与肩同齐，呈“八”字形站稳，上身略前倾，但不要弯腰曲背，目光注视两手操作的部位，身体与菜板保持一定距离。这种站法双脚承重均等，不易疲劳，适宜长时间操作。

（2）丁字步站法　双脚自然分立，左脚竖直向前，右脚横立于后，呈“丁”字形，重心落在右脚上，上身挺直，略向右倾，头微低，目光注视双手操作部位，身体与菜板保持一定距离。这种站法站姿优美，但易于疲劳，操作时可根据需要将身体重心交替放在左、右脚上。

2. 握刀方法

用右手拇指、食指捏住刀的后根部，其余三指自然合拢，握住刀柄，掌心稍空，不要将刀柄握太紧，但要握稳，左手按住原料，不使之移动，并注意双手相互配合。

3. 刀工操作的注意事项

刀工操作是比较细致且劳动强度较大的工作，故在操作中既要提高工作效率，又要避免出现事故，操作时应注意以下四点。

（1）思想集中，认真操作，不嬉笑打闹。

（2）姿势正确，熟练掌握各种刀法的要领，以提高工作效率。

（3）各种原料、容器要摆放整齐，有条不紊。

（4）操作完毕，要将工具摆放回原位，并打扫卫生。

二、西餐常用刀法

西餐中常用的刀法主要有切、片、拍、剁、削、旋等。

1. 切（cut）

切是使用非常广泛的加工方法，主要适用于加工无骨的鲜嫩原料。

操作要领：右手握刀，左手按住原料，刀与原料垂直，左手中指的第一关节凸出，顶住刀身左侧，并与刀身呈垂直角，然后均匀运刀后移。

根据运刀方法的不同，切又分为直切、推切、拉切、推拉切、锯切、滚切、铡切、转切等。

（1）直切法　用刀笔直地切下去，一刀切断，运刀时既不前推也不后拉，着力点在刀的中部。这种刀法适用于一些较薄的脆、硬性原料的加工，如加工马铃薯丝、胡萝卜丝。

（2）推切法　用刀由上往下切压的同时把刀向前推，由刀的中前部入刀，最后着力点为刀的中后部。这种刀法适宜加工较厚的脆、硬性原料，如加工马铃薯片、胡萝卜片；也适宜加工略有韧性的原料，如加工较嫩肉类的肉丝。

（3）拉切法　用刀由上往下切压的同时，运刀后拉，由刀的中后部入刀，最后着力点在刀的前部。这种刀法适宜加工一些较细小的或松脆性的原料，如黄瓜片、番茄片、芹菜丝。

（4）推拉切法　用刀由上往下切压的同时，先运刀前推，再后拉。前推便于入刀，后拉将其切断，由刀的中部入刀，最后着力点在刀的中部。这种刀法适宜加工韧性较强的原料，如加工猪肉片、牛肉片。

（5）锯切法　用刀由上往下压切的同时，先前推，再后拉，反复数次，将原料切断，由刀的中部入刀，最后着力点仍在中部。这种刀法适宜加工较厚的并带有一定韧性的原料，如加工火腿片、烤牛肉片。

（6）滚切法　又称滚料切，用刀由上往下压切，切一刀将原料滚动一定角度，着力点一般在刀的中部。这种刀法适宜加工圆或长圆形脆硬性原料，如加工胡萝卜块、马铃薯块。

（7）铡切法　右手握刀柄，左手按住刀背前端，双手平衡用力，由上往下压切，或双手交替用刀压切下去。这种刀法适于原料的切碎，如加工番芫荽末、葱末、蒜末。

（8）转切法　用刀由上往下直切，切一刀将刀或原料转动一定角度，着力点在刀的中部。这种刀法适宜加工圆形的脆硬性原料，如将胡萝卜、洋葱、橙子等原料切成月牙状。

2. 片（slice）

片是使用较广泛的刀法之一，适宜加工无骨的原料或带骨的熟料。根据运刀方法的不同，片又分为平刀片、反刀片、斜刀片三种。

（1）平刀片　平刀片是左手按住原料，手指略上翘，右手运刀与原料平行移动。平刀片根据运刀方法的不同又分为直刀片、拉刀片、推拉刀片。

（2）反刀片　反刀片是左手按稳原料，右手握刀，刀口向外，与原料呈锐角，用直刀片或推拉刀片的方法将原料自上而下斜着片下。这种刀法适宜片大型、带骨且有一定韧性的熟料，如片烤牛肉。

（3）斜刀片　斜刀片又称抹刀片。左手按稳原料，右手持刀，刀口向里，与原料呈钝角，用拉刀片的方法将原料自上向下斜着片下。这种刀法适宜片形状较小、质地较嫩的原料，如片牛里脊、鱼柳、虾。

3. 拍（pat）

拍是西餐中传统的加工方法，主要用于肉类原料的加工，其目的是将较厚的肉类原料拍薄、拍松。

操作方法：将切成块的肉类原料横断面朝上放于砧板上按平，右手握住拍刀用力下拍，左手随之按住原料，以防拍刀将原料带起。为避免拍刀刀面发黏，可在刀面上抹一点清水。拍的方法又可分为直拍与拉拍两种。

4. 剁（mince）

剁也是西餐烹调中常使用的加工方法。根据加工要求的不同，又可分为剁断、剁烂、剁形三种方法。

（1）剁断　左手按住原料，右手握刀，用小臂和腕部的力量直剁下去，要求运刀准确、有力，一刀剁断，不要反复。这种刀法适宜加工带有细小骨头的原料，如加工鸡、鸭、猪排。

（2）剁烂　将原料先加工成小块、小片状，然后用刀直剁，将原料剁烂。要求边剁边翻动原料，使其均匀一致。这种刀法适宜加工肉泥、鱼泥、虾泥等无骨的肉类原料。

（3）剁形　将经过拍制的原料平放在砧板上，右手握刀，用刀尖将原料的粗纤维剁断，同时左手配合收边，逐步剁成所需形状，如树叶形、圆形、椭圆形。剁时要求“碎而不烂”，既要将粗纤维剁断，又不要剁得过烂。这种刀法适宜各种肉排、鸡排的整形。

5. 削（turn）

削主要用于根茎类、瓜果类蔬菜和水果的去皮。具体方法是：先将原料两端削去，然后左手拇指执原料下端，食指执上端，中指、无名指拢在原料外侧，捏住原料，右手持刀由原料上端进刀，转动手腕，运刀向斜下方削去。每削一刀，中指和无名指将原料向逆刀方向拨动一次，这样一刀压一刀地削，两手密切配合，操作自如，节奏和谐，将原料削成所需的形状，如鼓形、梨形、球形。

6. 旋（peel）

旋主要适用于水果及茄果原料的去皮。具体方法是：左手捏住原料，右手持刀，从原料上端里侧进刀，运刀向左运动，左手捏住原料配合右手向右转动，将原料外皮旋下。

主题二
蔬菜类原料的加工

一、蔬菜类原料加工的一般原则

（1）去除不可食部位，如纤维粗硬的皮、叶及腐烂变质的部分。

（2）清洗污物，如泥土、虫卵。

（3）保护可食部分不受损失。

二、蔬菜类原料的初步加工方法

西餐中蔬菜原料的品种很多，其初步加工方法也不尽相同。

1. 叶菜类

叶菜类蔬菜是指以脆嫩的茎叶为可食部位的蔬菜。西餐烹调中常用的叶菜类蔬菜主要有生菜、菠菜、西洋菜、甘蓝、荷兰芹等。其初步加工方法如下：

（1）选择整理　主要去除黄叶、老根、外帮泥土及腐烂变质部位。

（2）洗涤　一般用冷水洗涤，以去除未掉的泥土。夏、秋季节虫卵较多，可用2%的盐水浸泡5 min，使虫卵吸盘收缩，浮于水面，便于洗净。

叶菜类蔬菜质地脆嫩，操作中应避免碰损蔬菜组织，防止水分及营养的损失，保证蔬菜的质量。

2. 根茎类

根茎类蔬菜是指以脆嫩的变态根、变态茎为可食部位的蔬菜，西餐中常用的有百合、马铃薯、胡萝卜、洋葱、芦笋、红菜头、辣根等。其初加工的方法是：

（1）除去外皮　根茎类蔬菜一般都有较厚的粗硬纤维外皮，不宜食用，一般均需去除。

（2）洗涤　根茎类蔬菜一般用清水洗净即可。

3. 瓜果类

瓜果类蔬菜是指以果实或种子作为可食部分的蔬菜。西餐中常用的瓜果类蔬菜有黄瓜、番茄、茄子、甜椒等。其初加工的方法是：

（1）去皮或去籽　黄瓜、茄子视其需要去皮或不去皮。甜椒去蒂、去籽即可。

（2）洗涤　一般瓜果类蔬菜用清水洗净即可。番茄、黄瓜等蔬菜生食时用0.3%的氯胺–T溶液和高锰酸钾溶液浸泡5 min，再用清水冲净。

4. 花菜类

花菜类是指以“花”为可食部位的蔬菜。西餐中最常见的是菜花、西蓝花等，其初加工方法如下：

（1）整理　除去茎叶，削去花蕾上的疵点，然后分成小朵。

（2）洗涤　花菜内部易留有虫卵，可用2%的盐水浸泡后，再用清水洗净。

5. 豆类

豆类是指以豆荚为可食部位的蔬菜。西餐中常用的有扁豆、荷兰豆、豌豆等。

扁豆、荷兰豆等以豆及豆荚为可食部位，初加工时一般掐去蒂与顶尖，撕去两侧筋，然后用清水洗净即可。豌豆等以豆为可食部位，初加工时剥去豆荚，洗净即可。

三、蔬菜加工的切法

蔬菜通过各种不同的切法，可以加工出多种不同的形态。常见的蔬菜加工形状有丝、末、丁、片、条、橄榄状等。

（一）蔬菜丝的加工

1. 切顺丝

将原料顺纤维方向切成细长丝，主要用于胡萝卜、芹菜、大葱、芜菁等原料的加工。

2. 切横丝

将菜叶重叠在一起，逆纤维方向切成丝，主要用于菠菜、生菜、甘蓝等原料的加工。

3. 竹筛棍

将原料切成3 mm × 3 mm × 15 mm的丝，主要用于胡萝卜、芹菜、红菜头、马铃薯、芜菁等原料的加工。

小贴士

洋葱中含有较多的挥发性葱素，对眼睛刺激较大，故加工洋葱时，可先用冷水浸泡洋葱，以减少加工时葱素的挥发，减缓眼部刺激。

4. 洋葱丝

将洋葱去老皮，切除头、根两端，纵切成两半，再顺纤维走向切成均匀的片，抖散成丝。

5. 甜椒丝

将甜椒去根蒂、去籽，纵切成两半，切去头部、根部，片去内筋，顺纤维方向切成均匀的丝。

（二）蔬菜碎末的加工

1. 洋葱末

（1）洋葱去老皮，切除头部，留部分根部，纵切成两半。

（2）用刀直切成丝，但根部不切断。将洋葱逆转90度，左手按住根部，右手持刀，从上至下平刀片两三刀，根部不片断。

（3）左手按住根部，右手用刀将洋葱切碎成粒，如图3–1所示。

2. 蒜末

将大蒜剥去外皮，纵切成两半，择除蒜芽，用刀侧面压住蒜瓣，再用手拍压刀侧面，将蒜拍成碎块，碎块斩成末。

3. 番芫荽末

将番芫荽叶择下，洗净，控干水分，用刀斩碎成末，再用净布包好，用清水洗去浆汁并挤干水分，抖散。

（三）蔬菜丁的加工

1. 小方粒

将原料切成边长2 mm见方的小方粒，主要用于洋葱、胡萝卜、马铃薯等原料的加工。

2. 方丁

将原料切成边长0.5 cm见方的方丁，主要用于胡萝卜、马铃薯、红菜头等原料的加工。

图3–1
洋葱末的加工

3. 粗块

将原料切成边长1 cm见方的方块，主要用于胡萝卜、马铃薯、芜菁、红菜头等原料的加工。

4. 番茄丁

将番茄洗净，顶部切十字刀，用沸水烫后，再用冰水浸泡，然后剥去外皮。将番茄横向切成两半，挖出籽，将切口朝下，用刀片成厚片，再直切成条。最后将条切成大小均匀的丁。

（四）蔬菜片的加工

1. 切圆片

将原料去皮、洗净，加工成圆柱状，从一端直切成2~3 mm厚的圆片，主要用于胡萝卜、马铃薯、黄瓜等原料的加工。

2. 切方片

将原料去皮，切去四边使其成为长方形，再将长方形原料改刀切成1 cm见方的长方条。从一端将长方条切成1~2 mm的薄片即可。主要用于胡萝卜、芜菁、红菜头等原料的加工。

3. 马铃薯片（potato chips）

将马铃薯去皮，切成长方体或圆柱体，从一端切成相应厚度的片，放入冷水中浸泡。1 mm厚的马铃薯片，用于炸薯片；2 mm厚的马铃薯片，用于烤或焗；3 mm厚的马铃薯片，用于炸气鼓马铃薯；4~10 mm厚的马铃薯片，用于炒、煎。

4. 华夫片

华夫片又称薯格，将原料去皮，削成圆柱形，用波纹刀或华夫刀切一刀，将原料转一个角度，再切成片即可。主要用于马铃薯、胡萝卜等原料的加工，如图3–2所示。

5. 番茄片

将番茄洗净，果蒂横向放置，用刀切成3~5 mm的片，如图3–3所示。

（五）蔬菜条的加工

（1）细薯丝　马铃薯洗净、去皮，切成1~2 mm粗的细长丝。

（2）薯棍　马铃薯洗净、去皮，顺长切成3 mm粗的细丝。

小贴士

马铃薯中含有酚类化合物，去外皮后易氧化发生褐变，故去皮加工后应及时放入清水中浸泡，以防褐变。

图3–2
华夫片

图3–3
番茄片

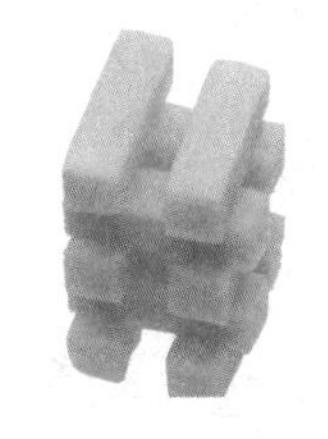

图 3-4
新桥薯条

图 3-5
扒房薯条

知识拓展

薯条在美国被称为french fries或fries，在英国被称为chips。19世纪80年代在美国首次出现油炸的薄脆薯片，美国人将薯片称为potato chips。后来薯片被引入英国，为了避免与英国的薯条（potato chips）冲突，所以英国就将薯片称为potato crisps或crisps。

（3）直身薯条　选大个马铃薯洗净、去皮，顺长切成1 cm粗的条。

（4）波浪薯条　马铃薯洗净、去皮，用波纹刀切成长5 cm、宽1 cm的条。

（5）新桥薯条（巴黎式土豆）马铃薯洗净、去皮，切成约1.5 cm宽、6 cm长的条，桥搭成如图3–4所示的外形。

（6）扒房薯条　扒房薯条又称牛排薯条。马铃薯洗净、去皮，切成两半，将半个马铃薯顺长切成长条形的厚片薯条或薯角状，如图3–5所示。

（六）橄榄形蔬菜的加工

1. 小橄榄（pomme cocotte）

主要用于马铃薯、胡萝卜、芜菁等原料的加工。将原料洗净，用刀将原料削成3～4 cm长、1～1.5 cm高的形似多半个橄榄的小橄榄形，如图3–6（1）所示。

2. 英式橄榄（pomme à l'anglaise）

主要用于胡萝卜、马铃薯等原料的加工。将原料洗净，用刀将原料削成5～6 cm长、2 cm高的由6～7个面组成的腰鼓形橄榄，如图3–6（2）所示。

3. 波都橄榄（pomme chateau）

主要用于马铃薯的加工。用刀将原料削成长5～6 cm、中间直径2.5～3 cm、两端直径1.5～2 cm的由6～7个面组成的桶形橄榄，如图3–6（3）所示。

（1）小橄榄

（2）英式橄榄

（3）波都橄榄

图 3-6
蔬菜橄榄的加工

主题三
肉类原料的加工

一、肉类原料的初步处理

西餐中常用的肉类原料主要有牛肉、羊肉、猪肉和家禽等品种，又分为鲜肉和冻肉两种类型。它们的初步加工方法各有不同。

1. 鲜肉

鲜肉是屠宰后尚未经过任何处理的肉。鲜肉最好及时使用，以避免因储存造成肉类中营养素及肉汁的损失。如暂不使用，应先按其要求进行分档，然后在冷库储存。

2. 冻肉

冻肉如暂不使用，应及时存入冷库，使用时再进行解冻，以避免因频繁解冻造成肉类中营养成分及肉汁的损失。

3. 冻肉的解冻方法

冻肉解冻应遵循缓慢解冻原则，以使肉中冻结的汁液恢复到肉组织中，减少营养成分的流失，同时也能尽量保持肉质的鲜嫩。冻肉解冻的方法有以下三种：

（1）空气解冻法　将冻肉置放在4～6℃室温下解冻。这种方法解冻时间较长，但肉中的水分及营养成分损失较少，是常用的解冻法。

（2）水泡解冻法　将冻肉放入冷水中解冻。这种方法传热快，解冻时间较短。但解冻后的肉营养成分损失较多，肉的鲜嫩程度降低。此法虽简单易行，但不宜采用。

（3）微波解冻法　利用微波炉解冻。这种方法解冻时间短，比较方便，但处理不好会对肉质造成破坏，也不提倡。

二、牛主要部位的分档取料

（一）牛部位划分

牛的部位划分主要是根据其肌肉组织、骨骼组织等进行划分，以使其能满足菜肴烹调的需要，如图3–7所示。

1. 前肩部（chuck）

前肩部是指由牛颈部后第1—5根肋骨之间的部分，主要是由上脑/肩胛部（chuck blade/shoulder blade）和前腿的上部——上臂（arm）部分及部分颈部和肋部构成。

2. 肋骨部（rib）

肋骨部是指第6—12根肋骨之间的部分（第13根肋骨属于腰部），主要由7根较规则的肋骨和脊肉等构成。

3. 腰部（loin）

腰部主要由前腰脊部［图3–7（3a）］和上腰脊部［图3–7（3b）］两

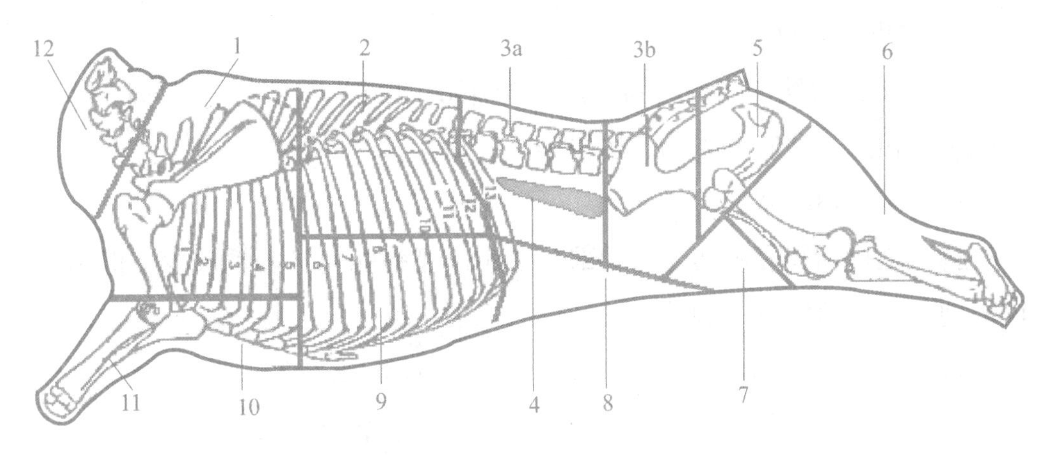

图 3-7
牛部位划分
1. 前肩部 2. 肋骨部 3a. 前腰脊部 3b. 上腰脊部 4. 牛里脊 5. 臀部/米龙 6. 后臀部
7. 腰窝 8. 牛腩 9. 硬肋 10. 胸口 11. 牛腱子 12. 颈肉

部分构成。

前腰脊部（short loin）：是指第13根肋骨到上腰脊部髋关节之间的部分。

上腰脊部（sirloin）：是指前腰脊部（short loin）和臀部之间的部分。

4. 牛里脊（tenderloin / beef fillet）

牛里脊又称牛柳、牛菲力，位于牛腰部内侧，从第13根肋骨处，由细到粗一直延伸到盆骨，左右各有一条，是牛肉中肉质最鲜嫩的部位。

5. 臀部 / 米龙（rump）

臀部又称三叉，是指上腰脊部到牛尾根部之间的部分，其肉质较嫩，表面有肥膘。

6. 后臀部（round）

后臀部主要是由里仔盖、仔盖构成。

里仔盖（top round/topside）：又称和尚头，是在牛后腿上部，靠里面的一块肌肉组织。一等鲜嫩的肉质适宜铁扒、煎，较差的肉质适宜烩、焖。

仔盖（bottom round/silver side）：又称银边，是位于牛后腿上部，露在外面的一块肌肉组织。肉质较嫩，适宜烩、焖。

7. 腰窝（thick flank）

腰窝又称厚腹，位于牛的后腹部。肉质较嫩，适宜烩、焖。

8. 牛腩（beef thin flank）

牛腩又称薄腹，位于牛的上腹部。肉层较薄，有白筋，适宜烩、煮及制香肠。

9. 硬肋（plate）

硬肋又称短肋（short plate），是指第6—12根肋骨之间的下半部分。肉质肥瘦相间，适宜制香肠、培根等。

10. 胸口（brisket）

胸口是指前腿和硬肋之间的部分。肉质肥瘦相间，筋也较少，但肉质较坚韧，一般适宜煮、焖等。

11. 牛腱子（shank）

牛腱子是牛腿部的肉，肉质较老，适宜烩、焖及制汤。

12. 颈肉（neck/sticking piece）

颈肉肉质较差，适宜烩及制汤。

（二）牛的分档取料

牛肉在西餐烹调中用途广泛，可加工成多种不同类型的带骨牛排（bone in）和无骨牛排（boneless）。

1. 前肩部（chuck）

（1）上脑肉眼肉排/牛排（chuck eye roast/steak）

上脑肉眼肉排（chuck eye roast）：是由前肩部第1—5根肋骨之间上脑部的脊肉和周边的肌肉组织及脂肪构成的整块肉排，是肋骨肉排（第6—12根肋骨）的延续。由于其脊肉部分较少，肉质不如肋骨肉眼牛排鲜嫩，适宜焖或烤。

上脑肉眼牛排（chuck eye steak）：将上脑肉眼切成片即是上脑肉眼牛排。上脑肉眼牛排也称boneless chuck fillet、chuck tender等，适宜煎、铁扒等，如图3-8所示。

图3-8
上脑肉眼牛排

（2）肩胛肉排/肩胛牛排（top blade roast/steak）

肩胛肉排（top blade roast）：是肩胛骨上部的一块三角形肌肉组织，肉中有一条白筋，称为板腱或牛牡蛎肉，适宜焖、烤等。

肩胛牛排（top blade steak）：将肩胛肉排切片后即是肩胛牛排。因其形似老式熨斗，又称扁铁牛排，也称petite steak、book steak、butler steak、lifter steak等，适宜煎、铁扒等，如图3-9所示。

图3-9
肩胛牛排

知识拓展

Y-骨牛排是澳大利亚的分档方法，Y-骨牛排不带肋骨、脊骨，只选用肩胛软骨和周边的肌肉组织，又称为带骨肩胛牛排（blade steak bone in）。

图 3-10
7-骨牛排

图 3-11
肩胛里脊

图 3-12
肋骨肉眼牛排

图 3-13
肋骨牛排

（3）7-骨肉排/7-骨牛排（chuck 7-bone roast/steak）

7-骨肉排（chuck 7-bone roast）：取自肩胛上部的中心位置，主要是由肩胛软骨、脊骨、肋骨和周边的板腱、“辣椒条”（chuck tender）等多个肌肉组织构成，因交叉的骨头形状似“7”，故称为7-骨肉排，适宜焖制。

7-骨牛排（chuck 7-bone steak）：将7-骨肉排切成厚2 cm左右的片即是7-骨牛排。7-骨牛排又称Y-骨牛排（Y-bone steak），也称center chuck steak等，适宜焖、煎、铁扒，如图3-10所示。

（4）肩胛里脊（chuck tender） 肩胛里脊又称嫩肩肉，位于肩胛骨上面的外前侧，形如一条辣椒状的净肉，又称假里脊、辣椒腱、辣椒条。英文又称chuck fillet、mock tender、shoulder tender，如图3-11所示。

2. 肋骨部（rib）

（1）肋骨肉眼/肋骨肉眼牛排（rib-eye roast/steak）

肋骨肉眼（rib-eye roast）：主要是由肋背部第6—12根肋骨之间的脊肉及周边的肌肉组织和脂肪构成的大块无骨牛排。肉质鲜嫩，适宜烤制。

肋骨肉眼牛排（rib-eye steak）：将肋骨肉眼切成片即是肋骨肉眼牛排。肋骨肉眼牛排也被称为entrecôte、beauty steak、market steak等，适宜煎、铁扒等，如图3-12所示。

（2）肋骨肉排/肋骨牛排（rib roast/steak）

肋骨肉排（rib roast）：主要是由肋背部第6—12根肋骨之间的脊肉、肋骨和周边的肌肉组织及脂肪构成的带骨肉排，整块肋骨肉排带有7根肋骨，肉质鲜嫩，适宜烤制。

肋骨牛排（rib steak）：也称战斧牛排（tomahawk steak）将肋骨肉排顺肋骨处切成片即为肋骨牛排。适宜煎、铁扒等，如图3-13所示。

3. 前腰脊部（short loin）

（1）腰脊肉排/腰脊牛排（top loin roast/steak）

腰脊肉排（top loin roast）：是由第13根肋骨到上腰部之间的脊肉构成的整块肉排。腰脊部的脊肉相对较粗，表面有一层白色筋膜和少量脂肪，肉质鲜嫩，适宜烤。

腰脊牛排（top loin steak）：又称纽约客牛排（New York strip），将腰脊肉排切成片即是腰脊牛排，一般每件重量超过350 g。腰脊牛排也称strip loin steak、Kansas City steak、hotel style steak等，适宜煎、铁扒、炭烤等，如图3–14所示。

图 3–14
腰脊牛排

（2）T–骨牛排（T–bone steak） T–骨牛排又称丁骨牛排，取自前腰脊部的前段，主要由脊骨、腰部脊肉等构成，因脊骨形似字母“T”而得名。一般不带或带有少量的里脊，厚2 cm左右，重约300 g。肉质鲜嫩，适宜煎、铁扒、炭烤等，如图3–15所示。

图 3–15
T–骨牛排

知识拓展

19世纪初，美国纽约的一家小酒店老板马丁·莫里森用特制的T–骨牛排招待食客，来客食后赞不绝口，因这种左边是腰脊肉，右边是里脊的大块T–骨牛排形状酷似当时卖黑啤酒的小木屋（porterhouse），故称为porterhouse steak。

（3）美式T–骨牛排（porterhouse steak） 美式T–骨牛排又称红屋牛排，取自前腰脊部的后段，靠近上腰位置的部分，是一块由形似“T”的脊骨和腰脊肉、里脊等构成的大块牛排。一般厚3 cm左右，重450 g左右。肉质鲜嫩、肥瘦相间，适宜煎、铁扒、炭烤等。

知识拓展

牛里脊在美国称为tenderloin，英国称为fillet，法国称为filet，澳大利亚称为eye fillet，中文音译为菲力或腓脷。一般将用牛里脊加工的牛排统称为菲力牛排（beef fillet steak）。

4. 上腰脊部（sirloin）

（1）西冷牛排（sirloin steak） 西冷牛排也称沙朗牛排，主要是由上腰部的去骨脊肉和周边的肌肉组织及脂肪等构成。肉质较前腰部的脊肉稍差，一般适宜切片烹调。西冷牛排每件重250 ~ 300 g，适宜煎、铁扒等，如图3–16所示。

（2）三角牛排（tri–tip steak） 三角牛排取自上腰处下部与脊肉相连的腰窝处的一块三角形的肌肉组织，将其切成厚片即是三角牛排。其肉质稍老，适宜煎、铁扒，如图3–17所示。

图 3-16
西冷牛排

图 3-17
三角牛排

图 3-18
牛里脊的分档

5. 牛里脊（beef fillet）

牛里脊又称牛柳、牛菲力，位于牛腰部内侧，左右各有一条，是牛肉中肉质最鲜嫩的部位。

在西餐烹调中，大致将牛里脊分为三部分：里脊头段、里脊中段、里脊末段。其中里脊中段肉质最鲜嫩，形状也最为整齐。

在法国菜中，将整条牛里脊从头至尾分为4段，如图3-18所示。

（1）莎桃布翁牛排（chateaubriand） 又称古堡牛排，泛指整段或切成大块或厚片的牛排。一般是将整条牛里脊切去头（第1段）、尾（第4段）两段，保留中间两段（第2段、第3段）的大型牛排。其可整段或切成大块烤制，也可切成厚片，适宜煎、铁扒、炭烤等。

（2）菲力牛排（filet steak/tenderloin steak） 又称听特浪牛排（tenderloin steak），严格来讲，菲力牛排应选用牛里脊中肉质最嫩、粗细最均匀的中部（第2、3段）加工，但一般多泛指用牛里脊加工的各种牛排，适宜煎、铁扒、炭烤等。

（3）当内陀斯牛排（tournedos） 当内陀斯牛排是选用牛里脊中部（第2、3段）部位，切成厚片，适宜煎、铁扒等。

（4）菲力米云（filet mignon） 又称小件菲力牛排，是将细小的末段里脊（第4段），切成2 ~ 4 cm厚的片，适宜煎、铁扒等。

（5）比菲迪克菲力牛排（bifteck） 比菲迪克菲力牛排又称薄片牛排（minute steak），将里脊（第1段）切成薄片即可，适宜煎、炒等。

6. 臀部和后臀部（rump and round）

臀部和后臀部在部分国家被统称为后臀部，主要由米龙、里仔盖、仔盖构成。

（1）银边牛排（bottom round steak） 银边是位于牛后腿上部，露在外面的一块肌肉组织。将银边切成片即是银边牛排，也称瑞士牛排（Swiss steak），适宜煎、铁扒等。

（2）后臀眼肉牛排（eye round steak） 后臀眼肉是将“银边”一侧的另一块肌肉组织剔除，只留下形似“眼睛”的一块肌肉，将其切成片即是后臀眼肉牛排，适宜煎、扒等。

（3）里仔盖牛排（top round steak） 里仔盖是在牛后腿上部，靠里面的一块肌肉组织。将里仔盖切成较厚的片即是里仔盖牛排，适宜煎、扒等。

7. 其他

（1）牛小排（short ribs） 将第1—12根肋骨下端锯下，切成段即可，适宜焖制。

（2）牛膝（cross cut shanks/shank knuckle） 牛膝取自牛前腱子膝关节处，将其切成段即可，适宜焖制。

（3）牛舌（tongue） 用硬刷将牛舌表面的污物清理干净，用稀盐水洗净舌根部的血污，将牛舌放入冷水锅中，煮1 h左右取出，趁热从舌根到舌尖剥除牛舌表面粗糙的表皮，适宜烩、焖。

（4）牛尾（ox-tail） 将牛尾清洗干净，剔除牛尾根部多余的脂肪，顺尾骨处入刀，将牛尾分成段，适宜煮、烩。

三、小牛主要部位的分档取料

（一）小牛部位划分

小牛因体型较小，其部位的划分也比较简单，如图3-19所示。

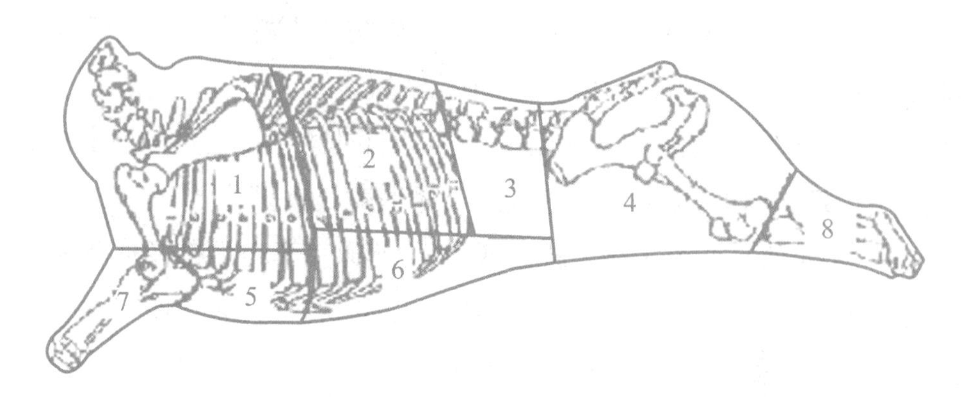

图3-19
小牛部位划分
1. 前肩 2. 肋部 3. 腰部 4. 后腿 5. 胸口
6. 腹部 7. 前腱子 8. 后腱子

（二）小牛的分档取料

1. 肋部（rib）

（1）小牛肋/小牛肋排（rib roast/chop）

小牛肋（rib roast）：主要是由肋背部第6—12根肋骨之间的脊肉、7根肋骨和周边的肌肉组织及脂肪等构成的整块带骨肉排。肉质鲜嫩，适宜烤制。

小牛肋排（rib chop）：将小牛肋顺肋骨处切成片即是小牛肋排。适宜煎、铁扒。

（2）皇冠小牛排（crown roast） 皇冠小牛排是用两个“整块小牛肋”加工的，将整块小牛肋下部的肉剔除干净，露出3～5 cm的肋骨，将两个“整块小牛肋”捆扎围成皇冠状即可，适宜烤制。

2. 腰部（loin）

（1）整块无骨脊肉/无骨脊肉小牛排（loin roast boneless/chop boneless）

整块无骨脊肉（loin roast boneless）：主要是由腰部脊肉连带周边的肌肉组织构成，肉质鲜嫩，适宜烤制。

无骨脊肉小牛排（loin chop boneless）：将整块无骨脊肉切片即为无骨脊肉小牛排，适宜煎、铁扒。

（2）整块带骨腰脊/带骨腰脊小牛排（loin roast/chop）

整块带骨腰脊（loin roast）：主要是由腰部的脊肉、里脊和“T”形的脊骨及周边的肌肉组织等构成，表面有一层脂肪，适宜烤制。

带骨腰脊小牛排（loin chop）：将整块带骨腰脊切成厚片即可。腰脊前部不带里脊的称为前腰小牛排，腰脊后部带里脊的称为腰脊小牛排或T–骨小牛排。

3. 后腿（leg）

（1）厚片小牛排（veal cubed steaks） 厚片小牛排是将无骨的小牛后腿肉切成长方形的厚片即可，适宜焖或煎。

（2）格利小牛腿排（leg cutlets） 格利小牛腿排是将小牛的后腿肉切成薄片即可，适宜焖或煎。

4. 其他

（1）小牛膝（cross cut shank） 小牛膝的意大利文是ossobuco，取自小牛后腿的膝关节处，将小牛后腿膝关节横切成厚3 cm左右的片即可，适宜焖制，如图3–20所示。

（2）小牛核（sweet bread） 小牛核又称栗子

知识拓展

小牛核是一种珍贵的食材，只来自未断奶之前的小牛胸腺（膵脏），小牛断奶后，胸腺会发生变化，不宜食用。小牛核有异味，应放入冷水中浸泡12 h后，再用清水冲洗，待颜色发白后，剥去表面的薄膜，压重物放入冰箱冷藏后再使用。

图 3-20
小牛膝

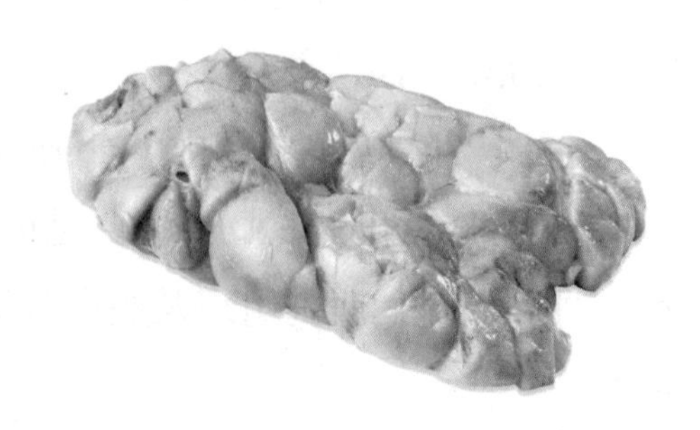

图 3-21
小牛核

油，是小牛的胸腺（膵脏），位于小牛喉管的两侧，是一种高档的西餐原料，常用于开胃菜，如图3-21所示。

四、羊主要部位的分档取料

（一）羊部位划分

羊部位划分如图3-22所示。

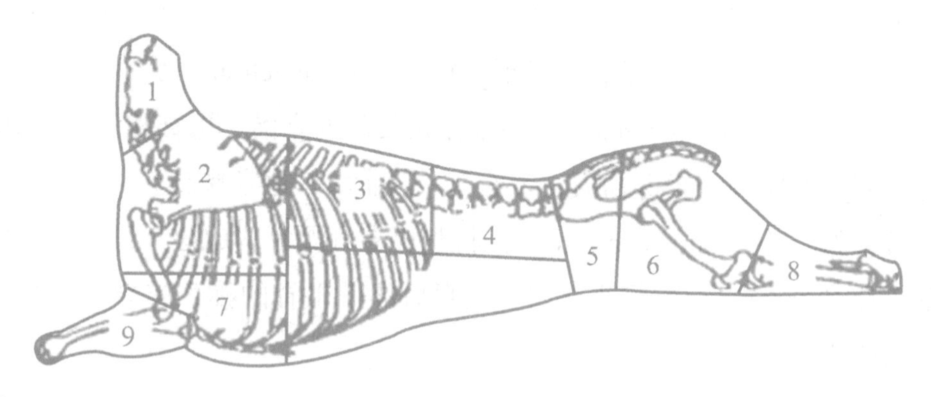

图 3-22
羊部位划分
1. 颈部 2. 前肩 3. 肋背部 4. 腰脊部 5. 上腰/巧脯
6. 后腿 7. 胸口 8、9. 腱子

（二）羊的分档取料

1. 肋背部（rib）

羊肋背部是指第6—12根肋骨之间的部分，肉质鲜嫩，用途广泛，可加工成多种肉排。

（1）肋骨羊排（rack of lamb） 肋骨羊排又称六肋羊排或七肋羊排，主要是由6或7根较规则的肋骨、脊骨、脊肉和周边肌肉组织等构成的整块羊排，适宜烤制。

图 3-23
法式肋骨羊排

图 3-24
格利羊排

（2）法式肋骨羊排（French-style rack of lamb） 将肋骨羊排下面肋骨之间的肉剔除，露出部分净肋骨，即是法式肋骨羊排，适宜烤制，如图 3-23 所示。

（3）格利羊排（rib chop/cutlet） 将肋骨羊排顺肋骨切开，即是格利羊排，带 1 根肋骨的称为格利羊排，带 2 根肋骨的称为双倍格利羊排，适宜煎制，如图 3-24 所示。

2. 羊马鞍部（loin/saddle）

羊马鞍部是指第 13 根肋骨到髋关节之间的部分，此部位无肋骨，肉质鲜嫩，用途广泛，可加工成多种肉排。

（1）羊马鞍（saddle） 羊马鞍主要是指由第 13 根肋骨到髋关节之间的整个脊骨和两侧各一条的脊肉、里脊肉及周边肌肉组织等构成的整块肉排，适宜烤制。

（2）整块带骨腰脊 / 腰脊羊排（loin roast/loin chop） 整块带骨腰脊（loin roast）：主要是由羊马鞍部的脊肉、里脊、“T”形的脊骨及周边的肌肉组织等构成的整块肉排，表面有一层脂肪，适宜烤制。

腰脊羊排（loin chop）：将整块带骨腰脊切成厚片即是腰脊羊排，适宜煎、铁扒等。

（3）香榧羊排（lamb noisette） 将羊马鞍部带有一层脂肪的脊肉，捆扎成卷，即是香榧肉卷，将香榧肉卷切成厚片即是香榧羊排，适宜煎、铁扒等。

（4）整条羊脊（loin eye roast） 将羊马鞍部脊肉去骨，剔除脊肉表面的筋膜、脂肪等，加工成一条净脊肉即是整条羊脊，适宜填馅、烤制等。

3. 其他

（1）巧脯羊排（chump chop/leg sirloin chop） 巧脯羊排取自羊的上腰和后腿部，包括脊骨、部分臀骨、上腰脊肉、里脊和部分腿肉，其表面有一层较厚的脂肪，适宜煎、铁扒等。

（2）羊后腿（lamb leg） 羊后腿有带骨和无骨两种，适宜烤制。

五、猪主要部位的分档取料

（一）猪部位划分

猪部位划分如图3–25所示。

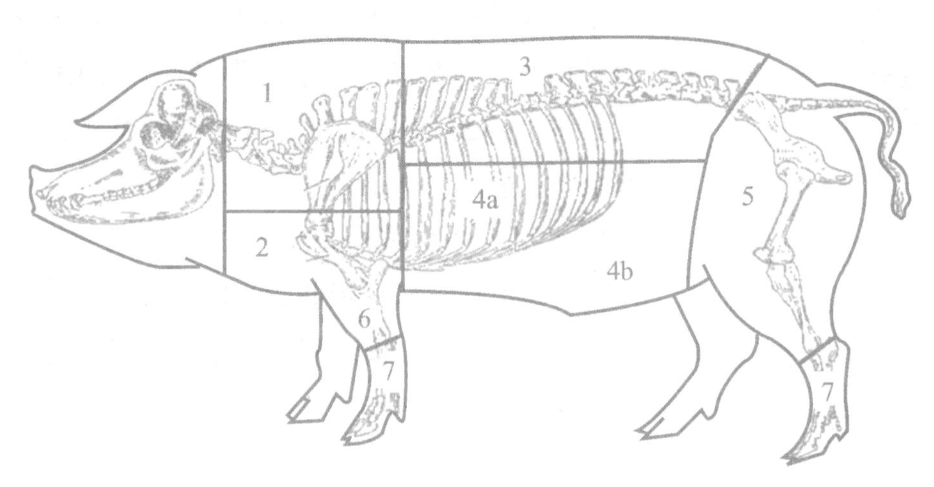

图3–25

猪部位划分

1. 肩胛/上脑 2. 前腿 3. 外脊 4a. 硬肋 4b. 软肋

5. 后腿 6. 前肘/蹄髈 7. 猪蹄

（二）猪的分档取料

1. 前肩部（shoulder）

前肩部包括肩胛和前腿两部分。

（1）肩胛肉排/梅花肉（Boston roast/Boston butt）

肩胛肉排：位于颈部后面的肩胛上部（肩膀），有带骨和无骨两种。带骨肩胛肉排主要由肩胛骨和肩胛骨两侧的数块肌肉组织构成。无骨肩胛肉排是由肩胛骨上面的脊肉和上肩胛肉构成。

梅花肉：是肩胛脊肉上面的上肩胛肉，整块肉肥瘦相间，因形似梅花，故称为梅花肉。肉质鲜嫩肥美，适宜烧烤。

（2）肩胛猪排（blade steak）

将带骨肩胛肉排切成片即是肩胛猪排，适宜煎、铁扒等。

2. 外脊部（loin）

（1）肋骨猪排（pork rib chop/center cut chop） 肋骨猪排也称为带骨猪排，主要由一根肋骨及周边的脊肉构成，表层带有一层脂肪，适宜焖、煎、铁扒等，如图3–26所示。

（2）上腰猪排（pork top loin chop） 上腰猪排主要由前腰部的脊肉、脊骨构成，表面有一层脂肪，适宜煎、铁扒等，如图3–27所示。

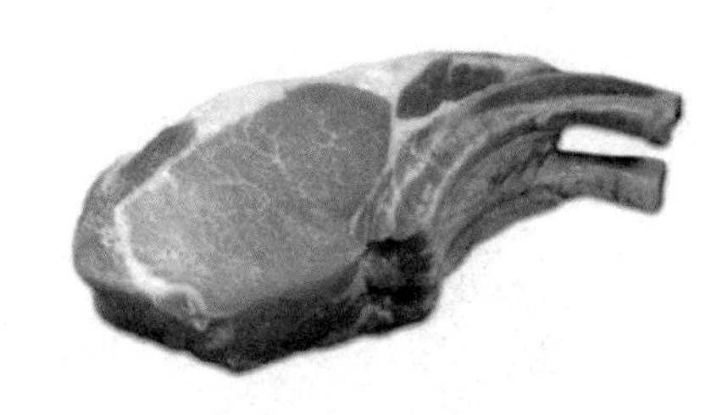

图 3-26
肋骨猪排

图 3-27
上腰猪排

（3）格利猪排（pork cutlets） 一般泛指无骨的脊肉猪排，也称sirloin cutlet，适宜煎、铁扒等。

（4）猪里脊（pork tenderloin） 猪里脊位于腰腹内侧，左右各有一条，肉质柔软，适宜煎、铁扒等。

3. 其他

（1）蹄髈/肘子（pork hocks） 蹄髈又称肘子，取自猪的前、后腿的大腿和小腿的关节处，包括大腿的下部和小腿的上部，带有两根腿骨，适宜煮、焖等。

（2）肋排（pork spareribs） 肋排取自猪的硬肋部，是由肋骨和肋骨之间的肌肉组织构成的大块肋排，适宜烤制、铁扒和煮等。

六、家禽主要部位的分档取料

西餐中常用的禽类原料主要有鸡、鸭、鹅、火鸡、鸽子等，其肌体结构和肌肉结构大致相同，下面以鸡为例来加以说明。

（一）鸡部位划分

鸡的部位划分如图3–28所示。

（二）鸡的分档取料

1. 煎、炒、烩鸡的初加工方法

（1）切除鸡翅、鸡爪和鸡颈，剔除V形锁骨，将鸡整理干净。

（2）将鸡分卸成鸡腿、鸡胸和骨架三部分。

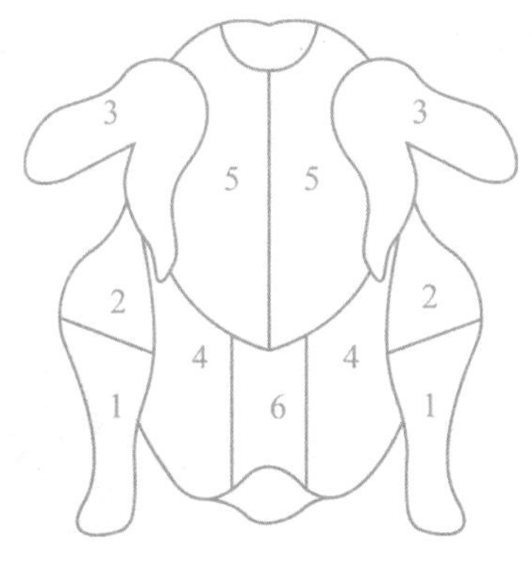

图 3-28
鸡的部位划分
1. 小腿 2. 大腿 3. 鸡翅 4. 鸡肋
5. 鸡骨架 6. 鸡胸

（3）将鸡腿沿大腿骨和小腿骨之间的关节处切开，并将关节周围的肉与关节剔开，剁下腿骨的关节。

（4）将鸡胸部朝上放平，在距胸部三叉骨3～4 cm处入刀，分别将三叉骨两侧的鸡胸脯肉自上而下切开，再用刀从切口处自下而上将鸡胸脯肉连带鸡翅根部剔下。

（5）将中间的鸡胸脯肉连带三叉骨和鸡柳肉横着切成2～3块。

（6）切除骨架两侧的鸡肋，并将鸡尖切除，将骨架剁成3块，如图3–29所示。

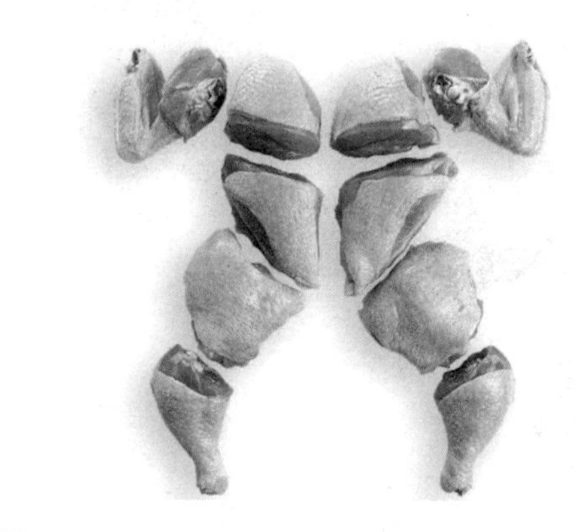

图 3–29
煎、炒、烩分档

2. 鸡排的初加工方法

（1）在距翅根关节3～4 cm处，用刀转圈切开，然后将翅膀别上劲，再用刀背轻敲切口处，使翅骨整齐断开。

（2）将鸡胸上的鸡皮撕开，用刀从三叉骨处自下而上将鸡胸肉与三叉骨剔开，直至翅根关节处。

（3）用刀自翅根关节处将鸡翅根与胸骨切开，并使翅根部与胸脯肉完整连在一起。

（4）将三叉骨上的鸡柳肉剔下。

（5）将鸡排整理成形，如图3–30所示。

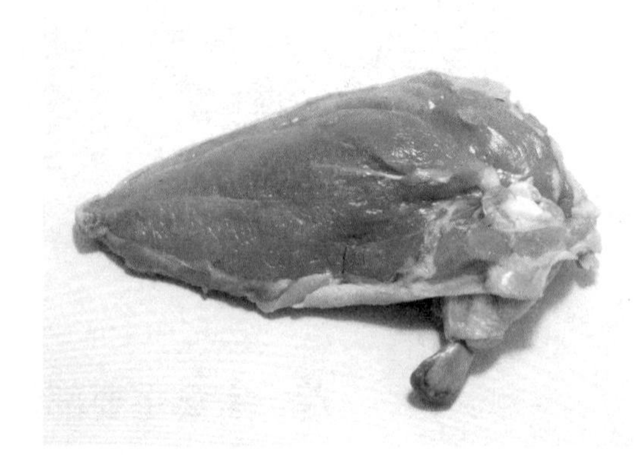

图 3–30
鸡排加工

3. 铁扒鸡的初加工方法

（1）将鸡头、鸡爪、鸡颈卸下。

（2）剁下翅尖，剔除V形锁骨。

（3）鸡背部朝上，用刀从颈底部沿脊骨从中间切开直至肛门处。

（4）展开鸡身，去掉内脏，然后用剪刀剪掉脊骨，并剔除肋骨。

（5）将鸡胸用手压平，整理干净，如图3–31所示。

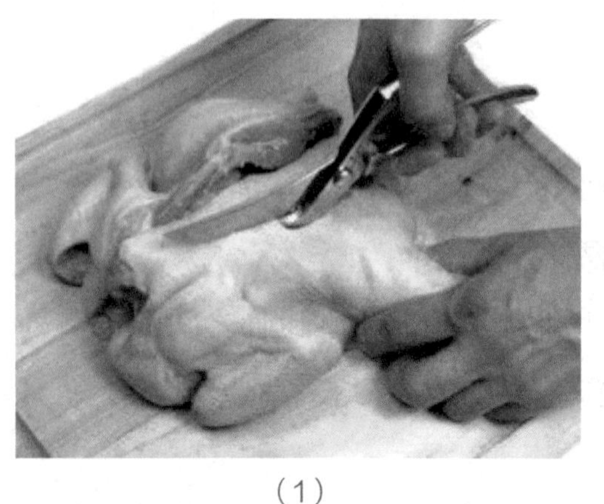

（1）

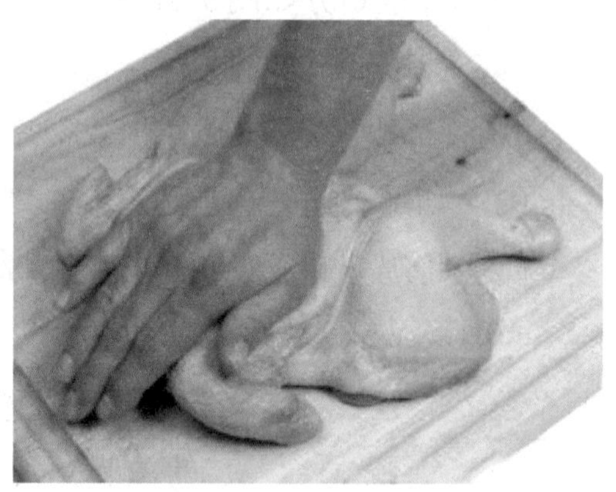

（2）

图 3–31
铁扒鸡的初加工

主题四
水产品原料的初加工

西餐烹调中常用的水产品原料主要有鱼、虾、蟹、贝类等，其种类繁多，加工的方法也不尽相同。

一、鱼类原料的初加工

鱼类原料的初加工主要是对其进行剔骨处理。由于鱼类的品种较多，其形态、结构等各有特点，所以初加工的方法也不尽相同。

1. 圆筒形鱼类（round fish）鱼柳的初加工

此方法适用于鲈鱼、鳟鱼、鲷鱼、鳜鱼等体形为圆筒形鱼类鱼柳的初加工。

（1）将鱼刮去鱼鳞，去除内脏，冲洗干净。

（2）将鱼头朝外放平，用刀沿背鳍两侧将鱼脊背划开。

（3）用刀自鱼鳃下，将鱼头两侧各切出一个切口至脊骨。

（4）用刀从鱼头部切口处入刀，紧贴脊骨，自鱼头部向鱼尾部，小心地将鱼柳剔下。

（5）将鱼身翻转，再从鱼尾部向鱼头部运刀，紧贴脊骨将另一侧鱼柳剔下。

（6）将剔下的鱼柳鱼皮朝下，用刀在尾部横切出一个切口至鱼皮，一只手捏住鱼尾部，另一只手握刀从切口处入刀，小心地将鱼皮剔下，如图3–32所示。

图 3–32
圆筒形鱼类鱼柳的加工

2. 扁平形鱼类（flat fish）鱼柳的初加工

此方法适用于菱鲆鱼、鲽鱼、比目鱼等体形为扁平形鱼类鱼柳的初加工。

（1）将鱼洗净，剪去四周的鱼鳍。

（2）用刀在正面鱼尾部切一小口，将正面鱼皮撕开一点。

（3）一只手按住鱼尾，另一只手蘸少许盐，捏住撕起的鱼皮，用力将正面整个鱼皮撕下。背面也采用同样的方法撕下鱼皮。

（4）将鱼放平，用刀从头至尾将脊骨两侧划开，然后沿划开处入刀，将鱼脊骨两侧的鱼柳剔下。

（5）将鱼翻转，另一面朝上，采用同样的方法将鱼柳剔下，如图3–33所示。

图 3–33
扁平形鱼类鱼柳的加工

3. 沙丁鱼的去骨方法

此方法适用于银鱼、鳀鱼等小型鱼类的去骨加工。

（1）用稀盐水将沙丁鱼洗净，刮去鱼鳞。

（2）切去沙丁鱼鱼头，并斜着切去部分鱼腹，然后将内脏清除，用冷水洗净。

（3）用手将鱼尾部的脊骨小心剔下，折断，使其与尾部分开。

（4）捏着折断的脊骨慢慢将整条脊骨拉出来。

4. 整鱼出骨的加工方法

整鱼出骨主要是用于填馅鱼的制作，其加工方法主要有两种。

方法1：背开出骨法

（1）将鱼去鳞、去鳃，剪去鱼鳍、鱼尾尖。

（2）将鱼头朝外，用刀在背鳍两侧，紧贴脊骨，从鱼鳃后至鱼尾切开两个长切口。

（3）按住鱼身下压，使切口张开，运刀沿张口紧贴脊骨，小心地将鱼肉与脊骨划开。

（4）用剪刀剪开脊骨与鱼头、鱼尾两端相连处，再剪开脊骨与肋骨的相连处，取出脊骨和内脏。

（5）将鱼腹朝下，翻开鱼身，使其露出鱼肋骨根部，然后从肋骨根部入刀，紧贴肋骨，将鱼肋骨剔下。

（6）将鱼洗净，鱼身合拢即可。

方法2：腹开出骨法

（1）将鱼去鳞、去鳃，剪去鱼鳍、鱼尾尖。

（2）用刀从肛门至前鳍处，将鱼腹划开，取出内脏。

（3）用刀尖将腹腔内的脊骨与肋骨相连处划断，再将脊骨与鱼头鱼尾相连处切断。

（4）用刀尖紧贴脊骨，将脊骨与两侧的鱼肉划开，露出脊骨，然后用剪刀将脊骨剪下，取出脊骨。

（5）用刀将两侧肋骨片下，取出肋骨。

（6）将鱼洗净，鱼身合拢，使其保持完整的鱼形。

二、其他水产品原料的初加工

1. 虾的初加工

虾的初加工主要有两种方法。

（1）剥去虾头、虾壳，留下虾尾。用刀在虾背处轻轻划开一道切口，取出虾肠，洗净即可。这种加工方法应用较为普遍。

（2）用剪刀剪去虾须、虾足，在5片虾尾中，捏住位于中间较短的1片虾尾，轻轻拧下后拉，将虾肠一起拉出，洗净。这种方法常用于铁扒大虾的初加工。

2. 螃蟹的初加工

螃蟹的初加工主要是指将蟹肉出壳的加工方法。蟹肉出壳主要有两种方法。

（1）将螃蟹洗净，撕下腹甲，取下蟹壳，剔除白色蟹鳃及其他污物，用水冲洗干净后，将其从中间切开，取出蟹肉及蟹黄。再用小锤将蟹腿、蟹螯敲碎，用竹扦将肉取出。

（2）将螃蟹加工成熟，取下蟹腿，用剪刀将蟹腿一端剪掉，然后用擀杖在蟹腿上向剪开的方向滚压，挤出蟹肉。将蟹螯取下，用刀敲碎硬壳，取出蟹肉。将蟹盖掀开，去掉蟹鳃，然后将蟹肉剔出。

3. 龙虾的初加工

龙虾的初加工主要是出壳取肉，其加工方法主要有两种。

（1）将龙虾洗净，加工成熟后，晾凉。将龙虾腹部朝上，放平。用刀自胸部至尾部切开，再调转方向从胸部至头部切开，将龙虾分为两半。剔除龙虾肠、白色的鳃及其他污物，然后将龙虾肉从龙虾壳内剔出即可。

（2）将龙虾洗净，剪去过长的须尖、爪尖。然后将龙虾用线绳固定在木板上，浸入水中煮熟，这样可以防止龙虾变形。龙虾煮熟后晾凉，将龙虾腹部朝上，用剪刀剪去腹部两侧的硬壳，然后再剥去腹部的软壳，最后取出龙虾肉，并用刀将龙虾肠切除即可。这种加工方法可保持龙虾外壳的美观、完整，一般用于冷菜的制作。

4. 牡蛎的初加工

（1）用清水冲洗牡蛎，并清除掉硬壳表面的杂物。

（2）用牡蛎刀将牡蛎壳撬开。

（3）将牡蛎肉从壳上剔下。

（4）将牡蛎壳洗净、控干，然后将牡蛎肉放回壳内。

5. 贻贝的初加工

（1）将贻贝清洗干净，撕掉海草等杂物。

（2）放入冷水中，用硬刷将贻贝表面擦洗干净。

6. 鱼子的初加工

（1）将新鲜的鱼子取出后冲洗干净。

（2）放入盐水中浸泡，并不断搅动，以使胎衣与鱼子分离，并使盐分充分渗入鱼子中。

（3）用适当的网筛将鱼子滤出。

单元小结

本单元共分为四个主题，主要介绍西餐原料的加工技术，即指将各种烹饪原料加工成可直接用于菜肴烹制原料的过程，又称为原料的初步加工。阐述和说明了西餐烹调中主要的刀工技能，各种动、植物性原料初步加工方法，介绍了原料的择洗、整理、宰杀、分档取料以及原料的切配成形等方面的技术。

思考与练习

一、选择题

1. 拉切法是由刀的中后部入刀，最后着力点在刀的（　　）。

A. 中部　　B. 中后部　　C. 后部　　D. 前部

2. 马铃薯中含有较多的（　　），去皮后易氧化，发生褐变，应及时处理。

A. 酚类化合物　　B. 果胶　　C. 叶绿素　　D. 草酸

3. 洋葱用冷水浸泡，目的是为了（　　）。

A. 防氧化　　B. 防褐变　　C. 减少刺激　　D. 便于清洗

4. 比目鱼一般可加工出（　　）鱼柳。

A. 一条　　B. 两条　　C. 四条　　D. 八条

二、判断题（正确的打“√”，错误的打“×”）

1. 推切法是由刀的中前部入刀，最后着力点在刀的中后部。（　　）

2. 牛里脊肉是牛肉中肉质最鲜嫩的部位。（　　）

3. 鳜鱼可加工出四条鱼柳。（　　）

4. 沙丁鱼去骨之前应先用稀盐水洗净。（　　）

三、简答题

1. 牛腰脊部加工牛排的种类有哪些？

2. 牡蛎的初加工方法是什么？

四、实践题

根据操作步骤练习家禽的分档取料方法。

单元四 西餐烹调方法

学习目标

1. 能说出烹调过程中热量的传递形式。
2. 能说出西餐烹调初步热加工的加工方法和加工目的。
3. 能认识并阐述西餐常用的烹调方法，能说出各种烹调方法的特色和用途。

主题一
烹调过程中的热传递

一、基本概念

烹调中的热传递过程较为复杂，归纳起来包括导热、对流换热、辐射换热三种方式。

1. 导热

导热是由物体内部分子和原子的微观运动所引起的一种热量转移方式。就一些固体而言，这种换热过程是指热量从固体的高温区域转移到低温区域的过程。不同固体之间的导热过程只有在它们接触时才有可能发生。在气体和液体中进行单纯的导热过程时，它们内部必须没有宏观相对移动。在一般情况下，由于气体和液体易于流动，因而除了导热外，往往还以对流换热（气体还可能有辐射换热）的方式传递热量。

2. 对流换热

对流就是流体微团改变空间位置。由于流体微团改变空间位置所引起的流体和固体壁面之间的热量传递过程称为对流换热。

在对流时，作为载热体的流体微团不可避免地要产生热对流。例如水的温度不同，它在高温和低温时的相对密度也不同，相对密度小的水微团必然上浮，相对密度大的水微团则下沉，这就形成了热对流。热对流过程是流体内部进行差热对流和导热的综合过程。这种综合过程必然影响流体和固体壁面之间的对流换热。对于同一流体，强制对流（在外力的作用下引起流体流动）时的放热比自然对流时强，紊流时的放热比层流时强。另外，换热面的几何形状、位置以及流体的物理性质，对放热物体都有很大影响。

3. 辐射换热

这种换热过程是指温度不同的两个或两个以上的物体间相互进行的热辐射和吸收所形成的换热过程。习惯上，只将和温度有关的辐射称为热辐射。物体的热量不断以电磁波的形式向外发射，这种形式的能量称为"热辐射能"。当这种电磁波落到另一物体表面时，就或多或少地被它吸收，并又转变为热量。热量就这样从一个物体转移到另一个物体。

辐射换热与导热、对流换热不同，导热和对流换热只发生在温度不同的物体接触时，而辐射不需要，因为电磁波的传播不依靠中间介质，因而热辐射能可以在真空中传播。

以上介绍了三种基本传热过程。实际上的热量传递过程往往不是以一种形式单独进行的，而是由基本过程组合而成的复合过程。但不论是由哪几个基本过程复合的传热形式，它的作用结果也是由基本传热过程单独作用结果的总和。

二、烹调过程中的热传递方式

1. 基本传热形式

各种烹调方法虽然名目繁多，但接受热量的空间形式可以分为平面受热型和空间受热型两类。

（1）平面受热型　平面受热型是指被加工的原料只有一个面接受热源的热量。抽象地说，就是二维传递过程。原料在受热过程中，每次只靠一个面受热，使热量向原料内部传递。在烹调过程中一般是加工好一面后，再加工另一面。

平面受热型的典型烹调方法有煎、烤等。

（2）空间受热型　空间受热型是三维传热过程。它是指被加工的原料在烹调的过程中整个外表都受热。

空间受热型的典型烹调方法有煮、炸等。

2. 不同介质的热传递

各种形式的热加工，除辐射外，都要经过传热介质。传热介质分为液体、气体、固体三类物理状态。在烹调中经常使用的传热介质有水、油、水蒸气或空气等。

（1）以液体为介质的热传递

① 以水为介质的热传递：主要的传热方式是对流换热。水在受热后温度升高，使浸没在水中的原料接受热量，达到热加工的目的。在标准大气压下，水的沸点为100℃，温度再升高，水就要变为水蒸气逸出，并带走大量的热使温度仍维持在100℃左右；若使用高压锅，因压力上升，沸点也相应提高，如压力在2.04 kg/cm^2左右，沸点温度能够达120℃。以水为介质传热的烹调方法主要有温煮、沸煮、焖、烩等。

② 以油为介质的热传递：这种传热方式也是靠对流换热。油的沸点较水要高，当油温上升至冒青烟时，动物油可达190～230℃；植物油则略低，一般在170～190℃。因此，用油传热，原料表面的温度会迅速上升到100℃以上，可使原料中的水分快速蒸发。烹调结束时，菜肴温度在

130 ~ 160℃。以油为传热介质的烹调方法主要有炸、煎、炒等。

（2）以水蒸气或空气为介质的热传递

① 以水蒸气为介质的热传递：蒸汽就是达到沸点而汽化的水。以水蒸气为介质传热也是以对流换热为主要传递方式，实际上就是以水为介质传热的发展。传热空间的温度高低主要取决于气压的高低和火力的大小。根据热力学性质，蒸汽压力越高，温度也越高，一般可略高于沸点。这种传热方式的主要烹调方法是蒸。

② 以空气为介质的热传递：这种传热方式是以热空气对流的方式对原料进行热处理，若用明火时还伴随有强烈的辐射换热。以空气为介质传热范围很广，根据原料的质量、几何形状及大小、菜肴的特点，温度可在60 ~ 350℃。

以空气为介质的传热形式在西餐中经常使用，主要的烹调方法有暗火烤和明火烤。

（3）以固体为介质的热传递

① 以金属为介质的热传递：这种形式是西餐烹调特有的热加工方法。金属加热后温度很高，一般用于烹调时的温度可达300 ~ 500℃。将加工好的原料放在热金属板或其他金属器具上，使热量传入原料内部。这种热传递形式温差极大，可达到特殊效果。主要的烹调方法是铁扒、串烧。

② 利用颗粒状固体传热：颗粒状固体主要是盐、沙粒等，这种方式是利用传导受热。盐和沙粒受热后温度比水高，但它不会像液体那样对流，因此热加工中必须不断翻动，才可使被加工的原料受热均匀。这种烹调方法在西餐烹调中很少使用。

（4）热加工的温度范围　在各种烹调方法中，由于使用的传热介质的物理性质不同，传热的温度也有很大差异，各种烹调方法的温度范围一般在60 ~ 400℃。

三、原料内部的热传递

任何烹饪原料传热时，都有一个由表及里的传热过程。根据菜肴的特点，可以分为两种情况：一种是要求内外一致，即传热温差尽量小，目的在于使原料在熟化过程中，内外成熟度一致；另一种加工方法则是要求内外成熟的程度有明显差别，即所谓“外焦里嫩”。在烹调过程中，原料内部受热的快慢，以及原料内部与外部的温度趋于一致的时间的长短，不仅与火力大小有关，而且还与原料的几何形状、质量状态有直接关系。一般来说，几何形状越大，原料内部温度升高得越慢；原料质地越松软、水分越充足，内部传热的速度越快；原料质地越坚硬、水分越少，内部传热的速度越慢。一般情况下，植物性原料的传热速度要比动物性原料快。

鉴于以上情况，在对原料进行热加工时，需要掌握以下基本原则：

（1）使原料的几何形状合理、均匀，便于热量传递。

（2）热加工时要注意使原料各部分受热均匀。

（3）根据烹调方法选择适当的火力。

四、西餐烹调方法的分类

西餐中的烹调方法有很多，按加热方法归纳起来主要是干热法、湿热法和混合加热法三种。

1. 湿热法

湿热法主要是以水或水蒸气为传热介质的烹调方法。包括温煮、沸煮、蒸。

2. 干热法

干热法主要是以油脂和空气为传热介质的烹调方法，又分为以下两类：

（1）以油脂为传热介质的烹调方法　包括煎、炸、炒。

（2）以空气为传热介质的烹调方法　包括烤、焗、铁扒、浅焗、炙烤等。

3. 混合加热法

混合加热法是既包含干热法又包含湿热法的烹调方法，包括焖和烩。

主题二
初步热加工

初步热加工，英文为blanching，原意为“漂白”，即对原料过水或过油进行初步处理。这种加工过程不是一种烹调方法，而只是制作菜肴的初步加工过程。

由于加工方法的不同，初步热加工又分为冷水初步热加工法、沸水初步热加工法、热油初步热加工法三种形式。

一、冷水初步热加工法（cold water blanching）

1. 加工过程

将被加工原料直接放入冷水中加热至沸，再捞出原料，用冷水过凉备用。

2. 适用范围

冷水初步热加工法适宜加工动物性原料，如牛骨、鸡骨、牛肉、动物内脏，以及根茎类蔬菜、豆类等。

3. 加工目的

（1）使原料吸收更多的水分，为进一步加热做准备，如初步热加工马铃薯、橄榄。

（2）除去原料表面的污物，使原料干净（或断血），如初步热加工牛骨。

（3）除去原料中的不良气味，如初步热加工动物内脏。

（4）除去原料中残留的血污、油脂及杂质等，如初步热加工牛肉。

4. 实例：冷水初步热加工牛骨及牛肉

（1）将牛骨及牛肉洗净。

（2）放入汤锅，注入凉水，并充分浸没牛骨及牛肉。

（3）加热至沸，然后将沸水倒掉，用冷水冲净，备用。

二、沸水初步热加工法（boiling water blanching）

1. 加工过程

将被加工原料放入沸水中，加热至所需火候，再用凉水或冰水过凉。

2. 适用范围

沸水初步热加工法适用范围较广泛：蔬菜类原料，如番茄、芹菜、豌豆、菜花、西蓝花；动物性原料，如牛肉块、鸡肉块。

3. 加工目的

（1）使原料吸收部分水分，体积膨胀，如初步热加工豌豆。

（2）使原料表层紧缩，关闭毛细孔以避免其水分及营养成分流失，如初步热加工鸡肉块、牛肉块。

（3）使原料中的酶失去活性，防止其变色，如初步热加工菜花、西蓝花。

（4）便于剥去水果或蔬菜的表皮，如初步热加工番茄。

（5）使蔬菜中的果胶物质软化，易于烹调，如初步热加工芹菜、扁豆。

4. 实例：沸水初步热加工番茄

（1）番茄洗净，可轻轻把表皮划一小口，放入沸水中。

（2）待番茄表皮软化后，立即取出放入冰水中。

（3）将番茄从冰水中取出，剥去表皮，并使其表面保持光滑。

三、热油初步热加工法（hot oil blanching）

1. 加工过程

将被加工原料放入热油中，加热至所需的火候，取出备用。

2. 适用范围

热油初步热加工法适宜加工马铃薯及大块的牛肉、鸡肉等。

3. 加工目的

（1）使原料初步成熟，为进一步加热上色做准备，如初步热加工薯条。

（2）使原料表层失去部分水分，形成硬壳，以减少原料内部水分的流失，如初步热加工牛肉、鸡肉。

4. 实例：热油初步热加工薯条

（1）将马铃薯去皮，切成长条，洗净后用干布擦去水分。

（2）放入130℃左右的热油中。

（3）当薯条变软并轻微上色时捞出，备用。

主题三 用油传热的烹调方法

以油为传热介质是烹调中常用的烹调形式。多数油脂经加热后温度可达200℃以上，因此，用油烹制菜肴可使菜肴快速成熟，并有油脂香气，具有良好的风味。但用油传热进行烹调的方法会对一些营养素有破坏作用，虽然如此，其仍是深受欢迎的烹调方法。

用油传热的烹调方法包括炸、煎、炒等。

一、炸（deep frying）

（一）概念

炸是指把加工成形的原料，经调味并裹上保护层后，放入油锅中，让油浸没原料，加热至成熟并上色的烹调方法。

炸的传热介质是油，传热形式是对流与传导。

（二）类型

（1）清炸　原料加工成形、调味后，蘸上一层面粉或直接放入油锅中炸制。

（2）面包粉炸　原料加工成形、调味后，蘸上面粉，裹上蛋液，蘸面包粉，再炸制。

（3）挂糊炸　原料加工成形、调味后，表面裹上面糊，再炸制。

（三）面糊类型

1. 英式面糊

原料：面粉30 g，面包粉10 g，鸡蛋60 g。

制法：将上述材料混合，搅打成糊。

标准：半流体、细腻、有光泽（用勺舀起呈小片状）。

2. 法式面糊

原料：面粉50 g，牛奶50 mL。

制法：将上述材料混合，搅打成糊。

标准：细腻、无颗粒、有光泽（用勺舀起呈线状）。

3. 酵母面糊

原料：面粉200 g，牛奶（或水）250 mL，酵母10 g，盐适量。

制法：用少量水将酵母溶解，加入面粉、牛奶（或水）和盐，搅拌均匀至有光泽，使用前放置1 h以上。

标准：细腻、无颗粒、有光泽（用勺舀起呈线状）。

4. 蛋清面糊

原料：面粉200 g，水或牛奶250 mL，鸡蛋（分离蛋清）2个，盐适量。

制法：将面粉与水或牛奶、盐混合搅打成糊，使用时将蛋清充分打发，打至硬挺，将打发蛋白与面糊混合，搅拌均匀。

标准：面糊均匀饱满、不塌陷、半流体（用勺舀起呈大片状）。

5. 啤酒椰奶面糊

原料：面粉200 g，啤酒250 mL，椰奶25 mL，盐适量。

制法：将上述原料混合，搅打成糊。

标准：细腻、无颗粒、有光泽（用勺舀起呈线状）。

6. 泡打粉面糊

原料：面粉200 g，牛奶或水250 mL，泡打粉5 g，盐适量。

制法：将上述原料混合，搅打成糊。

标准：细腻、无颗粒、有光泽（用勺舀起呈线状）。

（四）操作要点及注意事项

（1）炸制温度一般在160 ~ 175℃，最高不超过195℃，最低一般不低于145℃。

（2）炸制时，要注意根据原料的不同，掌握油温的高低。

① 炸制体积小、易成熟的原料，油温要高。

② 炸制体积大、不易成熟的原料，油温要低。

③ 炸制带面糊的原料，也应选用较低油温以使面糊膨胀，并使热量能逐渐向内部渗透，使原料成熟。

（3）每次下油锅炸的食物原料不宜太多，要适量。

（4）每炸完一次原料后，应待油温回升到一定温度后，再放下一批原料。

（5）炸制蔬菜原料时，应尽量控干水分，以防止溅油。

（6）炸制时，原料应放入油锅的1/2 ~ 3/4处为最佳。

（7）炸制时，油不能冒烟，用过的油要过滤，去除杂质，以防变质。

（五）适用范围

由于炸制的菜肴要求原料在短时间内成熟，所以适宜制作纤维少、水分充足、质地脆嫩、易成熟的原料，如嫩的畜肉类、家禽、鱼、虾、水果、蔬菜。

知识拓展

压力炸（pressure frying）：采用特殊的压力炸锅，利用低温高压原理，高压使油沸点提高，炸制时使原料能快速成熟，而较低的油温可以使原料外表上色但不焦煳。这种方法炸制的食品外酥里嫩，能保持原料更多的水分和营养成分。

二、煎（pan frying）

（一）概念

煎是指把加工成形的原料，经腌渍入味后，用少量的油脂加热至上色，并达到规定火候的烹调方法。

煎的油脂量一般为原料厚度的1/5 ~ 1/2。煎的传热介质是油与金属，传热形式是传导。

（二）煎的种类

（1）清煎　原料直接放入油脂中煎制。

（2）蘸面粉煎　原料蘸上一层面粉，再煎制。

（3）蘸蛋液煎　原料蘸面粉，再蘸蛋液，后煎制。

（4）蘸面包粉煎　原料蘸面粉，再蘸蛋液、裹面包粉，后煎制。蘸面包粉煎的菜肴应用较少，主要用于黄油煎制鸡排、鱼排等。

知识拓展

煎有一种特殊的形式称为“浅炸”（shallow frying），即半煎半炸。浅炸的用油量较多，一般是原料厚度的1/3～1/2，多用于煎制块状的肉类、鱼类和裹面糊类原料，利用较多的高温油脂快速使原料结壳、上色。

（三）操作要点及注意事项

（1）要选用优质、鲜嫩的原料。

（2）煎的温度范围一般在120～175℃，最高不应超过195℃，最低不能低于90℃。

（3）煎制时，应先煎制肉质，使其有一个整齐、美观的外表。

（4）煎制时，要注意根据原料掌握油温的高低及油量的多少。

① 煎制薄而易成熟的原料，应用较高油温；厚而不易成熟的原料，应用较低油温。

② 煎蘸了蛋液和面包粉的原料，要用较低油温。

③ 煎制开始时，应用较高油温，然后降温，以使热量能逐渐向原料内部渗透。

（5）煎制时，油量不宜多，最多只能浸没原料的1/2处。

（6）煎制时，不要用叉子、铲子扎压原料，以免营养物质随水分流失过多。

（7）煎制体积较大、较厚、不易成熟的原料时，可于煎制后再放入烤箱烤制，使之成熟。

（四）适用范围

由于煎的烹调方法要求原料在短时间内成熟，并保持质地鲜嫩的特点，所以适宜制作水分多、肉质上乘、鲜嫩的块或片状肉类（如牛里脊、外脊、羊排、猪排、鸡脯）、鱼柳及小型的整条鱼（400 g以下）和某些蔬菜、鸡蛋及薄饼等。

三、炒（saute）

（一）概念

炒是指把加工成形的原料用少量的油脂，以较高的温度，在短时间内将原料加工成熟的烹调方法。

炒的传热介质是油与金属，传热形式是传导。

（二）类型

炒分为两种类型：（中国式）煸炒（stir frying）和（法式）炒/嫩煎（saute）。

1. 煸炒

煸炒是用少量的油脂，以较高的温度，加热小块或小片状原料，并不断翻动原料，使原料在短时间内成熟的方法。

煸炒的方法在中餐烹调中最为常见，在西餐烹调中应用较少，一般用于植物性原料加工，如炒马铃薯片、炒荷兰豆、炒面条、炒米饭。

2. 炒/嫩煎

炒准确地讲应该称为“嫩煎”，是用少量的油脂，以较高的温度，加热小块或小片状原料，使原料在短时间内成熟，然后取出原料和部分油脂，加入汤与调味汁等制成少司，再将原料与少司混合制成菜肴。

炒/嫩煎的方法在西餐中常用于动物性原料的加工，但只限于肉质上等的畜肉类、家禽，如牛里脊、猪外脊、鸡胸、小牛腰、肉鸡。

知识拓展

结壳上色（searing）：原意为“烧焦”，即利用高温使原料表面快速烧焦并形成硬壳，以减少原料内部水分和营养成分的流失。结壳上色并不能称为是一种烹调方法，一般只作为炒、煎、铁扒、焗、焖、烩、烤等烹调方法前期的初步热加工。

（三）操作要点及注意事项

（1）炒的油温一般应控制在150～195℃。

（2）炒制的原料体积要小，刀口要均匀。

（3）炒制原料的油量应为原料的1/4～1/3。

（4）炒制原料时，油温要高，时间要短，翻炒频率要快。

（四）适用范围

炒的烹调方法适宜制作蔬菜和质地鲜嫩、质量上等的肉类、家禽及部分熟料，如里脊、外脊、鸡胸、肉鸡、蔬菜、米饭、面条。

主题四
用水传热的烹调方法

用水进行传热的烹调方法温度较低，因为水的沸点为100℃，当温度

再升高水就变成水蒸气逸出，并带走多余的热量，使温度仍维持在100℃左右。在这种温度范围内进行烹调，各种营养素的损失都较少，同时还可使菜肴具有清淡爽口的特点。用水传热的烹调方法有温煮、沸煮、蒸、烩、焖等。

一、温煮（poaching）

（一）概念

温煮又称文火煮、低温煮，是将被加工的原料放入水或基础汤等液体中，用低于沸点的温度将原料加工成熟的烹调方法。

温煮的传热介质是水，传热形式是对流与传导。

（二）温度范围

温煮的温度应控制在70～96℃。温煮煮制原料时，液体的温度最低不要低于70℃，最高不能超过96℃。由于煮制的原料不同，烹调时采用的温度也不同。

（1）煮苹果、梨等水果原料时，温度要低些，在70～80℃，因为这样可以保持其完好的外形及脆嫩的质地。

（2）煮鸡蛋等含蛋白质较高的原料时，应采用较高的温度，约在96℃。因为这样可以使蛋白质快速凝结，把蛋黄封在里面，使其水分不易流失或少流失，从而达到鲜嫩的效果。

（三）温煮类型

温煮依据制作方法的不同又分为浅层温煮与深层温煮两种。

1. 浅层温煮（shallow poaching）

浅层温煮是将原料放入带有密封盖的平底锅中，加入液体至原料厚度的1/2，加热至出现热气时加盖，用低于沸点的温度将原料烹调至需要的成熟度。其适宜加工质地鲜嫩、小型的无骨原料，如鱼柳、鸡胸。

2. 深层温煮（deep poaching）

深层温煮是倒入液体将原料浸没，用低于沸点的温度将原料烹调至需要的熟度。其适宜加工质地鲜嫩、较大的原料，如整鱼、整只小型禽类、大块肉类。

（四）温煮的传热介质

温煮的传热介质是指煮制原料的各种液体和汤汁，常见的有：

（1）水　可适当加入调味料和香料等，以增加其风味。

（2）基础汤　主要是指各种肉类基础汤、鱼基础汤等。适用于肉类、禽类、鱼类等菜肴。

（3）清菜汤　主要用番茄或番茄酱、西芹、番芫荽、洋葱、香叶、柠檬汁（或白醋、葡萄酒）、胡椒粒等加清水制成。适宜煮制鱼类及嫩肉类。

（4）奶　用牛奶或椰奶煮制。主要适用于煮鸡、煮鱼等。

（5）葡萄酒　用红葡萄酒、白葡萄酒、波特酒等煮制。主要用于煮制水果、肉类、鱼类。

温煮的应用实例见表4–1。

表4–1　温煮的应用实例

原料	使用的传热介质	菜单举例	应用时间
嫩鸡	鸡基础汤	煮鸡奶油少司	午餐或晚餐
去骨蝶鱼片	鱼基础汤	煮鱼黄油柠檬少司	午餐或晚餐
带骨三文鱼段	清菜汤	煮三文鱼黄油汁	早餐
鸡蛋	水和白醋	水波蛋	午餐
苹果	糖水	糖水苹果	晚餐
鳕鱼	奶	煮鳕鱼配鸡蛋	早餐
梨	红葡萄酒	红酒煮梨	晚餐

（五）操作要点及注意事项

（1）用温煮制作的菜肴应选用质地鲜嫩、粗纤维少、水分充足的原料。

（2）煮制原料时，汤汁的温度一定要始终保持在沸点以下。

（3）煮制原料的汤汁用量要适当，以刚刚浸没原料为宜。

（4）烹调过程中要始终保持温度均匀一致，以使原料在相同的时间内同时成熟。

（5）烹调过程中可以加盖保温，但也要适当打开锅盖，以使原料中的不良气味挥发出去。

（六）适用范围

温煮适宜制作质地鲜嫩、粗纤维少、水分充足的原料，如鸡蛋、水果、鱼、虾、嫩鸡。

二、沸煮（boiling）

（一）概念

沸煮是将被加工的原料放入液体中加热至沸，再用小火保持微沸将原料加工成熟的烹调方法。

沸煮的传热介质是液体，传热形式是对流与传导。

（二）沸煮的传热介质

（1）含盐热水　适宜煮制脂肪含量高或异味重的原料，如动物内脏、蔬菜。

（2）肉汁　主要是指各种肉类基础汤，一般是煮制何种肉类就用其对应的基础汤，适宜煮畜肉类、禽类等，也可用汤精替代。

（3）清菜汤　适于煮制鱼类及嫩肉类。

（4）奶　主要用于煮制面食、谷物类原料，如燕麦片、大麦片。

（三）沸煮的温度范围

虽然沸煮温度是100℃，但在实际操作中一般有两种温度范围。

（1）液体一直保持在100℃的状况，如煮蛋类和叶菜类、花菜类蔬菜。

（2）液体首先达到100℃，然后再使液体温度保持在85～90℃，称为微沸状态。这种形式被采用得最多。

（四）沸煮的加工方法

根据煮制原料的不同，沸煮有两种方法。

（1）冷水下锅　将被煮制的原料放入冷的液体中，上火加热至沸。一般适宜煮制大块的肉类、大块的根茎类蔬菜、豆类及整鱼、整禽等。

（2）沸水下锅　将被煮制的原料放入沸开的液体中。适宜煮制小块的肉质鲜嫩的畜肉类、鱼类、禽类及叶菜类、花菜类蔬菜等。

知识拓展

慢煮（simmering），又称“微沸”，即用微沸（85～90℃）的液体对原料加热。慢煮（simmering）和温煮（poaching）的区别在于：慢煮的加热对象是质地老、纤维粗、有韧性的原料，加热时间长；温煮的加热对象是质地鲜嫩、易成熟的原料，加热时间相对较短。

（五）操作要点及注意事项

（1）沸煮汤液的温度一定要达到沸点。

（2）原料要完全浸没于汤液中。

（3）要及时除去汤中的浮沫，以防浮沫进入到原料中。

（4）在煮制过程中一般不要加盖，以使其不良气味挥发。

（六）适用范围

沸煮的烹调方法适用范围很广泛，一般的蔬菜、禽类、畜肉类、鱼类、谷物、豆类、蛋类等原料都可以用此种方法制作。

三、蒸（steaming）

（一）概念

蒸是将加工成形的原料，经调味后，放入可耐受一定压力的容器内，用蒸汽加热，通过蒸汽使原料成熟的烹调方法。

蒸的传热介质是达到沸点而汽化的水，传热方式是对流与传导。

（二）温度范围

蒸汽是达到沸点而汽化的水，是以水为介质传热形式的发展，由于蒸在加热过程中要有一定压力，所以蒸的温度最低是100℃，如在高压下完成蒸制过程，则温度最高可达182℃。普通蒸锅温度一般在100～103℃，高压锅或高压蒸炉的温度一般在110～182℃。

知识拓展

隔水蒸煮法（double boiler）：是一种特殊的蒸法，利用双层锅，外层锅中加水，内层锅中放置原料，将内层锅置于外层锅的水中，利用外层锅中的水的温度及水蒸气对内层锅内的原料进行加热。隔水蒸煮法主要用于缓慢加热且同时需要搅拌或添加材料的食物制作，如熔化巧克力或是制作卡仕达酱（custard sauce）。

水浴法（water bath）：物理术语，用于烹调中同隔水蒸煮法相近似，是指将盛有原料的容器或模具放入热水内加热，使其缓慢成熟。这种方法既可在灶上制作，也可放于烤箱内完成。在灶上制作的一般称为“隔水加热”，在烤箱内完成的一般称为“隔水烤”。其主要用于以蛋类或奶油为主制品的制作，如肉批、焦糖布丁等食品的制作，也可用于熔化巧克力或是制作卡仕达酱等。

（三）蒸的方法

根据加工方法的不同，蒸又可分为直接蒸法和间接蒸法两种。

1. 直接蒸法

直接蒸法是将加工好的原料直接放入蒸箱或蒸锅中蒸制，如蒸带皮马铃薯。

2. 间接蒸法

间接蒸法是将加工好的原料先放入有盖或密封的容器内，再将容器放入蒸箱或蒸锅中蒸制，如蒸甜布丁。

（四）操作要点及注意事项

（1）原料在蒸制前要先进行调味。

（2）蒸制过程中要将容器密封，不要跑汽。

（3）蒸制时，要根据不同的原料掌握火候。

（五）适用范围

蒸的方法适宜制作质地鲜嫩、水分充足的鱼类、禽类等原料，如鱼、虾、嫩鸡，以及慕斯、布丁、蔬菜、鸡蛋。

四、烩（stewing）

（一）概念

烩是指将加工成形的原料放入用本身原汁调成的浓少司内，加热至成熟的烹调方法。

烩的传热介质是水（液体），传热方式是对流与传导。

（二）类型

由于烩制过程中使用的少司不同，烩又分为白烩、红烩、黄烩和混合烩等类型。

1. 白烩（white stew或fricassee）

白烩以白少司或奶油少司为基础，如白汁烩鸡、莳萝烩海鲜。

2. 红烩（brown stew）

红烩以布朗少司为基础，如法式红烩牛肉、古拉什牛肉。

3. 黄烩（blanquette）

黄烩以白少司为基础，调入奶油、蛋黄，如黄汁烩鸡。

4. 混合烩（miscellaneous stew）

混合烩是利用菜肴自身的颜色，如咖喱鸡。

（三）操作要点及注意事项

（1）加入的少司量不宜多，以刚覆盖原料为宜。

（2）烩制菜肴可在灶台上进行，容器内少司的温度应保持在微沸状态（80～90℃）。这种方法便于掌握火候，但较费人力。

（3）烩制菜肴还可在烤箱内进行，烤箱的温度一般为180℃左右，容器内少司的温度基本保持在90℃左右。

（4）烩制的过程中容器要加盖密封，以防止水分蒸发过多。

（5）烩制的菜肴，其原料大部分要经过初步热加工。

知识拓展

真空低温烹调法又称舒肥法、低温慢煮法等，是20世纪70年代法国厨师Georges Pralus 和Pierre Troisgros等研发的一种烹调方法。其基本方法是将原料放入塑料袋中抽真空密封，然后将真空袋放入恒温的热水中（50～80℃），通过长时间的低温水浴使原料成熟。真空低温烹调法的特点是能最大限度地减少原料水分和营养的流失，保留原料的原汁原味，主要用于肉类、鱼类的烹调。

（四）适用范围

由于烩制菜肴加热时间较长，并且要经初步热加工，所以适宜制作的原料范围很广泛。各种植物性原料及质地较老、较为廉价的畜肉类、禽类等动物性原料，均可烩制。

五、焖（braising）

（一）概念

焖是指将加工成形并经初步热加工的原料，放入有少量基础汤的密封容器内，在烤箱内进行加热，利用热空气、水蒸气及少量的液体使原料成熟的烹调方法。

焖的传热介质是水和热空气，传热方式是对流与传导，也伴有热辐射。

（二）温度范围

原料在焖制过程中，容器内部液体的温度应保持在微沸状态（80 ~ 90℃）。为了能保持此温度，烤箱的温度一般应控制在180℃左右。

（三）焖与烩的区别

焖与烩的烹调方法较相似，但也有很多不同之处，主要区别见表4–2。

表4–2 焖与烩的区别

焖	烩
原料加工成大块或小块	原料加工成小块或丁
汤汁浸没原料1/3 ~ 1/2	少司浸没原料
原料成熟后再调制少司	原料与少司同时烩制成熟
在烤箱内加盖焖制	在烤箱内、炉灶上都可以烩制

（四）操作要点及注意事项

（1）容器内加入的基础汤的量要适当，应根据不同的原料，使汤汁浸过原料的1/3 ~ 1/2。

（2）大块肉类在焖制前，应用热油将原料四周煎上色，使原料表层结成硬壳，以便保持水分。

（3）大块肉类在焖制前，可用红葡萄酒、白醋、橄榄油、香草、盐、胡椒粉及蔬菜香料等腌渍24 h以上，以使其肉质松软。

（4）大块瘦肉在焖制前，可用肉针嵌入肥肉条，以补充油脂和水分。

（5）在烤箱内焖制时，容器一定要加盖密封。

（6）在被焖制的原料下面，应放一层根茎类蔬菜垫底，既可增加口味，也可防止原料因直接与容器接触而煳底。

（五）适用范围

焖制的烹调方法适用范围广泛，既适宜制作质地鲜嫩的原料，如芹菜、洋葱，也适宜制作结缔组织较多、肉质较老、较廉价的大块肉类等原料。

主题五
用空气传热的烹调方法

用空气传热的烹调方法，在西餐烹调中使用非常广泛。其使用的温度

范围很广，最低可在100℃以下，最高可达300℃以上。用空气传热的烹调方法包括烤、焗、铁扒、串烧、浅焗等。

一、烤（roasting）

（一）概念

烤又称炉烤，是指将初步加工成形、调味抹油的原料，放入封闭的烤炉中，利用高温热空气和油脂的导热作用，对原料进行加热至上色，并达到规定成熟度的烹调方法。

烤的传热介质是热空气、烤油，传热形式是辐射、传导和对流。

（二）温度范围

烤的温度范围一般在150～240℃。烤制原料时，一般应先用200～240℃高温烤制10～20 min，使原料表面快速结成硬壳，以防止原料内部水分流失过多，然后再根据原料的不同，酌情降温至150～180℃，直至达到所需的火候标准。

烤制质地鲜嫩、水分充足、易成熟的原料时，如肉质一流的牛里脊、牛外脊等，应一直采用高温220～240℃，使其快速达到所需的火候，以防止水分流失过多。

（三）操作要点及注意事项

（1）烤制的原料，应选用肉质鲜嫩、质量一流的畜肉类、禽类等原料。

（2）烤前和烤制过程中应不断往原料上刷油，或淋烤油原汁。

（3）肉类原料在烤制之前，可放入冰箱内冷藏或吊挂于通风处，或加入嫩肉粉等，以破坏肉中的血红细胞水解部分弹性蛋白和胶原蛋白，使肉嫩味鲜，没有腥味。

（4）烤制肉类原料时，应将其放于烤架或骨头上，以防止肉与烤盘直接接触，影响菜肴的质量。

（5）肉类原料烤好，从烤箱中取出后，应将其放置10～20 min，待稍凉后再切配。

（四）肉类原料成熟度的检验

烤制的肉类原料可以通过以下四种方法判断其成熟度。

（1）通过感官凭经验检验　观察肉类原料外观的收缩率。

（2）用肉针扎原料检验　流出的肉汁如无血色即证明成熟，此方法只适用于一流的牛肉、羊肉等，不适用于猪肉、家禽。

（3）用手按压原料检验　未成熟的肉松软、没有弹性或弹性小，成熟的肉弹性大，肉质硬。

（4）用温度计测量原料内部温度检验　肉类原料内部温度达到80℃左右即成熟。

在西餐烹调中，一般烤制的牛肉类、羊肉类菜肴不要求必须全熟，达到所要求的火候标准即可，而烤制的猪肉类、家禽等菜肴则不能食用未成熟的，必须要全熟。

不同成熟度的牛肉与羊肉具有不同的颜色与理化性质，具体区别见表4-3。

表4-3　不同成熟度牛羊肉理化性质比较

成熟度	理化性质
三四成	肉汁较多，呈红色，用手按压肉质较软，无弹性，内部温度在50℃左右
五六成	肉汁为粉红色，用手按压弹性较小，肉质较硬，内部温度在60℃左右
七八成	肉汁无血色，用手按压弹性较大，肉质硬，内部温度在70℃左右

全熟的猪肉、家禽，用肉针扎无肉汁流出，用手按压，流出的肉汁为透明色，肉质硬实，弹性强，内部温度在80℃左右。

（五）适用范围

烤的烹调方法适用范围较广，适宜加工制作各种形状较大的畜肉类原料（T-骨牛排、整条的里脊、外脊肉、羊腿等）、禽类原料（嫩鸡、鸭、鸽子、火鸡等）及一些蔬菜（马铃薯、胡萝卜等）和部分面点制品（清酥、混酥等）。

小贴士

肉类原料，特别是大型的肉类原料，在烤制后应将其放置10～20 min，稍凉后再切配，西餐中称之为静置放松（meat rest）。在烤制过程中，肉类中的细胞会收缩，细胞内的水分会渗出，将烤好的肉类静置，有助于细胞松弛，重新吸收水分，使肉质鲜嫩多汁。

二、焗（baking）

（一）概念

焗是指将加工成形的原料放入烤炉内，利用原料自身受热后产生的水蒸气和干燥辐射热对原料进行加工使之成熟上色的烹调方法。

焗的传热介质是热空气、水蒸气，传热形式是辐射。

（二）温度范围

焗制含水分较多、质量一流、肉质鲜嫩的鱼类、肉类等原料时，烤炉的温度一般应在200～250℃；焗制蛋糕、水果等原料时，炉温则应控制在120～180℃。

（三）操作要点及注意事项

（1）焗制菜肴时，应选用含水分较多、优质、鲜嫩的原料，如鱼类、蔬菜。

（2）原料在烤炉内焗制时，一般不用加任何汤汁，不用刷油脂。

（3）多数焗制好的菜肴都应隔水保温（面点制品除外）。

（四）适用范围

从狭义上讲，焗的烹调方法只限于制作一些鲜嫩的鱼类（焗填馅鱼）、肉类（起酥火腿、惠灵顿牛柳）、蔬菜（焗马铃薯、焗番茄、焗青椒、焗鲜蘑）等。此外许多面点制品，如面包、布丁、烘饼及多种甜点都适宜用焗的烹调方法制作。

从广义上讲，许多在烤箱内制作的菜肴，都可以用焗来命名，如焗罐焖牛肉。

小贴士

烤（roasting）与焗（baking）两者的区别主要是：烤需在烹调过程中，不断地在原料表面涂油脂，利用油和热空气对原料加热；焗是利用原料自身受热后产生的水蒸气和干燥辐射热对原料加热，在烹调过程中不用涂油脂。

三、铁扒（grilling and broiling）

（一）概念

铁扒是指将加工成形并经调味、抹油的原料，放在扒炉上，利用高度的辐射热和空间热量对原料进行快速加热并达到规定火候的烹调方法。

铁扒的传热介质是热空气和金属，传热形式是热辐射与传导。

（二）铁扒类型

1. 明火焗炉（salamander）

明火焗炉又称高温扒炉、顶火扒炉，热量或火力由上而下加热。具体方法是将明火焗炉预热，将原料调味抹油，放入明火焗炉下，将原料加热至所需的火候。用这种方法制作的菜肴也可称为“扒”。

明火焗炉不但可以制作扒制菜肴，还可用于菜肴的上色、上光等。

2. 铁板扒炉（griller）

铁板扒炉又称坑面扒炉、铁板扒条。常见的种类有电扒炉、燃气扒炉、炭扒炉、火山石扒炉等。铁板扒炉的热量或火力由下而上加热，制作的菜肴一般都带有网状焦纹。具体方法是将铁板扒炉提前预热、刷油，将原料调味、抹油，放入铁板扒炉上，快速将原料加热至所需的火候。

3. 夹层扒板（sandwich toaster）

夹层扒板通常为电加热，中央放原料，用上下铁板夹住原料，上下同时加热，使其快速成熟。这种铁扒的方法应用较少，主要用于汉堡肉排的加工。

（三）铁扒牛排的成熟度

西餐中牛排的制作主要用铁扒和煎的烹调方法，其中肉质一流的牛排大多采用铁扒的烹调方法加工制作。牛排的成熟度，则是厨师根据客人所要求的标准而加工制作的，一般分为五种成熟度。

（1）带血牛排（rare/bleu） 牛排表面稍有焦黄色泽，当中完全是鲜红的生肉，内部温度在25 ~ 30℃。

（2）三分熟（medium rare） 牛排表面焦黄，中心一层为鲜红的生肉，内部温度在35 ~ 40℃，汁水较多。

（3）五分熟（medium） 牛排表面焦黄，中心为粉红色，内部温度在45 ~ 50℃。

（4）七分熟（medium well） 牛排表面焦黄，中心肉色为浅红色，基本成熟，内部温度在55℃左右。

（5）全熟（well done） 牛排表面为咖啡色，汁少，肉干而柴，内部温度在60℃以上。全熟的牛排，由于汁少肉干柴，鲜香不足，故食用者较少。

知识拓展

grill与broil都可以称为“扒”或“烧烤”。grill一般称为“铁扒”或“下火烧烤”，热量或火力是由下而上对原料进行加热，如铁扒炉、炭烤炉。broil一般称为“炙”或“上火烧烤”，热量或火力是由上而下对原料进行加热，如明火焗炉、面火烤箱。

（四）操作要点及注意事项

（1）制作铁扒菜肴，应选用鲜嫩、优质的原料。

（2）铁扒的烹调方法适用于片状的或小型的原料。

（3）扒制原料时，应先用高温，再根据需要酌情降温。

（4）用铁板扒炉制作铁扒菜肴时，铁板扒炉要提前预热、刷油。

（五）适用范围

由于铁扒是一种温度高、时间短的烹调方法，所以适宜制作鲜嫩、优质的畜肉类原料（如T骨牛排、西冷牛排、猪排）、小型的鱼类（如比目鱼鱼柳、鳟鱼鱼柳）、小型的家禽（如雏鸡、鸽子）、蔬菜（如番茄、茄子）。

四、串烧（brochette）

（一）概念

串烧的方法也是铁扒的一种，是指将加工成小块、片状的原料经腌渍后，用金属钎穿成串，放在铁板扒炉上，利用高温的辐射热或空间热量，使之达到所需火候的烹调方法。

串烧的传热介质是热空气和金属，传热形式是热辐射与传导。

（二）操作要点及注意事项

（1）串烧的菜肴要求刀口均匀整齐，大小要尽量一致。

（2）串烧的原料烧炙前要腌渍入味。

（3）串烧的原料不要穿得过紧，以便于加热。

（4）穿成串的原料应尽量平整，以便于均匀受热。

（三）适用范围

串烧是用较高温、短时间加热的烹调方法，所以适宜制作质地鲜嫩的原料，如鸡肉、羊肉、牛里脊肉、鸡肝及一些新鲜、鲜嫩的蔬菜。

五、浅焗（gratin）

（一）概念

浅焗又称焗烤、面烤、上色，法文是“au Gratìn”，是将加工成熟的原料，在其表面（顶部）浇上一层含有较高油脂、较浓稠的少司，待其冷却凝结后，再撒上吉士粉或面包粉，移入明火焗炉下，利用高温热空气，对原料表面（顶部）进行加热，使其表面（顶部）变黄上色的烹调方法。

浅焗的传热介质是热空气，传热形式是辐射。

（二）操作要点及注意事项

（1）浅焗的温度较高，一般在180 ~ 300℃。

（2）浅焗一般都应在明火焗炉下完成。如果在烤炉内加热，应注意以顶火为主，底火为辅。

（3）原料一般要进行初步加工，成熟后再放入焗盘内。

（4）制作菜肴的焗盘内应涂上黄油，不但可以增加口味，还可以防粘连。

（5）表层的少司、吉士粉或面包粉等，要浇撒得厚薄均匀、平整。

（三）适用范围

浅焗的烹调方法主要适用于肉质较鲜嫩的鱼类、畜肉类、蔬菜等，并多用于意式面食的制作。

单元小结

本单元共分为五个主题，主要介绍烹调过程中热传递的导热方式和传热形式、西餐烹调初步热加工的加工方法及西餐烹调中常用的烹调方法，阐述和说明了西餐烹调中常用的初步热加工方法，用水传热、用油传热和热空气传热等。

思考与练习

一、选择题

1. 牛骨进行冷水初步热加工目的是为了（　　）。

A. 除去不良气味　B. 使酶失去活性　C. 使表层收缩　D. 使原料成熟

2. 制作炸制菜肴时，油脂最高温度不应超过（　　）℃。

A. 100　B. 160　C. 190　D. 195

3. 焖制菜肴一般在（　　）内进行加热。

A. 蒸箱　B. 灶台　C. 明火焗炉　D. 烤箱

4. 下列烹调方法中主要以热空气为传热介质的是（　　）。

A. 蒸　B. 焗　C. 烩　D. 炸

二、判断题（正确的打“√”，错误的打“×”）

1. 煎的传热介质是油和金属，传热形式主要是传导。（　　）

2. 烩制的烹调方法适宜制作质地鲜嫩的原料，如鸡胸、牛柳。（　　）

3. 蒸的烹调方法对原料的破坏较大，原料营养成分损失较多。（　　）

4. 铁扒的传热形式是对流与辐射。（　　）

三、简答题

1. 什么是初步热加工？它主要有哪几种方法？

2. 举例说明烩与焖有哪些相同点和不同点。

四、实践题

举例说明，用油传热的烹调方法所制作的菜肴有哪些特点。

单元五

基础汤与少司制作

学习目标

1. 能明确西餐基础汤的类型，能掌握西餐基础汤的制作，能判断基础汤的品质。
2. 能说出少司的概念、类型，能掌握基础热少司、冷少司、冷调味汁的制作。
3. 能明确基础热少司、冷少司、冷调味汁的演变及应用范围。

主题一
基础汤制作

基础汤（stock）是用微火通过长时间提取的一种或多种原料的原汁（除了鱼基础汤）。它含有丰富的营养成分和香味物质。基础汤是制作汤菜、少司、肉汁的基础。因此掌握各种基础汤的制作是制作其他产品的关键。

一、基础汤的类型

基础汤按其色泽可分为白色基础汤、布朗基础汤两类。按其制法的不同又可分为白色基础汤、布朗基础汤、鱼基础汤、蔬菜基础汤四类。

1. 白色基础汤（white stock）

白色基础汤包括白色牛骨基础汤、白色小牛肉基础汤、白色羊骨基础汤和白色鸡基础汤等。白色基础汤主要用于制作白色汤菜、白少司、白烩等菜肴。

2. 布朗基础汤（brown stock）

布朗基础汤又称褐色基础汤、红色基础汤，包括布朗牛骨基础汤、布朗小牛肉基础汤、布朗羊骨基础汤、布朗鸡基础汤等。布朗基础汤主要用于制作红色汤菜、布朗少司、肉汁、红烩等菜肴。

3. 鱼基础汤（fish stock）

鱼基础汤从色泽上看属于白色基础汤，但鱼基础汤的制法与其他白色基础汤又有所不同，所以单分为一类，主要用于鱼类菜肴的制作。

4. 蔬菜基础汤（vegetable stock）

蔬菜基础汤又称清菜汤，法文称为“court bouillon”，又有白色蔬菜基础汤和布朗蔬菜基础汤之分，主要用于蔬菜、鱼类及海鲜菜肴的制作。

二、基础汤的制法

（一）白色基础汤的一般制法

1. 原料

清水4 L，生骨头2 kg，蔬菜香料（胡萝卜、芹菜、洋葱）0.5 kg，香料包（百里香、香叶、番芫荽适量，黑胡椒粒12粒）。

知识拓展

蔬菜香料：法文称为“mirepoix”，指具有芳香气味的蔬菜，主要是洋葱、胡萝卜、芹菜等，一般洋葱占50%、胡萝卜占25%、芹菜占25%，主要用于制汤和菜肴调味。

香草束：法文称为“ bouquet garni”，指将新鲜的香草如百里香、香叶、番芫荽捆扎成束，主要用于制汤。

香料包：法文称为“sachet”，指将干制的香草、香辛料等用纱布包裹成袋，主要用于制汤。

小贴士

制作布朗基础汤时，可加些剁碎的番茄或番茄酱、蘑菇丁等，以增加汤的色泽及香味，还可加入少量的猪皮、猪蹄等，以增加基础汤的浓度。

2. 制作过程

（1）将生骨头锯开，去除骨髓。

（2）将骨头放入汤锅内，加入冷水煮开。

（3）如果骨头较脏，应滤去沸水后，再放入冷水煮制。

（4）及时撇去油脂及浮沫，将汤锅周围擦净，并改微火，使汤保持微沸。

（5）加入蔬菜香料、香料包。

（6）小火煮4 ~ 5 h，并不断地撇去浮沫和油脂。

（7）用纱布过滤。

在烹调中，会有一定量的水分蒸发，因此在汤液快要达到沸点之前，可以加入少量冷水。这样既可补充水分，又有利于撇除汤中的浮沫及油脂。

（二）布朗基础汤的一般制法

1. 原料

清水4 L，生骨头2 kg，蔬菜香料（胡萝卜、芹菜、洋葱、青蒜）0.5 kg，香料包（百里香、香叶、番芫荽适量，黑胡椒粒12粒），植物油。

2. 制作过程

（1）将生骨头锯开，放入烤箱中烤成棕红色。

（2）滤除油脂，并将骨头放入汤锅内。

（3）加入冷水，煮开，撇去浮沫。

（4）将蔬菜香料切片，用少量植物油将其煎成表面呈棕红，滤除油脂，将蔬菜香料倒入汤锅中。

（5）加入香料包。

（6）用小火煮5 ~ 6 h，并不断撇去浮沫及油脂。

（7）用纱布过滤。

（三）鱼基础汤的一般制法

1. 原料

清水4 L，比目鱼骨或其他白色鱼骨2 kg，洋葱200 g，黄油50 g，黑胡椒粒6粒，香叶、番芫荽梗、柠檬汁适量。

2. 制作过程

（1）将黄油放入厚底锅中，放入洋葱片、鱼骨

小贴士

在制作鱼基础汤时，应掌握好煮汤时间，汤液煮沸后，改小火微沸20 min左右即可。如煮制时间过长，则香味不但不会增加，反而可能会有所破坏，出现苦涩味。

及其他原料，加盖，用小火煎5 min左右，但不要将鱼骨等煎上色。

（2）去盖，加入冷水，煮开。

（3）改小火，微沸20 min左右，并不断撇除浮沫及油脂。

（4）用纱布过滤。

（四）蔬菜基础汤的一般制法

1. 原料

洋葱200 g，芹菜100 g，黑胡椒粒6粒，香叶、番芫荽梗、柠檬汁适量。

2. 制作过程

将所有蔬菜切片，同其他材料一起放入冷水中，煮沸后，改小火微沸20 min左右即可。制作蔬菜基础汤时，还可加番茄或番茄酱，也可用白酒醋或干白葡萄酒替代柠檬汁。

三、基础汤制作的注意事项

（1）应选用鲜味充足又无异味的汤料。不新鲜的骨头、肉或蔬菜都会给基础汤带来不良气味，而且基础汤也易变质。

（2）制基础汤时，汤中的浮沫应及时撇出，否则会在煮制时溶入汤中，破坏基础汤的色泽及香味。

（3）基础汤中的油脂应及时撇出，否则会影响基础汤的清澈度，同时使人感觉油腻。

（4）基础汤在煮制过程中应使用微火，使汤保持在微沸状态。如用大火煮，汤液不但蒸发过快而且易混浊。

（5）煮汤过程中不应加盐，因为盐是一种强电解质，会使汤料中的鲜味成分不易溶出。

（6）制作基础汤时，如没有生骨头，也可用其他边角下料等替代。

（7）如果基础汤要保留，应重新过滤，煮开，快速晾凉后再放入冰箱保存。

知识拓展

胶冻（glaze）：是指将含有胶质蛋白的基础汤加热浓缩，浓缩至原有汤液的1/5～1/4，使汤汁变黏稠，经冷藏后变为胶冻，常见的胶冻有肉胶冻、鸡胶冻和鱼胶冻，主要用于提高汤汁的品质和应急之用，也可用于菜肴的上光增色。

主题二
少司制作

少司是英文“sauce”的音译，我国南方习惯译成沙司，是指厨师专门制作的菜点调味汁。少司在西餐烹调中占有十分重要的地位。制作少司是西餐烹调中一项非常重要的工作，一般由受过训练的有经验的厨师专门制作。少司与菜肴主料分开烹调，是西餐烹饪的一大特点。

一、少司的作用

少司是西餐菜点的重要组成部分，在整道菜肴中具有举足轻重的作用，归纳起来主要有以下三方面的作用。

（1）确定菜肴的口味，增加菜肴营养。菜肴的口味主要取决于少司。少司在制作时溶入了各种调味品，作为菜肴的调味汁，菜肴的口味主要是由少司的口味确定的。此外，少司是用各种基础汤汁制作而成，这些汤汁都含有丰富的营养成分和鲜味物质，同时也增加了菜肴的鲜味和营养成分。

（2）增加菜肴的美观度。由于少司有着不同的颜色和鲜亮的光泽，所以少司不但可以在盘内设计图案，装饰美化菜肴，还可以对某些不甚美观的菜肴加以掩盖，增加菜肴的美观性。

（3）改善菜肴的口感，保持菜肴的温度。部分菜肴在烹调制作过程中，会使原料中的水分流失较多，影响口感。由于少司中含有较多水分，在食用时，可以补充菜肴的水分，改善菜肴的口感。此外，由于多数少司都具有一定的浓度，可以裹覆在菜肴的表层，这样在一定程度上可以保持菜肴的温度，同时还可以防止菜肴风干。

二、少司的分类

少司的种类很多，分类方法也不尽相同。根据其性质和用途可分为热少司、冷少司和冷调味汁、甜食少司三大类。根据其浓度的不同可分为固体少司、稠少司、浓少司、稀少司和清少司等。

三、少司浓度的调节剂

少司的种类很多，大多数少司都具有一定的浓度。少司的浓稠度一般以能够挂着在食物上不流下为宜。具体的稀稠浓度要根据菜肴的要求去调制。少司浓度的调节剂主要有以下五种。

1. 油炒面（roux）

油炒面又称黄油面粉糊、面捞，由油脂和面粉一起烹调制成，主要有三种类型。

（1）白色油炒面（white roux）

原料：黄油∶面粉=1∶1。

制法：将黄油加热熔化，加入面粉并搅均匀，放于120～130℃炉灶上或160℃左右的烤箱内，加热数分钟，至面粉松散、不变色即可。

用途：白色油炒面主要用于牛奶白少司、奶油汤的制作。

（2）淡黄色油炒面（blond roux）

原料：黄油∶面粉=1∶1。

制法：加热时间较白色油炒面稍长些，加热至面粉松散、呈淡淡的浅黄色。

用途：淡黄色油炒面主要用于白少司、番茄少司和奶油汤的制作。

（3）布朗油炒面（brown roux）

原料：黄油∶面粉=4∶5。

制法：用黄油将面粉慢慢炒至松散，呈浅棕色。注意不能烹调过度而使油炒面变成深褐色，这样会使淀粉老化，失去变稠的性能，也会使油脂从油炒面中分离出来，并产生不良气味。

用途：布朗油炒面主要用于布朗少司的制作。

2. 玉米粉、慈姑粉、薯粉或藕粉

制法：将这些淀粉类原料用水、牛奶或基础汤稀释，调入煮汁中即可。

用途：淀粉类原料主要用于烤肉原汁的制作。

3. 黄油面团

制法：用等量的黄油（或人造黄油）与面粉搓揉成光滑的面团，调入煮汁中。

用途：黄油面团主要是“应急之用”。

4. 蛋黄（egg yolk）

用途：蛋黄主要用于蛋黄酱、荷兰少司、卡仕达酱的制作。根据实例的不同进行不同的运用。

5. 奶油和黄油

制法：将鲜奶油、黄油分别或一起放入浓缩的基础汤里，调节少司的浓度。

用途：应用范围广泛。

四、热少司的制作

西餐中的热少司品种很多，归纳起来主要有白少司、布朗少司、烧汁、荷兰少司、番茄少司、黄油少司、咖喱少司、面包少司、苹果少司及其他特殊少司。这些少司都是基础少司，西餐中的大多数热少司都是以这些少司为基础演变的。

（一）牛奶白少司

牛奶白少司又称白汁少司，英文名是“white sauce”，法文名是“béchamel”。制作牛奶白少司的基础是牛奶和白色油炒面。

1. 原料

牛奶1 L，面粉100 g，黄油（或人造黄油）100 g，小洋葱1个。

2. 制作过程

（1）黄油（或人造黄油）放入厚底锅内，熔化，加入面粉调匀。

（2）用小火炒至面粉松散，但不要上色，稍晾。

（3）逐渐加入温牛奶，并搅拌均匀至面糊细腻、有光泽。

（4）加入劈为两半的洋葱，小火微沸，煮30 min。

（5）过滤，表面浇上熔化的黄油，以防少司起皮。

3. 质量标准

少司色泽乳白，有光泽，细腻滑爽，呈半流体。

4. 演变的少司

以牛奶白少司为基础，可以演变出多种少司，常见的有：

（1）鳀鱼少司（anchovy sauce） 在白汁少司内，加入鳀鱼柳或鳀鱼精。鳀鱼少司主要用于温煮、沸煮、煎制的鱼类菜肴。

（2）鸡蛋少司（egg sauce） 将煮鸡蛋切成小丁，放入白汁少司内，煮透。鸡蛋少司主要用于温煮、沸煮的鱼类菜肴。

（3）洋葱少司（onion sauce） 用黄油将洋葱碎炒香，但不要上色，加入白汁少司内，煮透。洋葱少司主要用于烤羊腿等菜肴。

（4）番芫荽少司（parsley sauce） 在白汁少司内加入番芫荽末，煮透。番芫荽少司主要用于温煮、沸煮的鱼类和蔬菜菜肴。

（5）奶油少司（cream sauce） 在白汁少司内加入奶油，煮透。奶油少司主要用于温煮、沸煮的鱼类和蔬菜菜肴。

（6）莫内少司（mornay sauce） 在白汁少司内加入吉士粉，煮透，然后撤火，再逐渐加入打散的蛋黄，搅拌均匀。莫内少司主要用于鱼类、蔬菜类和浅焗菜肴。

（7）芥末少司（mustard sauce） 在白汁少司内加入稀释的英式芥末粉，煮透。芥末少司主要用于铁扒的鱼类菜肴。

（8）番红花少司（saffron sauce） 在白汁少司内加入奶油和番红花或番红花粉，煮透。番红花少司主要用于海鲜类菜肴。

（二）肉汁白少司

肉汁白少司又称肉汁，英文名是white sauce，法文名则是véloute 。制作肉汁白少司的基础是淡黄色油炒面和白色基础汤。

1. 原料

白色基础汤1 L，面粉100 g，黄油（或人造黄油）100 g。

2. 制作过程

（1）黄油（或人造黄油）放于厚底锅内，加入面粉调匀。

（2）用微火炒至面粉松散，呈淡黄色。

（3）将油炒面晾凉。

（4）逐渐加入煮开的白色基础汤，搅拌均匀，至面糊细腻有光泽。

（5）再微沸煮1 h，用细箩过滤。

小贴士

制作白少司时要注意：油炒面不能变色，以保证少司的色泽；牛奶或白色基础汤和油炒面一定要保持较高温度，以使面粉（淀粉料）充分糊化；搅打时要快速、用力，使水和油充分分散，汤不易澥，并有光泽；如少司出现面粉颗粒或其他杂质，可用纱布或细箩过滤。

3. 质量标准

少司色泽洁白，细腻有光泽，呈半流体。

4. 演变的少司

这种白少司也是一种基础少司，可以演变出多种少司，常见的有以下六种。

（1）酸豆少司（caper sauce） 在肉汁白少司内加入酸豆，煮透。酸豆少司主要用于煮羊腿。

（2）蘑菇少司（mushroom sauce） 在肉汁白少司内加入白蘑菇片，微沸10 min，撤火，加入蛋黄和奶油，搅拌均匀。蘑菇少司主要用于煮鸡、烩鸡等。

（3）他拉根少司（tarragon sauce） 将他拉根香草在干白葡萄酒内煮

软，加入肉汁白少司内，调入奶油，煮透。他拉根少司主要用于煮鸡等。

（4）顶级少司（suprême sauce） 在肉汁白少司内加入切碎的蘑菇丁，煮透，滤去蘑菇丁，撤火，逐渐加入奶油、蛋黄、柠檬汁，搅拌均匀。顶级少司主要用于煮鸡、烩鸡等。

（5）曙光少司（aurora sauce） 在顶级少司的基础上加入番茄汁，使其具有轻微的番茄味。曙光少司主要用于煮鸡、煮鸡蛋等。

（6）奶油莳萝少司（dill cream sauce） 在用鱼基础汤制作的白少司内，加入奶油、莳萝、干白葡萄酒，煮透。奶油莳萝少司主要用于烩海鲜等。

小贴士

制作布朗少司时，可根据需要加入胡萝卜粒、火腿粒、培根等增加香味的辅料。此外，还可以加入红葡萄酒、雪利酒等增加少司的色泽和香味。

（三）布朗少司和烧汁

1. 布朗少司（brown sauce）

布朗少司又称黄汁、红汁，法文名为“espagnole”。制作布朗少司的基础是布朗基础汤和布朗油炒面。

（1）原料 布朗基础汤20 L，黄油50 g，面粉60 g，番茄汁或番茄酱100 g，牛骨10 kg，蔬菜香料（洋葱、胡萝卜）100 g，香叶、百里香适量。

（2）制作过程

① 将牛骨和蔬菜香料烤至浅棕色。

② 将黄油放入厚底锅中，加入面粉，用微火炒至浅棕色，晾凉。

③ 加入番茄酱，再逐渐加入热的布朗基础汤，搅拌均匀。

④ 加入牛骨、蔬菜香料、香叶、百里香。

⑤ 小火，微沸，煮制4 ~ 6 h，并不断撇去汤中浮沫和油脂。

⑥ 过滤。

（3）质量标准 少司色泽棕红，细腻，有光泽，口味浓香，有一定浓度。

2. 烧汁（demi-glace）

烧汁精炼的布朗少司，是在布朗少司中再加入相同量的布朗基础汤等，浓缩到1/2后，调味而成。

3. 布朗少司和烧汁演变的少司

以布朗少司和烧汁为基础，可以演变出很多用途不同的少司。

（1）波尔多少司（bordelaise sauce） 将洋葱碎、胡椒碎、香叶、百里香等放入红葡萄酒中煮制，浓缩至1/4左右，加入烧汁或布朗少司，煮透，调味，过滤。波尔多少司主要用于牛排、小牛排等。

（2）猎户少司（chasseur sauce） 用黄油炒洋葱碎至软，加入蘑菇片，炒透，控油，加入白葡萄酒，浓缩至1/2，再加入番茄粒、烧汁或布朗少司，转小火，保持微沸，煮透，最后加入番芫荽末、他拉根香草，调味。猎户少司主要用于牛排、小牛排以及烩牛肉、羊肉、鸡肉等。

（3）黑胡椒少司（black pepper sauce） 洋葱碎、蒜碎用黄油炒香，加入黑胡椒碎、红葡萄酒，小火浓缩至1/4左右，再加入烧汁或布朗少司，煮透，调味。黑胡椒少司主要用于牛排。

（4）蜂蜜少司（honey sauce） 将糖炒成糖色，加入烧汁或布朗少司内，调入蜂蜜、火腿片，转小火，保持微沸，煮透，调味。蜂蜜少司主要用于焗火腿。

（5）迷迭香少司（rosemary sauce） 在烧汁或布朗少司内，加入烤鸡原汁及烤鸡骨，放入迷迭香、红葡萄酒，浓缩至1/2，调味，过滤。迷迭香少司主要用于烤鸡。

（6）马德拉酒少司（madeira sauce） 在少司锅内倒入马德拉酒，稍煮，加入烧汁或布朗少司，煮透，调味，过滤，稍晾凉后调入黄油。马德拉酒少司多用于牛排、牛舌等。

（7）雪利酒少司（sherry sauce）和波特红葡萄酒少司（port wine sauce） 这两种少司的制法与马德拉酒少司相同，前者选用雪利酒，后者选用波特红葡萄酒（砵酒）。二者主要用于猪排、牛排、牛柳等。

（8）布朗洋葱少司（brown onion sauce） 布朗洋葱少司又称里昂少司。用黄油将洋葱丝以小火炒软，加入红葡萄酒或白醋，充分浓缩，加入烧汁或布朗少司，煮透，调味。布朗洋葱少司多用于小牛排、煎牛肝、鹅肝等。

（9）魔鬼少司（deviled sauce） 将冬葱碎、洋葱碎、胡椒碎和杂香草等，用红葡萄酒和少量白醋小火煮制，浓缩至1/2，加入烧汁或布朗少司，煮透，再调入少许辣椒粉或芥末粉调味，过滤，调味。魔鬼少司常用于铁扒、煎的鱼类、肉类菜肴等。

（四）荷兰少司（hollandaise sauce）

1. 原料

蛋黄2个，清黄油200 g，白醋或柠檬汁50 mL，香叶3片，黑胡椒6粒，冬葱末50 g，盐、清水适量。

2. 制作过程

（1）把冬葱末、香叶、黑胡椒粒、白醋或柠檬汁放入少司锅内加热，充分浓缩，过滤。

（2）将过滤后的浓缩汁再加入适量的清水，晾凉。

（3）将蛋黄放入少司锅内，搅打均匀。

（4）将少司锅放入50～60℃的热水中，加入晾凉的浓缩汁并不断搅打，直至将蛋黄打起，呈奶油状。

（5）从热水中取出少司锅，稍晾。

（6）逐渐加入熔化的清黄油，不断搅打，直至完全融合，调味。荷兰少司如不及时使用，应在微热的温度下保存。

3. 质量标准

少司色泽浅黄，细腻有光泽，口味咸酸，黄油味浓郁。

4. 荷兰少司演变的少司

以荷兰少司为基础还可以制作出很多少司，常见的有以下三类。

（1）马耳他少司（maltaise sauce） 在荷兰少司内加入橙汁、橙皮丝，搅匀。马耳他少司常配芦笋食用。

小贴士

制作荷兰少司的关键是要控制好温度，若少司锅的温度过低，黄油会凝结，出现颗粒；若温度过高，蛋黄会成熟，出现疙瘩，影响蛋黄的乳化效果。

（2）摩士林少司（mousseline sauce） 在荷兰少司内加入奶油，搅匀。摩士林少司常用于焗制菜肴。

（3）班尼士少司（béarnaise sauce） 用白葡萄酒或白酒醋将他拉根香草煮软，倒入荷兰少司内，加入番芫荽末，搅匀。班尼士少司常用于烤、铁扒的肉类或鱼类菜肴。

（五）番茄少司（tomato sauce）

1. 原料

主料为鲜番茄500 g，黄油50 g，面粉50 g，蒜泥50 g，基础汤2 500 mL，盐、胡椒粉适量。

辅料为培根丁30 g，洋葱粒100 g，胡萝卜粒100 g，芹菜粒50 g，百里香、香叶适量。

2. 制作过程

（1）将鲜番茄洗净，去皮、去籽，用料理机打成蓉。

（2）用黄油将辅料炒香，至轻微上色。

（3）调入面粉，炒至松散，加入番茄蓉，炒透，晾凉。

（4）逐渐加入煮开的基础汤，搅拌均匀。

（5）加入蒜泥，盐、胡椒粉调味，转小火，保持微沸煮1 h左右，过滤。

3. 质量标准

少司色泽鲜红，细腻有光泽，口味浓香、酸咸。番茄少司常用于煎鱼、炒面条等。

4. 番茄少司演变的少司

以番茄少司为基础还可以制作出很多少司，常见的有以下三类。

（1）杂香草少司（tomato mix herbs sauce） 用黄油将洋葱碎炒香，然后放入番茄丁、杂香草稍炒，烹入少量红葡萄酒醋，再加入番茄少司，烧汁调匀。

（2）普鲁旺斯少司（provencal sauce） 用白酒醋把冬葱末、大蒜末煮透，加入番茄少司煮开煮透，再撒上番芫荽末、橄榄丁、蘑菇丁搅匀，再煮沸即可。

（3）葡萄牙少司（portuguese sauce） 将番茄去皮、去籽，切成丁。植物油烧热放入洋葱碎、蒜碎炒香，加入番茄丁和少量布朗少司、番茄少司，煮开后加入鲜黄油，撒上法香即可。

（六）黄油少司

黄油少司是以黄油为主料制作的少司，大多数为固体少司，主要用于特定菜肴，常见的黄油少司主要有：

1. 黄油汁（white butter sauce）

黄油汁是一种传统的法国酱汁，主要是用黄油加醋或柠檬汁等调制而成，多用于鱼类菜肴。

（1）原料 冬葱碎100 g，干白葡萄酒100 mL，鱼基础汤50 mL，黄油粒100 g，胡椒粒6粒，盐、胡椒粉适量。

（2）制作过程

① 将干白葡萄酒、鱼基础汤倒入少司锅内，加入冬葱碎和胡椒粒，以小火加热浓缩至1/3，过滤。

② 将浓缩的汤汁放入少司锅内，将少司锅撤火，待汤汁稍晾凉后，逐渐加入软化的黄油粒，快速搅打均匀，使其充分融合至有光泽。

③ 加入盐、胡椒粉调味，制成黄油汁。

黄油汁常用于鱼类及海鲜类菜肴的调味。

2. 香草黄油（spice butter）

（1）原料 黄油1 000 g，法国芥末20 g，冬葱碎100 g，洋葱碎100 g，香葱50 g，牛膝草5 g，莳萝5 g，他拉根香草10 g，银鱼柳8条，蒜碎10 g，咖喱粉5 g，红椒粉5 g，柠檬皮5 g，橙皮3 g，白兰地酒50 mL，马德拉酒50 mL，辣酱油5 g，盐12 g，黑胡椒粉10 g，蛋黄4个。

（2）制作过程

① 将黄油软化，然后将其打成奶油状。

② 用黄油将冬葱碎、洋葱碎、蒜碎炒香至软。

③ 加入除蛋黄外的其他原料，稍炒，晾凉，放入步骤①的黄油中。再加入蛋黄，搅拌均匀。

④ 将搅匀的黄油用油纸卷成卷或用挤袋挤成玫瑰花形，放入冰箱冷藏，备用。

香草黄油应用广泛，变化也较多，不同的厨师有不同的调制方法，常用于烤、铁扒的肉类菜肴等。

3. 蜗牛黄油（snail butter）

（1）原料　黄油1 000 g，番芫荽末50 g，冬葱碎100 g，蒜末50 g，银鱼柳30 g，他拉根香草15 g，牛膝草5 g，白兰地酒50 mL，柠檬汁50 g，红椒粉10 g，水瓜柳25 g，咖喱粉10 g，盐15 g，胡椒粉，辣酱油少量，鸡蛋黄6个。

（2）制作过程

① 将黄油软化，然后将其打成奶油状。

② 用黄油将冬葱碎、番芫荽末、蒜末炒香至软。

③ 加入除蛋黄外的其他原料，稍炒，晾凉，放入软化的黄油中。再加入蛋黄，搅拌均匀。

④ 将搅匀的黄油用油纸卷成卷或用挤带挤成玫瑰花形，放入冰箱冷藏，备用。

蜗牛黄油主要用于焗蜗牛。

4. 番芫荽黄油（parsley butter）

（1）原料　黄油100 g，番芫荽末10 g，柠檬汁、盐、胡椒粉少量。

（2）制作过程

① 将黄油软化，打成奶油状，加入柠檬汁、胡椒粉、盐、番芫荽末搅匀。

② 用油纸卷成直径2～3 cm的卷，放入冰箱冷冻，备用。

番芫荽黄油常用于铁扒的肉类菜肴，如大管式牛排。

（七）各种特殊少司

西餐中的特殊少司主要有咖喱少司、面包少司、苹果少司等。

1. 咖喱少司（curry sauce）

（1）原料　咖喱粉50 g，植物油50 g，面粉50 g，基础汤2 500 mL，水果（苹果、香蕉、葡萄干等）500 g，椰奶200 mL，洋葱末100 g，蒜末50 g，胡椒粉、盐适量。

（2）制作过程

① 用植物油炒洋葱末、蒜末，炒出味至软。

② 加入面粉、咖喱粉，小火炒至松散，晾凉。

③ 逐渐加入煮开的基础汤，搅打均匀，至上劲有光泽。

④ 加入切碎的水果、椰奶，盐、胡椒粉调味。

⑤ 以小火加热保持微沸30～60 min，至水果软烂，过滤即可。

（3）质量标准　少司色泽黄绿，细腻有光泽，咖喱味浓郁。咖喱少司用途广泛，常用于蔬菜、鸡蛋、虾、畜肉类、禽类等菜肴。

2. 面包少司（bread sauce）

（1）原料　鲜面包蓉50 g，牛奶750 mL，黄油25 g，小洋葱1个，丁香2粒，肉豆蔻、盐适量。

（2）制作过程

① 将洋葱内插入丁香，与肉豆蔻、盐一起放入牛奶中，以小火加热保持微沸，煮15 min左右。

② 取出洋葱、肉豆蔻等，倒入鲜面包蓉，小火再煮2～3 min，并不断搅拌。

③ 将黄油切片放入少司中溶解，以防止少司起皮。

（3）质量标准　少司色泽乳白，口味鲜香，口感软滑。面包少司常用于烤猪排和烤野味等。

3. 苹果少司（apple sauce）

（1）原料：苹果400 g，黄油25 g，砂糖25 g，肉桂粉适量。

（2）制作过程

① 苹果去皮、去核，洗净切块。

② 苹果块放入少司锅内，加入黄油、砂糖、肉桂粉和少量水，盖上严实的盖。

③ 煮至苹果软烂，成泥汁状，过滤成泥。

（3）质量标准　少司色泽米黄，香甜适口。苹果少司常用于配烤猪排、烤鸭、烤鹅等。

知识拓展

化渍成汁：一种制作少司的方法，是指将酒、水或基础汤等加入刚刚煎过原料的煎盘内，溶解因煎制原料而粘在煎盘上的肉屑、焦糖和蛋白质凝结物等，通过浓缩制成少司。此方法常用于法式菜肴的制作。

五、冷少司与冷调味汁

冷少司和冷调味汁是调制冷菜和沙拉的主要原料，部分冷少司和冷调味汁还可以佐餐热菜。冷少司和冷调味汁，两者没有本质的区别，其不同之处是一般冷少司较浓稠，主要用于冷菜或佐餐热菜，冷调味汁则较稀，多用于沙拉。

（一）蛋黄酱（mayonnaise sauce）

蛋黄酱又称马乃司、沙拉酱等，是西餐中最基础的一种冷少司，用途广泛。

1. 原料

蛋黄2个，橄榄油（或色拉油）250 mL，英式芥末粉5 g，醋精（或柠檬汁）、盐、白胡椒粉、凉开水适量。

2. 制作过程

（1）将蛋黄放入陶瓷器皿内，加入盐、白胡椒粉、英式芥末粉。

（2）用打蛋器将蛋黄搅匀，然后逐渐加入橄榄油，并用打蛋器不断搅拌，以使蛋黄和油融为一体。

（3）当浓度变黏稠、搅拌吃力时，加入少量的凉开水和醋精，加以稀释，使颜色变浅白后，再继续加橄榄油，直至将橄榄油全部加完。

3. 质量标准

色泽浅黄，有光泽，口感细腻、绵软，口味酸咸、微辣。

4. 制作的注意要点

制作蛋黄酱的过程中，容易发生蛋黄和油脂分离的“脱油”现象，所以在制作时应注意以下四个要点，避免“脱油”现象的出现。

（1）要选用新鲜的蛋黄。

（2）调制蛋黄酱的油脂，温度不要太低。

（3）打蛋器应顺同一方向搅打。

（4）加油脂时，不要加得太快、太多。

以蛋黄酱为基础可以演变出很多种冷少司，如鞑靼少司、千岛少司、蒜泥蛋黄酱、安达鲁少司、奶酪少司等。

（二）醋油汁/法国汁（french dressing）

醋油汁又称法国汁、洋醋汁，法文为vinaigrette。醋油汁的基本原料是植物油和醋。

植物油主要有橄榄油、色拉油、玉米油、核桃油等。

醋主要有葡萄酒醋、意大利香脂醋、麦芽醋、苹果醋、水果醋、醋精和白醋，以及常用以替代醋的柠檬汁、橙汁、葡萄汁等。

1. 原料

色拉油（或橄榄油）500 mL，白葡萄酒醋150 mL，法式芥末5 g，洋葱碎20 g，胡椒碎、盐适量。

2. 制作过程

将所有材料混合，搅拌均匀即可。

3. 特点

淡白色，流体，味酸、微辣。常用于各种沙拉、素菜等。

醋油汁的种类很多，使用不同的醋，加入不同的调味料，可以演变出很多种不同口味的醋油汁。常见的品种主要有：意大利香脂醋汁、莳萝醋油汁、罗勒醋油汁、雪利酒醋油汁等。

小贴士

醋油汁的油、醋比例一般是4∶1或3∶1。制作时应先放醋、后加入油；使用前要充分搅拌，使其乳化，从而更好地依附在原料上。

（三）鸡尾少司（cocktail sauce）

鸡尾少司的种类很多，多以番茄沙司为主料，辅之以其他调料加以演变。

1. 原料

番茄沙司200 g，辣根10 g，辣酱油15 mL，辣椒粉5 g，盐、胡椒粉适量。

2. 制作过程

将所有材料混合，搅拌均匀。

3. 特点

色泽粉红，流体，味酸咸、微辣。常用于鸡尾头盘和海鲜沙拉等。

（四）绿少司（green sauce）

1. 原料

蛋黄酱100 g，菠菜50 g，西洋菜15 g，细叶芹或番芫荽5 g，香葱5 g。

2. 制作过程

将新鲜的蔬菜叶摘下，洗净，剁碎，过细筛，调入蛋黄酱中，搅拌均匀。

3. 特点

淡绿色，味酸咸、微苦。常用于煮鱼、冷三文鱼等。

（五）辣根少司（horse radish sauce）

1. 原料

鲜辣根碎50 g，奶油125 mL或牛奶250 mL，芥末粉、胡椒粉、盐适量。

2. 制作过程

将牛奶烧热，放入辣根碎、芥末粉、盐和胡椒粉，搅匀。如使用的是奶油，则将辣根碎、芥末粉、盐和胡椒粉，放入奶油中，轻轻抽打，搅匀。

3. 特点

乳白色，鲜辣清香。常用于烧牛肉、煮牛肉、咸猪脚和煮羊肉等菜肴。

（六）薄荷少司（mint sauce）

1. 原料

薄荷叶末50 g，白醋250 mL，柠檬汁50 mL，砂糖（或黄砂糖）100 g。

2. 制作过程

将白醋、柠檬汁与砂糖同煮，至砂糖溶化，倒入薄荷叶末里，搅匀。

3. 特点

浅绿色，甜、酸、薄荷味浓郁。常用于烧烤羊肉类菜肴。

（七）金巴伦少司（cumberland sauce）

1. 原料

红醋栗果酱100 g，柠檬1个，橙子1个，波特酒20 mL，砂糖20 g，白醋、芥末粉、胡椒粉、盐适量。

2. 制作过程

（1）将橙子、柠檬削皮，皮刮成细丝，果肉榨汁，过滤。

（2）将红醋栗果酱隔水加热，使其熔化，加入波特酒、砂糖、柠檬汁、橙汁、白醋、芥末粉，然后用胡椒粉、盐调味，取出，晾凉。

3. 特点

粉红色，味酸甜、微咸。常用于各种冷肉类菜肴。

（八）意大利罗勒酱（basil pesto）

1. 原料

鲜罗勒叶100 g，松子50 g，帕尔玛奶酪粉50 g，大蒜2瓣，橄榄油50 mL，胡椒粉、盐适量。

2. 制作过程

将松子炒出香味备用，罗勒叶洗净甩干水分。将松子放入搅碎机内，加入橄榄油打碎，再加入罗勒叶、大蒜、帕尔玛奶酪粉搅打成泥，加入胡椒粉、盐调味。

3. 特点

淡绿色，口味咸香，有浓郁的罗勒和蒜香味。常用于各种意大利面的调味。

小贴士

意大利罗勒酱，又称意大利青酱、香蒜蓉酱。源于意大利西北部的利古里亚。制作意大利罗勒酱时除了使用鲜罗勒叶外，还可以加入适量的鲜番芫荽或菠菜叶，以增加色泽。

单元小结

本单元共分两个主题，主要介绍了西餐的基础汤和少司的制作，阐述了基础汤的种类、各种基础汤的制作方法，介绍了少司的分类，少司的浓度调节剂、基础热少司、冷少司、冷调味汁的制作方法和制作工艺，及少司的演变和应用。

思考与练习

一、选择题

1. 鱼基础汤煮开后，一般再用微火煮（　　）min左右，即可。

A. 20　　B. 40　　C. 60　　D. 100

2. 少司是指厨师专门制作的，用于菜点的（　　）。

A. 原汁　　B. 基础汤　　C. 调味汁　　D. 浓度剂

3. 在制作（　　）时应加入椰奶。

A. 荷兰少司　　B. 奶油少司　　C. 咖喱少司　　D. 番茄少司

4. 制作千岛汁的主要原料是蛋黄酱、（　　）、煮鸡蛋、酸黄瓜等。

A. 番茄少司　　B. 黑醋　　C. 红酒醋　　D. 沙拉油

二、判断题（正确的打“√”，错误的打“×”）

1. 布朗基础汤主要用于布朗少司及红烩菜肴的制作。（　　）

2. 西餐中少司的作用是使菜肴营养搭配合理。（　　）

3. 蛋黄酱应放于0℃以上的冷藏柜中冷藏保存。（　　）

4. 醋油汁的主要原料是醋和色拉油。（　　）

三、简答题

1. 制作蛋黄酱时应注意哪些问题？

2. 如何煮制鱼基础汤？

四、实践题

1. 根据操作步骤和制作要点练习调制白少司、布朗少司。

2. 根据操作步骤和制作要点调制蛋黄酱和醋油汁。

单元六

汤菜制作

学习目标

1. 能说出西餐汤菜的作用和分类。
2. 能说出清汤、茸汤、奶油汤、肉汤、蔬菜汤、海鲜汤及冷汤的概念和制作工艺。
3. 能掌握常见清汤、茸汤、奶油汤、肉汤、蔬菜汤、海鲜汤及冷汤的制作。

汤类菜肴在西餐中占有重要的地位，西方人的饮食习惯是在上热菜之前先喝汤。西餐中的汤类菜肴大都含有丰富的蛋白质、鲜香物质和有机酸，味道鲜醇，可刺激胃液的分泌，增加食欲。因此，在食用热菜前先喝汤比较科学健康。

西餐中的汤类菜肴品种很多，按使用原料和制作方法的不同，大致可分为清汤类、茸汤类、奶油汤类、浓肉汤类、蔬菜汤类、海鲜汤类、冷汤类等。

主题一 清汤类制作

清汤，英文称为clear soup，法文称为consommé，是指将含有鲜味成分的各种基础汤，加入富含蛋白质的原料，如鸡蛋清、瘦肉末，通过煮制，清除汤中的杂质，从而制成的一种清澈、透明、味道鲜美的汤品。

一、清汤的分类

清汤可以选用不同的基础汤煮制，既可用各种布朗基础汤，也可选用各种白色基础汤。根据制作清汤的原料不同，可分为牛清汤、鸡清汤、鱼清汤等。

1. 牛清汤

牛清汤是用牛基础汤制作的清汤。由于牛的生长期较其他动物长，所以肌红蛋白较多，呈味物质比较充分，煮制的汤颜色比其他清汤深，口味也更鲜醇。

2. 鸡清汤

鸡清汤是用鸡基础汤料制作的清汤。由于鸡组织中含有羟基化合物和含硫化合物等香气成分，所以鸡清汤中具有特殊的香味和香气，并且有轻微的硫黄气味。鸡清汤呈淡黄色，这是因为鸡肉中的血红蛋白较少，所以汤色较淡。

3. 鱼清汤

鱼清汤是用鱼基础汤制作的清汤。由于鱼组织中含有肌苷酸等鲜味成分，所以鱼汤具有独特的鲜美气味。鱼组织中血管分布少，血红蛋白也较少，所以汤色很淡，只略带浅黄。

二、制作实例（用料以4份量计算）

例1：清汤（consommé）

1. 原料

基础汤1 500 mL，瘦牛肉馅500 g，蛋清50 g，蔬菜香料（洋葱、胡萝卜、芹菜）100 g，香草束、黑胡椒粒、盐适量。

2. 制作过程

（1）将瘦牛肉馅、蛋清、盐和少量的基础汤，放入厚底锅内，充分搅拌。

（2）将蔬菜香料洗净，去皮，切片。

（3）将搅好的牛肉馅和香草束、黑胡椒粒一起放入剩余的基础汤中。

（4）将汤锅放在小火上，慢慢加热，并不断用木匙搅拌，使汤液与牛肉充分接触。

（5）当汤温上升至90℃以上快煮沸时，立刻改为微火，使汤保持微沸状态（85 ~ 90℃），切忌使汤液翻滚，影响汤的质量。

（6）保持微沸状态1.5 ~ 2 h，并在此期间加入蔬菜香料（此时肉馅中的蛋白质已将汤中杂质凝结起来，沉在锅底或浮于汤面上，所以此时切忌搅拌）。

（7）小心地用双重纱布过滤，并用吸油纸将汤中油脂吸出。

（8）如果有必要，可以用同样的方法再“吊一次”（经过两次吊制的清汤称为“牛肉茶”）。

（9）上菜时，煮沸，用盐、胡椒粉调味，盛入热汤碗内。

3. 质量标准

呈浅琥珀色，清澈透明，口味香醇浓郁。

4. 影响清汤质量的因素

清汤应该如水晶般清澈、干净。清汤透明、澄清的关键是由肉馅和蛋清混合物中的蛋白质决定的，随着汤温的上升，蛋白质会发生变性凝固而浮到汤液上面，并带走汤液中的悬浮物和其他杂质，使汤液清澈、透明。造成清汤暗淡、浑浊不清的原因，主要有以下六方面因素。

（1）基础汤的质量差。

（2）基础汤中的油脂太多。

（3）基础汤未经过滤，杂质太多。

（4）作为清洁剂的混合物种类较少，量不足。

（5）煮制汤液时，没有保持在微沸状态而是达到了煮沸翻滚状态，因而使杂质与汤液混合，使汤液浑浊。

（6）在过滤前，汤液未能得到充分的澄清或澄清时间过短。

例2：皇家清汤（consommé royal）

1. 原料

牛清汤1 500 mL，鸡蛋2个，牛奶50 mL，盐、胡椒粉适量。

2. 制作过程

（1）将鸡蛋打散，用盐、胡椒粉调味，加入牛奶，搅拌均匀。

（2）倒入模具内蒸熟或放入烤箱隔水烤熟。

（3）取出，晾凉，切成1 cm厚的小片。

（4）将牛清汤加热至沸，放入鸡蛋片，调味。

3. 质量标准

呈浅琥珀色，清澈透明，口味鲜美、微咸。

例3：菜丝清汤（consommé julienne）

1. 原料

牛清汤1 500 mL，胡萝卜30 g，白萝卜30 g，芹菜25 g，青蒜25 g，盐、胡椒粉适量。

2. 制作过程

（1）把胡萝卜、白萝卜、芹菜、青蒜切成细丝。

（2）放入盐水煮熟，冲凉，控干水分。

（3）把牛清汤加热至沸，放盐、胡椒粉调味。

（4）上菜时再撒上菜丝，以防蔬菜变色。

3. 质量标准

呈浅琥珀色，清澈透明，菜丝脆嫩爽口，口味鲜美、微咸。

例4：曙光清汤（consommé aurora）

1. 原料

牛清汤1 500 mL，番茄汁200 mL，熟鸡肉100 g，盐、胡椒粉适量。

2. 制作过程

（1）将番茄汁倒入牛清汤内，搅拌均匀，使汤呈红色。

（2）将熟鸡肉切成丝，放入汤内，用盐、胡椒粉调味。

3. 质量标准

汤色粉红，味鲜美，汤料软嫩适口。

主题二 茸汤类制作

茸汤英文为puree soup，是指将各种蔬菜制成的菜茸，加入基础汤或浓汤中调制而成的汤类。

茸汤是传统的汤类，西方各国几乎都有这种类型的汤。由于茸汤中含有丰富的营养素和良好的风味，所以经久不衰，至今仍广为流传。

一、茸汤的分类

茸汤根据制作方法和用料的不同，主要分为两种类型。

（1）将菜茸直接加入基础汤或清水中，依靠菜茸的浓度使汤变为浓稠的茸汤。大多数茸汤是用这种方法制作而成的，如栗子茸汤、马铃薯茸汤。

（2）将菜茸与白少司混合，依靠菜茸和面粉使汤变浓稠的茸汤。这种类型的茸汤相对较少，如胡萝卜茸汤、菜花茸汤。

二、制作实例（用料以4份量计算）

例1：青豆茸汤（green pea puree soup）

1. 原料

基础汤或水1 500 mL，青豆200 g，胡萝卜50 g，青蒜25 g，洋葱50 g，培根50 g，烤面包丁50 g，掼奶油50 mL，香草束、盐、胡椒粉适量。

2. 制作过程

（1）青豆剥皮，洗净，放入厚底锅中，加入基础汤或清水，煮沸，撇沫。

（2）加入胡萝卜块、洋葱块、青蒜、香草束、培根，并用盐、胡椒粉调味。

（3）以小火加热保持微沸，直至青豆成熟。

（4）取出胡萝卜、洋葱、青蒜、培根、香草束等。

（5）汤汁过滤，青豆过细筛，压成细茸，放入过滤后的汤汁内。

（6）上火继续煮制，直至所需的浓度，用盐、胡椒粉调味。

（7）上菜时撒上烤面包丁，浇上掼奶油。

3. 质量标准

色泽淡绿，口味鲜香，口感细腻。

例2：马铃薯茸汤（potato puree soup）

1. 原料

白色基础汤1 200 mL，马铃薯500 g，洋葱50 g，青蒜50 g，黄油25 g，香草束、番芫荽末、烤面包丁、盐、胡椒粉适量。

2. 制作过程

（1）洋葱、青蒜切成丝。马铃薯去皮，洗净，切成片。

（2）用黄油炒洋葱、青蒜，加盖炒至变软。

（3）放入基础汤、马铃薯片和香草束，以小火加热保持微沸，将马铃薯煮烂。

（4）汤汁过滤，马铃薯过细筛，压成细茸，放入过滤后的汤汁内。

（5）上火继续煮制，直至所需的浓度，用盐、胡椒粉调味。

（6）上菜时撒上番芫荽末和烤面包丁。

3. 质量标准

呈浅褐色，口味鲜香、微咸，口感细腻。

例3：栗子茸汤（chestnut puree soup）

1. 原料

白色基础汤1 200 mL，栗子500 g，洋葱50 g，青蒜50 g，黄油25 g，香草束、番芫荽末、盐、胡椒粉适量。

2. 制作过程

（1）洋葱、青蒜切成丝，栗子去皮，洗净。

（2）用黄油炒洋葱、青蒜，加盖炒至变软。

（3）放入基础汤、栗子和香草束，以小火加热保持微沸，将栗子煮熟。

（4）汤汁过滤，栗子剥去内膜，过细筛，压成细茸，放入过滤后的汤汁内。

（5）上火继续煮制，直至所需的浓度，用盐、胡椒粉调味。

（6）上菜时撒上番芫荽末。

3. 质量标准

呈浅褐色，口味鲜香、微咸，口感细腻。

例4：胡萝卜茸汤（carrot puree soup）

1. 原料

基础汤1 200 mL，胡萝卜400 g，番茄汁或番茄酱20 g，洋葱50 g，青蒜50 g，面粉25 g，黄油50 g，香草束、烤面包丁、盐、胡椒粉适量。

2. 制作过程

（1）用黄油炒胡萝卜、洋葱、青蒜，炒至变软。加入面粉，炒至面粉松散。

（2）加入番茄汁或番茄酱，炒透，逐渐加入热基础汤，搅拌均匀。

（3）加入香草束，以小火加热保持微沸，煮至蔬菜软烂。

（4）汤汁过滤，胡萝卜过细筛，压制成细茸，放入过滤的汤汁内。

（5）上火继续煮制，直至所需的浓度，用盐、胡椒粉调味。

（6）上菜时撒上番芫荽末和烤面包丁。

3. 质量标准

色泽暗红，口味鲜香、微咸，口感细腻。

主题三
奶油汤类制作

奶油汤英文为cream soup。奶油汤最早起源于法国，我国广州、香港一带称之为忌廉汤。奶油汤是用油炒面粉加白色基础汤、牛奶（或奶油）等调制而成的，是具有一定浓度的汤类。

一、奶油汤的分类

奶油汤的类型主要有以下三种。

（1）用油炒面+白色基础汤和奶油、牛奶调制的奶油汤。

（2）用油炒面+牛奶和蔬菜茸混合调制的奶油汤。

（3）在茸汤的基础上加入牛奶或奶油调制的奶油汤。

二、奶油汤制作方法

制作奶油汤可分为制作油炒面和调制奶油汤两个步骤。

（一）制作油炒面

（1）选料　面粉应选用精白面粉，并过细箩，去除杂物；油脂应选用较纯的黄油。

（2）用料　面粉与油脂的比例一般为1∶1，最少可减至1∶0.6。

（3）制作过程　选用厚底的少司锅，放入黄油加热至完全熔化（50～60℃），倒入面粉搅拌均匀，在120～130℃的炉面上慢慢炒制，并定时搅拌，以免煳底，至面粉呈淡黄色，并能闻到炒面粉的香味时即可。

（二）调制奶油汤

奶油汤的调制现今主要有两种方法，即热打法和温打法。

1. 热打法

将白色油炒面炒好，趁热冲入部分滚烫的牛奶或白色基础汤，慢慢搅打均匀，再用力搅打至汤与油炒面粉完全融为一体。当表面洁白光亮，手感有劲时，再逐渐加入其余的牛奶或白色基础汤，并用力搅打均匀，然后加入盐、鲜奶油等，煮开煮透。

这种方法制作的奶油汤，色白、光亮、有劲，不容易澥，但搅打时比较费力。

小贴士

制作中应注意牛奶、白色基础汤和油炒面一定要保持较高温度，以使面粉充分糊化。搅打奶油汤时要快速、用力，使水和油充分分散，汤不易澥，并有光泽。如汤中出现面粉颗粒或其他杂质，可用纱布或细箩过滤。

2. 温打法

油脂中放入切碎的胡萝卜、洋葱、香草束和面粉一起炒香。然后逐渐加入30～40℃的牛奶或白色基础汤，用打蛋器搅打均匀，煮沸后，再用微火煮至汤液黏稠，然后过滤。过滤后再放入鲜奶油，用盐调味。

小贴士

制作中应注意加入的牛奶或白色基础汤温度不宜过高，以防出现颗粒或疙瘩。熬煮时要用微火，不要煳底，一般要煮制30 min以上。

三、制作实例（用料以4份量计算）

例1：奶油蘑菇汤（creamy mushroom soup）

1. 原料

奶油汤1 000 mL，新鲜白蘑菇200 g，洋葱25 g，奶油125 mL（或牛奶250 mL），黄油20 g，盐适量。

2. 制作过程

（1）将白蘑菇切片，洋葱切碎。

（2）用黄油炒洋葱碎，加入部分蘑菇片，炒至蘑菇出水，再收干水分，倒入奶油汤内，稍煮。

（3）将步骤2的奶油汤倒入打碎机内打碎，再放入锅内。

（4）加入余下的蘑菇片、奶油（或牛奶），煮至蘑菇变软，用盐、胡椒粉调味。

3. 质量标准

色泽浅白，细腻有光泽，口味鲜香，奶味浓郁。

例2：女王式奶油汤（chicken à la reine soup）

1. 原料

鸡汁奶油汤1 000 mL，米饭100 g，煮鸡肉100 g，奶油125 mL，盐、鲜奶油适量。

2. 制作过程

（1）将煮鸡肉切成小丁，米饭用水洗净，用清汤热透，盛于汤盘内。

（2）鸡汁奶油汤内加入奶油，煮透，调味。

（3）上菜时，加入米饭粒、鸡肉丁，再在汤面上浇上鲜奶油。

3. 质量标准

色泽乳白色，细腻有光泽，奶香味浓郁，味微咸。

例3：番茄奶油汤（creamy tomatoes soup）

1. 原料

基础汤1 000 mL，鲜番茄汁50 g，黄油50 g，面粉50 g，牛奶250 mL（或奶油125 mL），培根丁25 g，洋葱碎100 g，胡萝卜丁100 g，香草束、盐、胡椒粉适量。

2. 制作过程

（1）用黄油炒洋葱碎、胡萝卜丁、培根丁，炒至香软。

（2）加入面粉，炒至面粉松散，但不上色。

（3）加入番茄汁，炒透，逐渐加入热的基础汤，搅拌均匀。

（4）汤汁过滤，蔬菜压制成茸，放入汤中，加香草束，微沸30 min。

（5）加入牛奶（或奶油），搅拌均匀，煮透，加入盐、胡椒粉调味。

3. 质量标准

色泽粉红，细腻有光泽，口味鲜香。

例4：罗西尼奶油汤（Rossin cream soup）

1. 原料

鸡汁奶油汤1 000 mL，熟鸡肉50 g，鹅肝50 g，黑松露25 g，奶油125 mL（或牛奶250 mL），盐适量。

2. 制作过程

（1）鹅肝用沸水煮熟，切成片，黑松露切片，鸡肉切丝，用清汤热透。

（2）鸡汁奶油汤内加入奶油（或牛奶），煮透，调味。

（3）上菜时，加入鹅肝、黑松露、鸡肉丝。

3. 质量标准

色泽乳白色，细腻有光泽，口味香浓，味微咸。

例5：芦笋奶油汤（creamy asparagus soup）

1. 原料

鸡汁奶油汤1 000 mL，嫩芦笋150 g，牛奶250 mL（或奶油125 mL），烤面包丁25 g，盐适量。

2. 制作过程

（1）嫩芦笋切成长1.5 cm的段。

（2）鸡汁奶油汤内加入牛奶（或奶油）、芦笋段，煮透，调味。

（3）上菜时，撒上烤面包丁。

3. 质量标准

色泽乳白色，细腻有光泽，口味清香。

主题四
浓肉汤类制作

浓肉汤也称菜肉粥，英文为“broth”，起源于英国，是用蔬菜丁、肉丁和米饭（或大麦粒）等调制的一种较浓稠的汤类。

制作实例（用料以4份量计算）

例1：牛肉汤（beef broth）

1. 原料

白色牛基础汤1 000 mL，大麦粒25 g，蔬菜香料（胡萝卜、洋葱、芹菜、白萝卜、青蒜）200 g，香草束、番芫荽末、盐、胡椒粉适量。

2. 制作过程

（1）大麦粒洗净，部分蔬菜香料去皮，洗净，切成小丁。

（2）基础汤中加入大麦粒、盐、胡椒粉，煮1 h左右。

（3）将蔬菜丁、香草束加入基础汤中。

（4）上火煮开，撇沫，改小火加热保持微沸，直至将大麦粒煮熟起胶。

（5）调味，除去香草束，加入番芫荽末。

3. 质量标准

汤汁较黏稠，鲜香可口。

例2：苏格兰羊肉汤（Scotch broth）

1. 原料

羊颈肉200 g，大麦粒25 g，蔬菜香料（胡萝卜、洋葱、芹菜、白萝卜、青蒜）200 g，清水1 000 mL，香草束、番芫荽末、盐、胡椒粉适量。

2. 制作过程

（1）将羊颈肉带骨斩成6块，放入汤锅中，加水，大火加热至沸，立即取出羊肉，换水，再大火加热至沸，撇去浮沫，加入大麦粒、胡椒粉、盐，煮1 h左右。

（2）蔬菜香料洗净，切成小丁，放入汤锅中，加入香草束，以小火加热保持微沸再煮1 h。

（3）取出羊肉，切成1.5 cm见方的小丁，放回锅中，再开大火加热至沸。

（4）调味，除去香草束，加入番芫荽末。

3. 质量标准

汤汁黏稠，羊肉软烂，鲜香可口。

例3：鸡肉汤（chicken broth）

1. 原料

带骨鸡肉300 g，大米25 g，蔬菜香料（胡萝卜、洋葱、芹菜、白萝卜、青蒜）200 g，清水1 000 mL，香草束、番芫荽末、盐、胡椒粉适量。

2. 制作过程

（1）将带骨鸡肉放入汤锅中，加冷水，煮开，撇沫，微沸煮1 h左右。

（2）加入蔬菜香料、香草束、大米，以小火加热保持微沸再继续煮1 h。

（3）取出鸡肉、香草束，将鸡肉切成丁，再放入锅中。

（4）调味，加入番芫荽末。

3. 质量标准

汤汁黏稠，鸡肉软烂，鲜香可口。

主题五
蔬菜汤类制作

蔬菜汤（vegetable soup）是指将各种蔬菜等制作成汤料，加入各种基础汤中制成的汤类菜肴。由于这类汤中大都带有一些肉类汤料，所以也可称为肉类蔬菜汤。

蔬菜汤色泽鲜艳，口味多样，诱人食欲。由于调制蔬菜汤所使用的基础汤和汤料各有不同，所以蔬菜汤的品种也多种多样。

制作实例（用料以4份量计算）

例1：法式洋葱汤（French onion soup）

1. 原料

牛布朗基础汤1 000 mL，洋葱500 g，布朗油炒面15 g，法式面包2

片，奶酪粉50 g，黄油25 g，盐、胡椒粉适量。

2. 制作过程

（1）洋葱切成细丝，用黄油在微火上慢慢炒香，炒干呈棕褐色。

（2）油炒面放入汤锅内，逐渐加入热的牛布朗基础汤，搅拌均匀。

（3）将炒干的洋葱丝放入汤中，以小火加热保持微沸煮至洋葱丝软化，用盐、胡椒粉调味。

（4）将法式面包片刷油并烤至焦黄。

（5）把汤盛入耐高温的汤盅内，放上面包片，撒上奶酪粉，放入烤箱或焗炉内，直至面包上的奶酪粉熔化、上色。

（6）上菜时，将汤盅放于银盘内即可。

小贴士

制作洋葱汤要选用含糖量高的黄洋葱，不要选用紫洋葱。洋葱要切得均匀，炒制洋葱时要以微火慢慢炒出焦糖的效果，但不要炒煳。汤中如不放油炒面粉，则要多放奶酪粉，用奶酪粉调剂浓度。

3. 质量标准

汤汁呈浅褐色，口味鲜香，洋葱味浓郁

例2：俄罗斯红菜汤（Russian borscht）

1. 原料

牛基础汤1 000 mL，红菜头200 g，胡萝卜50 g，洋葱50 g，甘蓝100 g，马铃薯200 g，番茄块100 g，熟牛腩肉100 g，火腿50 g，泥肠50 g，芹菜末25 g，黄油100 g，番茄酱50 g，砂糖50 g，白醋50 mL，酸奶油100 mL，蒜泥5 g，干辣椒2个，盐、香叶、胡椒粉适量。

2. 制作过程

（1）红菜头、胡萝卜、洋葱切成丝，放入部分砂糖、盐、白醋，腌渍30 min。

（2）用黄油将洋葱、胡萝卜、红菜头、香叶稍炒制，加入番茄酱炒透，再加入少量牛基础汤焖至表面出红油。

（3）甘蓝切丝用沸水烫一下，马铃薯切条煮熟，放在焖好的汤码上，倒入牛基础汤，放入番茄块和其余调味料，煮开煮透。

（4）熟牛腩肉、火腿、泥肠切成片，用汤热透，放于汤盘内，盛上汤，浇上酸奶油，撒上芹菜末。

知识拓展

红菜汤，又称罗宋汤或吕宋汤，最早源于乌克兰，在俄罗斯、波兰等国家广为流传。因俄罗斯的英语为Russia，所以我国烹饪业就将这种来自俄罗斯的汤译为罗宋汤或吕宋汤。

3. 质量标准

色泽红艳有光泽，酸甜适口，蔬菜软而不烂。

例3：牛尾浓汤（oxtail soup）

1. 原料

牛基础汤1 000 mL，牛尾250 g，大麦粒50 g，洋葱75 g，胡萝卜50 g，白萝卜50 g，马铃薯50 g，芹菜30 g，黄油500 g，面粉25 g，香叶2片，番茄酱25 g，雪利酒50 mL，盐、胡椒粉适量。

2. 制作过程

（1）牛尾刮洗干净，从骨节处切成段，放入少量切碎的洋葱、胡萝卜、芹菜及香叶，加水上火将牛尾煮熟，取出，将牛尾冲净放凉。

（2）大麦粒洗净，煮熟，然后冲凉，控干水分。将胡萝卜、白萝卜、马铃薯、洋葱切成丁。

（3）用黄油将洋葱炒香，加入面粉、番茄酱炒透，再放入香叶和其他蔬菜丁，加入少量牛基础汤焖至成熟，制成汤码。

（4）汤码内加入牛基础汤、牛尾、大麦粒，调入雪利酒、盐、胡椒粉，煮开煮透。

3. 质量标准

色泽浅红，鲜香、微咸，牛尾软烂，蔬菜鲜嫩。

例4：意大利蔬菜汤（minestrone/Italian vegetable soup）

1. 原料

鸡基础汤1 000 mL，马铃薯125 g，豌豆100 g，番茄50 g，芹菜50 g，甘蓝50 g，胡萝卜50 g，米饭25 g，洋葱碎25 g，蒜碎25 g，培根25 g，黄油50 g，奶酪粉50 g，鼠尾草、盐、胡椒粉适量。

知识拓展

意大利蔬菜汤，是一种用意大利面或大米与多种新鲜蔬菜调制而成的菜汤。意大利蔬菜汤没有固定使用的蔬菜，只根据时令选用应时新鲜蔬菜。食用时配上香蒜酱，是一道传统意大利美食。

2. 制作过程

（1）甘蓝、培根切丝。马铃薯、番茄、胡萝卜、芹菜切成小丁。

（2）用黄油将洋葱碎、蒜碎炒香，放入蔬菜丁、甘蓝丝、豌豆、培根丝稍炒。加入鸡基础汤，将汤料煮熟，然后再放入米饭、鼠尾草、盐、胡椒粉，煮透。

（3）将汤盛于汤盘内，撒上奶酪粉。

3. 质量标准

色泽浅黄，口味鲜美，味微咸，并有浓郁的奶酪香味。

主题六

海鲜汤类制作

海鲜汤（seafood soup）是指以鱼、虾等海鲜类原料为主要汤料，辅以部分蔬菜汤料，用鱼汤或海鲜汤调制而成的汤类菜肴。

制作实例（用料以4份量计算）

例1：马赛鱼汤（bouillabaisse）

知识拓展

马赛鱼汤又称普罗旺斯鱼汤，是一道汇集了众多鱼类、海鲜而炖煮成的法国名菜，俗称法式海龙王汤。正宗的马赛鱼汤要求只选用在马赛附近海域捕获的海鲜，而且要使用只产在马赛附近海域的一种红色小岩鱼熬煮的汤。因这种岩鱼味道鲜美，非常稀少，所以正宗的马赛鱼汤价格不菲。

1. 原料（10份）

鱼清汤2 500 mL，比目鱼250 g，平鱼250 g，龙虾1只，海鳗250 g，蛤蜊肉250 g，洋葱25 g，蒜碎25 g，番茄50 g，青蒜25 g，黄油50 g，红花粉5 g，百里香5 g，面包10片，胡椒粒10粒，番芫荽10 g，盐适量。

2. 制作过程

（1）将各种海鲜进行初步加工，取出净肉，上火煮熟，分放于汤盅内。

（2）将洋葱、青蒜切成丝，番茄去皮、去籽切成粒。

（3）将部分蒜碎与黄油调匀，抹在面包片上，放入烤炉，将面包烤香。

（4）用黄油将余下的蒜碎、洋葱丝炒香，加入青蒜丝、番茄粒、鱼清汤及部分煮海鲜的汤，煮沸后加入百里香、红花粉、胡椒粒、盐，煮开煮透。

（5）将汤倒于汤盅内，放上面包片，撒上番芫荽末。

3. 质量标准

色泽浅黄，口味鲜香，海鲜肉鲜嫩。

例2：龙虾浓汤（lobster bisque）

1. 原料（4份）

龙虾1只（约900 g），蔬菜香料（洋葱、胡萝卜、芹菜、青蒜）120 g，黄油100 g，番茄酱25 g，白兰地酒60 mL，面粉60 g，鱼基础汤2 500 mL，鲜奶油100 mL，盐、胡椒粉适量。

2. 制作过程

（1）将龙虾洗净，加工成熟，取出龙虾肉切成小块，放于汤盅内。

（2）将龙虾壳剁碎，用黄油将龙虾壳、蔬菜香料炒香，烹入白兰地酒。

（3）加入面粉、番茄酱炒透，逐渐倒入鱼基础汤，搅拌均匀，煮沸后开小火保持微沸1 h左右。

（4）汤汁过滤，用盐、胡椒粉调味，煮透。

（5）将过滤后的汤汁盛于汤盅内，浇上鲜奶油。

3. 质量标准

色泽红润，汤汁细腻，鲜香浓郁，味微咸，龙虾肉鲜嫩。

知识拓展

Bisque一词源自法文，原意为乳化，是指鱼类、贝类等海鲜原料，经微火炖煮后发生“乳化”而制成的一种浓汤，代表实例就是龙虾浓汤（lobster bisque）。

例3：曼哈顿周打蛤蜊汤（Manhattan clam chowder）

1. 原料（4份）

蛤蜊120 g，培根50 g，马铃薯100 g，胡萝卜50 g，芹菜25 g，青椒50 g，番茄粒25 g，洋葱碎50 g，蒜碎10 g，青蒜25 g，香叶2片，丁香2粒，黑胡椒粒6粒，番芫荽梗、百里香、黄油、盐、胡椒粉适量。

2. 制作过程

（1）蛤蜊洗净，用水煮熟。

（2）将蛤蜊肉取出，并将煮蛤蜊的汤汁过滤。

（3）马铃薯去皮，切成小丁，用煮蛤蜊的汤汁将马铃薯丁煮熟，汤汁留用。

（4）培根、胡萝卜、芹菜、青椒、青蒜切成丁。

（5）用黄油将蒜碎、洋葱碎炒香，加入培根丁、胡萝卜丁、青椒丁、青蒜丁、芹菜丁煸炒。

（6）加入番茄粒、香叶、百里香、丁香、番芫荽梗、黑胡椒粒及煮蛤蜊汤，以小火加热保持微沸30 min左右。

（7）加入蛤蜊肉、马铃薯丁，用盐、胡椒粉调味。

3. 质量标准

色泽淡白，口味鲜香，味微咸。

知识拓展

周打汤（chowder）又称杂烩汤，最早源于美国，是指用海鲜、贝类和奶油等炖煮制作的、有一定浓度的海鲜杂烩汤。一般有白色周打汤和红色周打汤两种，红色周打汤是加了番茄的缘故。

主题七
冷汤类制作

冷汤大多是用清汤或凉开水加上各种蔬菜或少量肉类调制而成的。冷汤的饮用温度以1～10℃为宜，有的人还习惯加冰块后饮用。冷汤大多具有爽口、开胃、刺激食欲的特点，适宜夏季食用。

传统的冷汤大都用牛基础汤制作，目前用冷开水制作的比较多。

制作实例（用料以4份量计算）

例1：西班牙冷菜汤（gazpacho）

1. 原料

主料：鲜番茄400 g，黄瓜150 g，洋葱50 g，青椒50 g，甜红椒50 g，大蒜2瓣，橄榄油40 mL，白面包40 g，凉开水2 000 mL，红酒醋30 mL，盐、胡椒粉、辣椒汁（tabasco）、柠檬汁适量。

装饰：洋葱粒、青椒粒、红椒粒、鲜罗勒叶。

知识拓展

西班牙冷菜汤源于西班牙南部的安达卢西亚，是西班牙的一道名菜，是一种用新鲜蔬菜、面包、大蒜、橄榄油、醋等调制而成的糊状冷汤。西班牙冷菜汤变化较多，常见的有红色西班牙冷菜汤和黄色西班牙冷菜汤两种。

2. 制作过程

（1）将番茄去皮，白面包泡软，黄瓜、洋葱、青椒、甜红椒、大蒜洗净，切碎。

（2）将以上原料用料理机打成糊，加入凉开水搅拌均匀。

（3）慢慢加入橄榄油，搅打均匀，加入红酒醋、盐、胡椒粉、辣椒汁、柠檬汁调味。

（4）放入冰箱冷藏1～2 h。

（5）装盘，撒上洋葱粒、青椒粒、红椒粒，用罗勒叶装饰。

3. 质量标准

色泽浅红，清凉爽口、酸咸适口。

例2：维希奶油冷汤（vichyssoise）

1. 原料

牛基础汤1 200 mL，牛奶800 mL，马铃薯750 g，青蒜250 g，香葱50 g，奶油50 mL，黄油50 g，盐、胡椒粉适量。

2. 制作过程

（1）青蒜、马铃薯任意切碎，用牛基础汤煮烂，然后用细箩过滤。

（2）在牛基础汤内兑入牛奶，用盐、胡椒粉调味，放入冰箱冷却。

（3）汤汁冷却后，盛于汤盘内。

（4）将奶油抽打出泡沫，浇在汤上，撒上青蒜末即可。

3. 质量标准

清凉爽口，鲜香，微咸。

知识拓展

Vichyssoise意为“冰冷的维希奶油汤”，由一名法国厨师在美国首创，为了纪念他的出生地法国维希而命名。它是一种加入了马铃薯和青蒜的冷奶油汤，一般在夏季食用。

例3：水果冷汤（cold fruit soup）

1. 原料

清水2 000 mL，苹果750 g，梨500 g，草莓250 g，玉米粉100 g，白糖200 g，桂皮10 g，盐适量。

2. 制作过程

（1）苹果、梨去皮，切成小橘子瓣状，草莓洗净切成两半。

（2）清水加白糖、桂皮及适量的盐煮沸，放入梨，煮10 min，再放入苹果、草莓，煮沸后用玉米粉调剂浓度，晾凉后，放入冰箱冷却。

3. 质量标准

色泽浅黄，鲜美甘甜，水果软烂，汤汁细腻。

单元小结

本单元共分七个主题，主要介绍西餐各种汤类菜肴的制作，阐述和说明了清汤、茸汤、奶油汤的分类，介绍了西餐中常见的清汤、茸汤、奶油汤、浓汤、蔬菜汤、海鲜汤和冷汤的制作方法和制作工艺。

思考与练习

一、选择题

1. 西方国家在饮食习惯上一般都是在上（　　）之前上汤菜。

A. 冷菜　　B. 热菜　　C. 开胃菜　　D. 甜食

2. 奶油汤最早起源于（　　）。

A. 法国　　B. 英国　　C. 美国　　D. 意大利

3. 用热打法调制奶油汤，牛奶、面粉一定要高温以使面粉能充分（　　）。

A. 胶凝　　B. 乳化　　C. 糊化　　D. 水化

4.（　　）是用蔬菜、肉丁和米饭或大麦粒等调制的一种较浓稠的汤类。

A. 奶油汤　　B. 清汤　　C. 浓肉汤　　D. 茸汤

二、判断题（正确的打“√”，错误的打“×”）

1. 制作奶油汤主要是利用脂肪的乳化和淀粉的糊化现象。（　　）

2. 制作洋葱汤要选用含糖量高的紫洋葱。（　　）

3. 冷汤大多数具有爽口、开胃、刺激食欲的特点，适宜夏季食用。（　　）

4. 茸汤是指将各种蔬菜制成的菜茸，加入基础汤中调制而成的汤类。（　　）

三、简答题

1. 如何煮制清汤？煮制清汤应注意哪些问题？

2. 常见的海鲜汤种类有哪些？各有什么特点？

四、实践题

根据操作步骤和制作要点练习制作法式洋葱汤。

单元七 蔬菜类和淀粉类菜肴制作

学习目标

1. 能说出西餐配菜的作用、分类和使用原则。
2. 能掌握西餐蔬菜类和淀粉类菜肴的制作方法和制作工艺。
3. 能掌握西餐蔬菜类和淀粉类菜肴的制作方法。

主题一
配菜知识

西餐烹调中，在菜肴的主要部分烹制完成后，还要在盘子的边上或是另一个盘内，配上一定量的蔬菜或是米饭、面食等淀粉类食品，从而组成一份完整的菜肴。这种与主菜相搭配的菜品称为配菜。配菜在西餐烹调中并不是可有可无的，而是烹调过程中的一道重要工序，是西餐菜肴中不可缺少的组成部分。

西餐菜肴中的配菜，主要是用蔬菜类、淀粉类等植物性原料制作的。配菜不但可以和主菜组成一道完整的菜肴，而且某些配菜，如鲜蘑菇、芦笋、洋蓟、西蓝花、意大利面食还可以作为小盘菜或主菜单独使用。

一、配菜的作用

1. 增加菜肴的美观

配菜大多数是用不同颜色的蔬菜制作的，不但加工精细，而且还要加工成一定的形状，如条状、球状、块状或橄榄状，从而丰富菜肴的色彩，美化菜肴的整体形态。

2. 使菜肴营养搭配合理

西餐菜肴的主要部分大都是用动物性原料加工制作的，而配菜则一般是用植物性原料加工制成的，这样就使每份菜肴既含有丰富的蛋白、脂肪，又含有丰富的维生素、无机盐等，从而使菜肴的营养搭配更为合理，达到营养全面的目的。

3. 使菜肴富有风味特点

配菜的品种很多，菜肴选用何种配菜虽有较大的随意性，但也仍有一定规律可循。一般海鲜类配煮马铃薯或马铃薯泥，烤、铁扒的肉类菜肴多配炸薯条、烤马铃薯等，煎炸的菜肴多配应时蔬菜，汤汁较多的菜肴多配米饭，意大利菜多配面条，德国菜则配酸菜较多。这样的搭配使菜肴既能在风格上统一，又富于风味特点。

二、配菜的使用

配菜在使用上有很大的随意性，但一份完整的菜肴要求在风格上和色调上要尽量统一、协调。西餐配菜在使用形式上一般有以下三种。

（1）以马铃薯和两种不同颜色的蔬菜为一组的配菜　如炸薯条、煮胡萝卜、煮豌豆为一组配菜；烤马铃薯、炒菠菜、黄油菜花也可以为一组配菜。这样的组合是最常见的一种，大部分煎、炸、烤、铁扒的肉类菜肴都采用这种形式的配菜。

（2）单独使用马铃薯制品的配菜　在西餐菜肴中有许多菜肴依据菜肴的风味特点，与马铃薯制品单独搭配使用，如煮鳕鱼配煮马铃薯，炸鱼柳配炸薯条，法式羊肉串配里昂土豆。

（3）单独使用少量米饭或面食制品的配菜　米饭制品配菜大多用于带汁的菜肴，如咖喱鸡配炒米饭。面食制品配菜则大多用于意大利菜肴，如意式焖牛肉配通心粉。

小贴士

配菜的摆盘有四条不成文的规定：一是左边配薯类配菜，右边配蔬菜；二是配了薯类配菜就不配米面类配菜；三是左边配米面类配菜，右边配蔬菜；四是主菜的配菜一般摆在主菜上方，或以主菜为中心，配菜放于四周。

三、配菜的分类

在西餐烹调中，可以作为配菜的品种很多，归纳起来大致可分为以下三大类：

1. 马铃薯类

它是以马铃薯为原料制作的各种马铃薯类菜肴。

2. 蔬菜类

它是以胡萝卜、西蓝花、芦笋、菠菜、番茄、蘑菇、青椒、茄子、洋蓟、豌豆等各种蔬菜为原料制作的蔬菜类菜肴。

3. 谷物类

它是以小麦、大米、玉米等及其制品（面粉、玉米粉等）为原料制作的谷物类菜肴。

主题二
马铃薯类菜肴制作

马铃薯含有丰富的淀粉和营养成分，是西餐烹调中应用最广泛、最普及的食材。马铃薯常用于制作配菜，也可制汤和沙拉等。制作马铃薯类菜肴的烹调方法主要有煮、炸、炒、烤等。

制作实例

例1：煮马铃薯（plain boiled potatoes）

1. 原料

马铃薯500 g，黄油5 g，番芫荽末、盐适量。

2. 制作过程

（1）将马铃薯洗净，去皮，加工成大小一致的长筒形橄榄状。

（2）将马铃薯放入盐水中煮制20 min左右，直至马铃薯成熟。

（3）取出马铃薯，浇上熔化的黄油，撒上番芫荽末即可。

小贴士

用盐水煮马铃薯不但可以增加咸味，还可以使马铃薯尽快成熟。煮熟的马铃薯要趁热浇上黄油，不但增加风味，还可以使其更有效、更均匀地沾上番芫荽碎。

例2：马铃薯泥（mashed potatoes）

1. 原料

马铃薯500 g，黄油25 g，牛奶50 mL，盐、胡椒粉适量。

2. 制作过程

（1）马铃薯洗净，去皮，切成块，放入锅中，在盐水中煮熟。

（2）控干水分，盖上锅，放入低温烤箱或灶上，使马铃薯干燥。

（3）过筛箩制成泥状。

（4）调入熔化的黄油（每1 kg马铃薯泥内调入50 g黄油）。

（5）逐渐加入热牛奶，并不断搅拌，直至成软糊状，调入盐、胡椒粉即可。

小贴士

马铃薯块不要切得太小，煮制时会吸收过多水分，影响马铃薯糊化，出现颗粒。加入热牛奶可使马铃薯充分糊化。马铃薯成泥后不要过度搅拌，以免形成筋质，影响口感。

例3：公爵夫人式马铃薯（duchess potatoes）

1. 原料

马铃薯500 g，黄油25 g，蛋黄1个，豆蔻粉、盐适量。

小贴士

制作公爵夫人式马铃薯的马铃薯泥要尽量干松，否则加入黄油、蛋黄后会变得稀稠，挤出的形状易变形、塌陷。要先高温烘烤，待其定形后再刷蛋液，以保持其清晰的螺旋纹路。

2. 制作过程

（1）马铃薯洗净，去皮，切成块，放入锅中，在盐水中煮熟。

（2）控干水分，盖上锅盖，放入低温烤箱或灶上，使马铃薯干燥。

（3）将马铃薯过筛，制成马铃薯泥。

（4）在马铃薯泥内加入黄油、蛋黄，搅拌均匀。

（5）放入挤袋中，在擦过油的烤盘内挤出螺纹状的玫瑰花形。

（6）放入230～250℃的烤箱内，烤制2～3 min，使其定形。

（7）从烤箱中取出，刷上蛋液，再放入烤箱内，烘烤至表面呈金黄色即可。

例4：法式炸薯条（French fries）

1. 原料

马铃薯500 g，盐适量。

2. 制作过程

（1）马铃薯洗净，去皮，切成1 cm宽、5～6 cm长的条。

（2）马铃薯条用水洗净，用布擦干表面水分。

（3）放入130℃的油锅中，将马铃薯条炸至变软并轻微上色，捞出备用。

（4）使用时，再放入160～170℃的油锅中，将其炸脆炸黄，撒盐调味即可。

法式炸薯条简称“法炸”。

小贴士

将切好的马铃薯条放在冰水中浸泡1 h左右，可使炸的薯条更加酥脆、松软。用油初步热加工时要待马铃薯条上浮，飘在表面再捞出。将初步热加工后的马铃薯条放入冰箱冷冻，更有利于炸制酥脆。

例5：炸薯卷（potato croquette）

1. 原料

马铃薯泥500 g，蛋黄2个，面粉30 g，面包粉、鸡蛋液、盐适量。

2. 制作过程

（1）马铃薯泥内加入蛋黄、盐，搅拌均匀。

（2）制成直径2 cm、长5 cm的圆柱体。

（3）蘸上面粉，刷上鸡蛋液，再挂上一层面包粉。

（4）整形，放入180℃的热油中，炸至表面呈金黄色，取出，控净油即可。

小贴士

炸马铃薯卷时油温要较高，使其快速“定壳”。炸制时间不要过长，以防马铃薯卷内部产生过多水汽，使其开裂、破损。

例6：煎薯丝饼（potato pancake）

1. 原料

马铃薯500 g，清黄油50 g，盐、胡椒粉适量。

2. 制作过程

（1）马铃薯去皮，切成5～6 cm长的细丝，用水洗净，擦干表面水分。

（2）放入加有清黄油的煎盘内，用小火先将马铃薯丝煎软（不要煎上色或使薯丝变硬）。

（3）用盐、胡椒粉调味。

（4）另取一煎盘，加入清黄油，烧热后放入煎软的薯丝，并用叉子压平，使其成薄饼状。

（5）不断沿煎盘四周淋入清黄油，煎至马铃薯丝饼的两面呈金黄色。

小贴士

煎薯丝饼，又称瑞士薯饼（rösti/roesti）。马铃薯丝要切得粗细均匀；要将马铃薯丝多冲洗几遍，以去除表面的淀粉，煎制时上色才会均匀。第一次煎制主要是让马铃薯丝软化，使其容易抱团成形，所以不要火候过大使其变硬。

例7：里昂式炒马铃薯（lyonnaise potatoes）

1. 原料

马铃薯500 g，洋葱100 g，黄油（或植物油）50 g，盐、胡椒粉适量。

2. 制作过程

（1）将马铃薯蒸熟或煮熟，去皮，切成3 mm厚的片，洋葱切成丝。

（2）煎盘中放入黄油，将洋葱丝炒香，备用。

（3）用黄油将马铃薯片炒至金黄色，再加入炒洋葱丝、盐、胡椒粉，炒透。

小贴士

里昂式炒马铃薯，又称洋葱炒马铃薯，蒸或煮的马铃薯一定不要过火，待其充分冷却后再切片，否则马铃薯片易碎，不成形。炒制时不要随意翻动，应待马铃薯片轻微结壳定形后再翻动。

例8：焗带皮马铃薯（baked jacket potatoes）

1. 原料

带皮马铃薯10个，黄油50 g，帕尔玛奶酪粉50 g，盐、胡椒粉适量。

2. 制作过程

（1）挑选形状整齐、外表光滑的马铃薯，洗净。

（2）用小刀沿马铃薯四周切一个2 cm深的口。

（3）将马铃薯放入用盐垫底的烤盘内，放入220℃的烤箱烘烤至成熟。

（4）将马铃薯取出，沿切口分为两半。

（5）用小勺将马铃薯皮壳内的马铃薯取出，捣碎，加入黄油、盐、胡椒粉拌匀。

小贴士

在烤箱内烘烤马铃薯时，要不断转动马铃薯，让其受热均匀，以使外皮焦脆变厚。将混合物填回皮壳内时，要尽量使其表面平整、光滑，焗制时才能上色均匀。

（6）将混合物填回马铃薯皮壳内，撒上奶酪粉，淋上黄油。

（7）放入200℃烤箱，烘烤至表面奶酪熔化、上色。

例9：烤波都马铃薯（roasted chateau potatoes）

1. 原料

马铃薯10个，黄油50 g，植物油、番芫荽末、盐适量。

2. 制作过程

（1）将马铃薯削成波都马铃薯橄榄状，洗净，擦干表面水分。

（2）用植物油将马铃薯煎至上色，倒出植物油，放入黄油、盐。

（3）放入180℃烤箱内，烤至金黄色成熟。

（4）上菜时，撒上番芫荽末。

小贴士

波都马铃薯橄榄状要削得规整，利于其在油脂中转动，上色均匀。烤制时要不断往马铃薯表面刷油或晃动烤盘使马铃薯转动。

例10：焗多菲内马铃薯（le gratin dauphinois）

1. 原料

马铃薯500 g，鲜奶油200 mL，古老也奶酪丝25 g，黄油、大蒜、豆蔻粉、盐、胡椒粉适量。

2. 制作过程

（1）将马铃薯去皮，切成2 ~ 3 mm厚的圆片。

（2）将鲜奶油、豆蔻粉、盐、胡椒粉混合搅拌均匀制成奶油汁。

（3）圆形模具内先用大蒜擦拭，再涂抹黄油，然后从底部码放一层马铃薯片，浇上少许奶油汁，再码放一层马铃薯片，再浇少许奶油汁，直至将马铃薯片摆满为止，表面撒上古老也奶酪丝。

（4）放入160 ~ 180 ℃烤箱内，烘烤至上色成熟。

（5）放入冰箱冷藏，待凝结后切块，食用时再重新加热。

小贴士

焗多菲内马铃薯也称奶油焗马铃薯、马铃薯千层派等，制作时马铃薯片切得不要太薄，否则不易显现层次，也不能太厚，否则不易粘连凝结。烘烤的温度要根据容器大小进行调节，但不宜太高，否则容易使表面焦煳。浇注奶油汁要均匀且要浸没马铃薯，烘烤成熟后要充分冷却后再切块，否则易碎。

例11：瑞典烤马铃薯（Hasselback potatoes）

1. 原料

长马铃薯2个、培根30 g，马苏里拉奶酪50 g，橄榄油25 mL，盐、黑胡椒适量。

2. 制作过程

（1）马铃薯洗净，去皮，放在砧板上，两侧各垫一根筷子，接着切片，不要切断。

（2）将奶酪和培根切成薄片，嵌入马铃薯片内，撒上盐和黑胡椒调味。

（3）将马铃薯刷上橄榄油，放入200℃烤箱烤20 ~ 30 min至马铃薯表面焦黄。

小贴士

瑞典烤马铃薯源自瑞典斯德哥尔摩一家很有名的饭店（Hasselbacken Hotel），因形似风琴又称为风琴马铃薯。制作时马铃薯切片要薄厚均匀、深浅一致；烤箱内烘烤时要酌情在马铃薯表面刷油，以防焦煳。

主题三 蔬菜类菜肴制作

蔬菜是人体摄取维生素的主要来源，其在西餐烹调中也占有重要地位。蔬菜类菜肴常作为配菜与肉类菜肴搭配上菜。制作蔬菜类菜肴的烹调方法主要有煮、炒、烤、铁扒等。

制作实例

例1：煮豌豆（French style peas）

1. 原料

鲜豌豆1 000 g，黄油25 g，冬葱50 g，面粉5 g，砂糖10 g，盐适量。

2. 制作过程

（1）鲜豌豆洗净，放入锅中，放入10 g黄油、糖、盐及整个冬葱。

（2）锅中加水，以将没过豌豆为宜。

（3）锅加盖，放入200℃烤箱内加热熟制，焖至豌豆成熟。

（4）将锅取出，放入余下的黄油及面粉，再放在火上煮至黏稠。

小贴士

煮制豌豆时加盖可以缩短煮制时间。豌豆煮熟后要放入凉水或冰水中，使其快速降温，保持其色泽。

例2：黄油炒扁豆（buttered grean beans）

1. 原料

嫩扁豆500 g，黄油50 g，培根50 g，洋葱50 g，蒜1瓣，盐、胡椒粉适量。

2. 制作过程

（1）将扁豆洗净，去筋，切成段。培根切丁，洋葱、蒜切末。

（2）扁豆用沸盐水煮熟，控干水分。

（3）用黄油将培根、洋葱碎、蒜末炒香，加入扁豆，用盐、胡椒粉调味，炒透。

小贴士

扁豆要用盐水煮透、煮熟，以防造成食物中毒。盐水内加入少量的植物油，可防止其色泽变黄。

例3：炸茄子（breaded eggplant）

1. 原料

长茄子100 g，面粉10 g，面包粉50 g，鸡蛋1个，盐、胡椒粉适量。

2. 制作过程

（1）茄子去皮，切成1 cm厚的片。

（2）用盐、胡椒粉调味，先蘸面粉，再裹鸡蛋液，然后蘸上面包粉。

（3）放入160 ℃的油锅中炸成金黄色，成熟即可。

小贴士

茄子水分含量较高，故炸制时油温不要过高，使其缓慢上色，以“蒸发”部分水分；如油温高，上色过快，出锅后会立即变软、不成形。

例4：法式炸洋葱圈（French fried onion rings）

1. 原料

洋葱500 g，牛奶100 mL，面粉100 g，盐适量。

2. 制作过程

（1）洋葱洗净，剥去外表老皮，切成2 mm厚的片。

（2）将洋葱片抖散成洋葱圈，放入牛奶中稍腌制。

（3）取出，用盐调味，蘸上面粉。

（4）抖去多余面粉，入170 ~ 180 ℃油锅中炸至成熟、上色。

小贴士

炸洋葱圈可以根据需要选择不同种类的面糊，如啤酒糊、蛋清糊等，炸制后的形态也各有不同。炸制时要将洋葱圈逐个放入热油内，以防粘连。

例5：豌豆酱（mashed peas）

1. 原料

鲜豌豆150 g，鲜奶油50 mL，黄油20 g，盐、胡椒粉适量。

2. 制作过程

（1）将豌豆放入盐水中煮软。

（2）取出豌豆，用凉水冲凉，再用干布擦干水分。

（3）放入搅拌机内绞碎，过细筛，以去除豆皮等，使之成为细泥。

（4）将豌豆泥放入锅中，用小火烘干多余水分。

（5）加入黄油、鲜奶油、盐、胡椒粉，搅拌均匀。

小贴士

制作豌豆酱最好要选用新鲜豌豆，以使其口味清香，口感细腻；豌豆粒在煮制之前用清水浸泡，可缩短煮制时间；煮制豌豆时不要加盖，加盖煮制会使豌豆变色；煮好的豌豆要立即放入冷水或冰水内使其快速降温，以保持鲜绿色泽。

例6：黄油菜花（buttered cauliflower）

1. 原料

菜花200 g，清黄油10 g，盐适量。

2. 制作过程

（1）将菜花洗净，用小刀分成小朵。

（2）放入盐水中煮制，但不要过熟。

（3）取出，控干水分，放入盘中，刷上清黄油。

小贴士

煮制菜花时，往水中加一点牛奶可使菜花保持洁白，且不易变色。煮制菜花不要过火，煮至断生即可。

例7：西蓝花莫内少司（broccoli with mornay sauce）

1. 原料

西蓝花200 g，奶酪粉10 g，莫内少司100 mL。

2. 制作过程

（1）西蓝花洗净，分成小朵，用盐水煮熟。

（2）在每朵西蓝花上浇上莫内少司，撒上奶酪粉。

（3）放入明火焗炉内，焗至表面金黄。

小贴士

西蓝花质地鲜嫩，切忌煮制时间过长；煮制时在水中加入少许植物油可防止其变色。

例8：蘑菇弗打（mushroom fritters）

1. 原料

白蘑菇500 g，面粉100 g，鸡蛋2个，牛奶50 mL，色拉油、盐适量。

2. 制作过程

（1）将白蘑菇洗净，擦干水分，用盐调味。

（2）将面粉、蛋黄、牛奶放入碗中搅打成糊，调入色拉油搅拌均匀，静置1 h。

（3）将蛋清搅打成泡沫状，轻轻调入面糊中，混合均匀。

（4）用竹扦插住蘑菇，先蘸面粉，再裹面糊。

（5）放入160℃的油锅中，炸至金黄色，捞出即可。

小贴士

蛋清面糊调好后要马上炸制，以免面糊塌陷，影响菜肴质量。面糊内可加入适量的泡打粉，以保证起发效果。炸制的油温不要过高，以使成品有完整、光滑的外表。

例9：奶油菠菜（creamed spinach）

1. 原料

菠菜500 g，奶油100 mL，盐、胡椒粉、豆蔻粉适量。

2. 制作过程

（1）菠菜去根，冲洗干净，控干水分。

（2）将菠菜放入沸水中，变色后立即取出。

（3）将菠菜放入冰水中，冷却后取出，挤干水分。

（4）将菠菜与奶油混合，加热，加入豆蔻、盐和胡椒调味。

小贴士

用沸水加热菠菜要快速，以防过火造成菠菜软烂。烫制后的菠菜要过冰水快速降温，以保持其色泽和脆嫩质地。

例10：煮糖汁胡萝卜（glazed carrots）

1. 原料

嫩胡萝卜500 g，糖10 g，黄油25 g，盐适量。

2. 制作过程

（1）将胡萝卜去皮，洗净，加工成形（条、块、橄榄形等）。

（2）胡萝卜放入平底锅内，加入冷水浸没，加入糖、黄油、盐。

（3）加热煮沸后，改小火保持微沸至胡萝卜成熟。

（4）用大火将锅内汤汁浓缩至1/2，将胡萝卜搅拌均匀即可。

小贴士

煮制胡萝卜时加入少量油脂不但可以增加光泽和口味，还能促进人体对胡萝卜素的吸收。煮制胡萝卜的汤汁不要过多，以刚好浸没胡萝卜为宜。

例11：培根芦笋卷（bacon wrapped asparagus）

1. 原料

培根8片，绿芦笋500 g，盐和黑胡椒碎适量。

2. 制作过程

（1）将芦笋洗净，削去芦笋根茎底部的老皮。

（2）用培根将一根或数根芦笋包裹，卷成卷，用盐、胡椒调味。

（3）放入200℃烤箱，烘烤至芦笋成熟、培根焦脆。

小贴士

芦笋宜选用根茎粗的，太细易烘烤干柴。烘烤的温度要高，否则会出现芦笋已成熟而培根未上色、不焦脆的现象。

例12：普罗旺斯式焗番茄（Provence-style baked tomatoes）

1. 原料

成熟番茄4个，蒜碎15g，洋葱碎10g，番芫荽末5g，橄榄油、盐、胡椒粉适量。

2. 制作过程

（1）用橄榄油将洋葱碎、蒜碎炒香至软。

（2）将番茄洗净，横切成两半，用小勺挖去番茄籽。

（3）将番茄放于刷过油的烤盘内，切口朝上，放上洋葱碎、蒜碎，撒上盐、胡椒粉。

（4）放入180℃烤箱内，烘烤至番茄外皮出现皱褶时取出，撒上番芫荽末。

小贴士

普罗旺斯式是一种法国菜烹调方式，即用番茄、大蒜、洋葱、橄榄油烹调制作的菜式。要选用成熟的番茄，才能保证菜肴口味和口感；烘烤时间要足，以使番茄烤透。

主题四 谷物类菜肴制作

一、意大利面食制作

意大利面食（pasta）泛指所有的意大利面食，如实心粉（spaghetti）、通心粉（maccheroni）、馄饨（ravioli）、饺子（tortellini）等，都是pasta的一种。意大利面食又分为新鲜意大利面（fresh pasta）和干意大利面（dry pasta）两种。

意大利面食大多作为开胃菜和主菜之间的头盘出现，也可以作为主菜，还可以用于浓汤、肉汤、沙拉的制作。在意大利菜中，意大利面食一般不作为配菜，但在其他国家和地区经常用意大利面食作配菜。

与意大利面食搭配的酱汁有很多，较为常见的是：以肉类为主料的肉酱，如博洛尼亚肉酱（Bolognese sauce）、那不勒斯肉酱（Napoli sauce）；以番茄为主料的红酱，如番茄罗勒酱（tomato sauce）；以奶油和奶酪为主料的意式白酱（cream sauce）；以罗勒和橄榄油为主料的青酱（pesto sauce）和以墨鱼汁为主料的黑酱（squid-ink sauce）等。制作意大利面食常用的烹调方法主要有煮、烤、焗等。

制作实例

例1：意大利面团基础款（basic pasta dough）

1. 原料

面粉500 g，鸡蛋5个，盐10 g，橄榄油适量。

2. 制作过程

（1）将面粉过筛，加入鸡蛋、盐、橄榄油，搅拌均匀，揉成光滑面团。

（2）将面团放入冰箱冷藏，静置30 min左右。

（3）取出面团，分割成小块，擀薄。

（4）用压面机由厚到薄反复压制数次，至所需的面片厚度。

小贴士

意大利面团有多种配方，但主料都是以面粉和鸡蛋为主，一般每100 g面粉用1个鸡蛋。面粉可以是中筋面粉、高筋面粉、意大利00号面粉（麦芯粉），有些还要加入少量杜兰面粉，鸡蛋可以是全蛋，也可以只用蛋黄，有些要加盐，有些要加橄榄油等。意大利面团一般不加水，但如果面团过干，也可适量加水。

例2：意式实心粉（spaghetti with cheese）

1. 原料

意式实心粉100 g，帕尔玛奶酪粉20 g，黄油20 g，盐、胡椒粉适量。

2. 制作过程

（1）将实心粉放入加热至沸的盐水中。

（2）用大火加热煮沸后，改用中火煮8 ~ 12 min至实心粉成熟，捞出，控干水分。

（3）煎盘内放黄油加热熔化，放入煮好的实心粉，加入盐、胡椒粉调味。

（4）装盘后，撒上帕尔玛奶酪粉。

小贴士

煮意大利面食要沸水下锅，冷水下锅煮的时间会长，意大利面容易粘连，口感发软。用盐水煮意大利面可以缩短煮制时间，增强其口感和韧性，一般1 L水中加入10 g盐；水中一般不要加油脂，油脂会使意大利面表面过于光滑，不容易沾上酱汁。在意大利，干面一般煮制到劲道状态，即面的中心有“白芯”。

例3：炒贝壳面（buttered pasta shell）

1. 原料

贝壳面100 g，黄油25 g，盐、胡椒粉少量。

2. 制作过程

（1）将贝壳面用沸盐水煮至成熟，取出，控干水分。

（2）煎盘内放黄油熔化，放入贝壳面，用盐、胡椒粉调味，炒透。

小贴士

意大利面煮熟后不要过冷水；煮熟控干水分的意大利面一般不需要加油脂，如果加油脂，则要充分搅拌意大利面，使其表面的油脂乳化，以利于沾上酱汁。

例4：鲜面条意式奶油汁（fresh noodles with Alfredo sauce）

1. 原料

意大利面团500 g，奶油少司400 mL，帕尔玛奶酪粉50 g，盐、胡椒粉适量。

2. 制作过程

（1）将意大利面团擀薄，再用压面机由厚至薄反复擀压数次压成片。

（2）将面片用刀切成面条。

（3）将面条放入加热至沸的盐水中煮熟，取出，控干水分。

（4）在奶油少司内加入帕尔玛奶酪粉，搅拌均匀成为意式奶油汁。

（5）将面条放入意式奶油汁内，加入盐、胡椒粉调味。

小贴士

意式奶油汁（Alfredo sauce），又称意式白酱，即在奶油少司内加入帕尔玛奶酪粉，是十分常见的搭配意大利面食的酱汁。煮鲜意大利面要沸水下锅，水量要多些；煮面用盐水，但鲜意大利面易吸收盐分，所以水中盐量要少些，一般1 L水中加入7 g盐。鲜意大利面易成熟，一般水沸后煮2 ~ 3 min即可。

例5：博洛尼亚肉酱意面（spaghetti with Bolognese sauce）

1. 原料

意大利实心粉600 g，牛肉馅400 g，橄榄油75 mL，蘑菇50 g，番茄300 g，洋葱50 g，番茄酱50 g，胡萝卜40 g，烧汁100 mL，香料包（香叶、百里香、番芫荽）、盐、胡椒粉适量。

2. 制作过程

（1）将洋葱、胡萝卜、蘑菇切成碎末，用橄榄油炒香，炒至呈茶褐色。

（2）加入牛肉馅，以小火慢慢将牛肉炒干，

小贴士

博洛尼亚肉酱（Bolognese sauce），法语称为“sauce Bolognaise”，是搭配意大利面食的一款经典酱汁，制作肉酱的肉馅要多绞几遍，使颗粒变小；煸炒时尽量将肉馅中的水分煸干；煮制的时间要充足，要以小火加热保持微沸状态将肉末颗粒煮至成酱。

呈茶褐色。

（3）加入去皮、去籽切成粒的番茄，待番茄软烂后加入番茄酱炒透，使色泽变红。

（4）加入烧汁，香料包、盐、胡椒粉以小火加热保持微沸，慢慢煮制，待酱汁浓稠后，取出香料包。

（5）将意大利实心粉用盐水煮至所需火候，放入盘内，浇上肉酱。

例6：意式罗勒番茄酱意大利面（spaghetti with marinara sauce）

1. 原料

意式实心粉600 g，鲜番茄800 g，鲜罗勒叶50 g，橄榄油25 mL，洋葱100 g，大蒜50 g，帕尔玛奶酪30 g，牛至叶、百里香、香叶、盐、黑胡椒碎适量。

2. 制作过程

（1）将番茄去皮、去籽，切成小粒。洋葱、大蒜、罗勒叶剁碎。

（2）平底锅内放橄榄油，加入洋葱碎、蒜碎小火炒至变软，出香味。

（3）放入番茄粒炒软，再加入百里香、香叶、牛至叶及适量清水。

（4）大火煮沸改小火微沸，煮至番茄软烂、酱汁变浓稠。

（5）加入盐、黑胡椒碎调味，然后放入鲜罗勒叶碎，搅拌均匀。

（6）将意大利实心粉用盐水煮至成熟。

（7）将意大利面装盘，浇上少司，撒上帕尔玛奶酪。

小贴士

意式罗勒番茄酱（marinara sauce），又称海员式沙司，是一款经典的搭配意大利面食的红酱，制作时要用小火慢慢将番茄煮至软烂、浓稠。罗勒叶不要过早加入酱汁内，以免其变色。

例7：意式奶油培根蛋黄面（fettuccine with carbonara sauce）

1. 原料

意大利宽面400 g，蛋黄6个，培根丁80 g，帕尔玛奶酪粉50 g，盐、胡椒碎适量。

2. 制作过程

（1）将意大利宽面用盐水煮至成熟，备用。

（2）将蛋黄与大部分的帕尔玛奶酪粉混合，加入盐、胡椒碎搅拌均匀。

（3）将培根切丁放入平底锅中，用小火煎香，

小贴士

奶油培根蛋黄酱（carbonara）源于意大利语carbone（煤炭），相传是由意大利的采煤工所创造的一道简便的意大利面食。培根要煎制到焦脆，出香味；加入蛋黄混合物时要将平底锅撤火，以降低温度，否则会使蛋黄凝结成块。

加入意大利宽面。

（4）将平底锅撤火，稍晾凉，加入步骤（2）的蛋黄混合物，快速搅拌均匀。

（5）装盘，撒上余下的帕尔玛奶酪粉。

例8：青酱意大利面（pesto penne）

1. 原料

意大利斜管面500 g，鲜罗勒叶100 g，松仁40 g，大蒜6瓣，橄榄油200 mL，帕尔玛奶酪粉60 g，柠檬、盐、黑胡椒碎适量。

2. 制作过程

（1）将意大利斜管面用盐水煮至成熟，备用。

（2）将鲜罗勒叶洗净，大蒜切片，松仁烘干，柠檬榨汁，柠檬皮擦丝。

（3）将上述材料放入搅拌器，分次加入橄榄油，打碎成泥。

（4）加入帕尔玛奶酪粉搅拌均匀，使其达到所需浓度，成为青酱。

（5）将平底锅加热，放入橄榄油，加入煮好的斜管面和制成的青酱，用盐和黑胡椒碎调味，翻炒均匀即可。

小贴士

青酱（pesto）又称意大利香蒜酱，是源于意大利热那亚地区的一款搭配意大利面食的经典酱汁。松仁易烤煳，烘烤时要控制火候，以免影响口味；如罗勒味过浓可加入部分菠菜叶替代；用打碎机搅打时要控制好时间，时间过长会使温度升高，造成罗勒变色；制作青酱时加入少许柠檬汁，不但可以增加口味，还可以抗氧化，防止罗勒变色；青酱制作完成后，要用橄榄油封住表面以隔绝空气，防止青酱变色。

例9：意式菠菜馄饨（spinach ricotta ravioli）

1. 原料

意大利面团300 g，瑞可塔奶酪100 g，帕尔玛奶酪50 g，切达奶酪丝50 g，菠菜50 g，白蘑菇25 g，蛋黄1个，奶油少司500 mL，培根丁、橄榄油、盐和黑胡椒适量。

2. 制作过程

（1）把白蘑菇和菠菜稍微切碎，用料理机打成泥，加盐和黑胡椒调味。

（2）加入瑞可塔奶酪、帕尔玛奶酪、切达奶酪丝、蛋黄搅拌均匀，制成馅料。

小贴士

意式馄饨又称意式小方饺。在意式饺子中最有代表性的就是意式馄饨（ravioli）和意式饺子（tortellini），二者比较容易混淆。意式馄饨是用上下两片面皮将馅料合在面皮内部，类似中式的“合子”饺。而意式饺子是用一张面皮将馅料“裹”起来，再环绕成圆形，类似中式的“馄饨”。此外意式馄饨的馅料都要放奶酪，尤其是乳清奶酪（瑞可塔）。奶酪不但可以丰富口味，更主要的是增加馅料的黏稠度，而意式饺子的馅料则相对比较随意。

（3）将意大利面团擀薄，再用压面机由厚至薄反复擀压数次压成片。

（4）将面皮切成长条状，把馅料搓成小团，间隔码放在面皮上。

（5）在馅料周围的面皮上刷上水，把另一片面皮盖上去，用手指按压使两片面皮黏合。

（6）用刀切去多余的边缘，再一个个将其分开，用叉子在每个馄饨边缘按压出花纹。

（7）用沸水下锅，将馄饨煮熟，沥干水分，备用。

（8）在平底锅内加奶油少司，放入煮好的意大利馄饨，让馄饨挂满酱汁。

（9）装盘，撒上培根丁。

例10：意大利千层面（lasagna/lasagne）

1. 原料

意大利千层面8片，博洛尼亚肉酱300 g，白少司250 mL，瑞可塔奶酪150 g，马苏里拉奶酪100 g，橄榄油、盐、黑胡椒粉适量。

2. 制作过程

（1）烤箱预热至180℃。

（2）将瑞可塔奶酪切成片，马苏里拉奶酪擦成丝。

（3）用沸水将意大利千层面煮5 min左右，捞出控干水分，抹上橄榄油以防粘连。

（4）底层：焗盘上涂油，底部铺一层肉酱，码放上一层面片。

（5）第一层：铺上一层肉酱，浇上白少司，撒上马苏里拉奶酪丝，码上一层瑞可塔奶酪片，再盖上一层面片。

（6）第二、第三层重复第一层的铺法。

（7）顶层：在面皮上浇上白少司，撒上马苏里拉奶酪丝。

（8）焗盘盖上锡纸，放入烤箱烘烤40 min左右。

（9）取出焗盘，去除锡纸再放入200℃烤箱内，烘烤直至表面奶酪上色。

（10）取出焗盘，静置10 min，切块装盘。

小贴士

意大利千层面是一道传统的意大利美食，因面皮层层叠加，故称千层面。千层面可先用水浸泡一会，在煮制面皮时则不易破损；白少司要细腻、顺滑，浓度适度、不要有生面粉味；面片一定要压在白少司和奶酪上，这样码放粘连性强，不会松散。

二、其他谷物类菜肴制作

谷物类食品主要为人体提供糖类、蛋白质、膳食纤维和B族维生素，是人体热量最主要的来源。谷物类原料在西餐烹调中主要用于制作配菜，少量的谷物类菜肴可以作为主菜，还可以用于肉汤、沙拉的制作，其烹调方法主要以蒸、煮、烩、焖为主。

制作实例

例1：西式奶油饭/黄油米饭（pilaf）

1. 原料

长粒大米100 g，白色基础汤200 mL，黄油25 g，洋葱碎10 g，盐、胡椒粉少量。

2. 制作过程

（1）用黄油将洋葱碎炒至变软，但不上色。

（2）加入长粒大米，炒2 ~ 3 min，不要上色。

（3）加入白色基础汤，放入盐、胡椒粉调味。

（4）放入180℃烤箱将米饭焖煮至熟。

小贴士

西式奶油饭是起源于土耳其的一种米饭加工方法，后来传入欧洲，在西班牙演变成了著名的西班牙式海鲜饭。制作时大米要多清洗几遍，去除表面过多的淀粉，以防止糊化过度，使米饭黏稠、不松散；用黄油炒米要用小火不停地翻炒，不要让大米上色；焖锅在烤箱内或在灶加热时要加盖密封。

例2：蒸粗麦粉（couscous）

1. 原料

蒸粗麦粉250 g，水或基础汤500 mL，橄榄油、盐适量。

2. 制作过程

（1）锅中放水或基础汤，加入橄榄油、盐，加热至沸。

（2）将锅离火，加入蒸粗麦粉，搅拌均匀。

（3）盖上锅盖，焖制5 min，让粗麦粉充分吸收水分。

（4）用叉子搅拌粗麦粉，使其变松散。

小贴士

粗麦粉要选用蒸粗麦粉，生粗麦粉不适用此方法；锅盖不要随意打开，以使粗麦粉能充分吸收水分；要趁热用叉子将粗麦粉搅拌、抖散，使热气挥发，防止凝结成块；粗麦粉和水的比例大致为1∶2，可根据需要的软硬度增减水量。

例3：意大利味饭（risotto）

1. 原料

短粒大米120 g，白色鸡基础汤200 mL，帕尔玛奶酪粉10 g，洋葱碎

25 g，黄油60 g，干白葡萄酒50 mL，番红花、盐适量。

2. 制作过程

（1）将番红花放入干白葡萄酒中，煮沸，改小火加热数分钟。

（2）用黄油将洋葱碎炒软，加入洗净的短粒大米，用小火慢慢将大米炒透。

（3）加入一部分温热的基础汤，小火加热并不断搅拌，待汤汁收干后，再分数次加入温热的基础汤，直至将基础汤全部加入，煮至汤汁收干。

（4）加入步骤1的番红花白葡萄酒汁，调味，小火加热并搅拌，将大米熬煮至浓稠、成熟。

（5）将米饭盛于盘内，撒上帕尔玛奶酪粉。

小贴士

意大利味饭又称意大利炖饭、意大利烩饭等，是一种通过熬煮，不需要焖制，近似于“粥”状的饭。制作时一定要用小火将大米炒透，这样才能使米中的淀粉较快速地发生糊化，吸收汤汁；基础汤要分数次加入，加入的汤汁不能是冷的，一定要加入温热的汤汁。

例4：煎玉米饼（sweet corn fritter）

1. 原料

甜玉米粒500 g，面粉150 g，鸡蛋3个，黄油50 g，盐适量。

2. 制作过程

（1）将鸡蛋、面粉、盐混合均匀，搅拌成糊。

（2）加入甜玉米粒，搅拌均匀成玉米饼糊。

（3）将玉米饼糊用黄油煎至两面金黄、成熟即可。

小贴士

如面糊浓稠，可加入适量的清水稀释；煎制时油温不宜过高，要以小火慢煎；煎制的玉米饼不宜过厚，待一面结壳凝固后再翻面煎制另一面。

例5：炸意式味饭球（arancini）

1. 原料

意大利味饭300 g，马苏里拉奶酪50 g，鸡蛋1个，面粉20 g，面包糠50 g，植物油适量。

2. 制作过程

（1）将马苏里拉奶酪切成小块。

（2）用意大利味饭将马苏里拉奶酪块包裹紧实，搓成大小均匀的饭球。

（3）将饭球沾裹面粉、蛋液、面包糠。

（4）将饭球放入热油中炸制上色即可。

小贴士

炸意式味饭球（arancini）是意大利南部西西里岛的著名小吃，“arancini”是“小橙子”的意思，表示有很多变化。制作饭球时，手上沾水或油脂可防止粘手，利于饭球成形；炸制时油温不要过高，以免饭球上色过快而奶酪未熔化。

例6：炸玉米糕（fried cornmeal mush/polenta fries）

1. 原料

粗玉米粉150 g，基础汤650 mL，黄油25 g，盐适量。

2. 制作过程

（1）将基础汤倒入锅中，加入适量盐，煮沸。

（2）将粗玉米粉倒入煮沸的汤中，慢慢混合，搅拌均匀。

（3）改小火，不断搅拌直至面糊黏稠，加入黄油熔化，搅拌均匀。

（4）将玉米糊倒入抹过油的模具内，抹平表面，放入冰箱使之冷却。

（5）待玉米糊凝固后从冰箱取出，脱去模具，改刀切成条或片。

（6）将玉米糊条蘸上玉米粉，放入油锅中炸至金黄。

小贴士

粗玉米粉要逐渐倒入沸汤中，并不断搅动，以防凝结成块；加入粗玉米粉后要改小火且不断搅动，以确保玉米粉完全成熟；放入冰箱冷藏的时间要足够，以确保玉米糊凝固坚实；调制玉米糊，水与玉米粉的比例大致是4:1。

例7：西班牙海鲜饭（paella）

1. 原料

西班牙短粒米300 g，大虾6只，青口贝6个，鱿鱼圈50 g，西班牙辣味香肠100 g，鲜番茄50 g，甜红椒50 g，基础汤750 mL，洋葱30 g，大蒜2瓣，豌豆20 g，藏红花0.5 g，干白葡萄酒25 mL，番芫荽、柠檬、橄榄油、盐、黑胡椒碎适量。

2. 制作过程

（1）将洋葱、大蒜、番芫荽切碎，番茄、甜红椒、西班牙辣味香肠切丁，青口贝、鱿鱼圈洗净，大虾去虾线，藏红花用干白葡萄酒泡出色。

（2）在西班牙海鲜饭锅中加橄榄油，将洋葱碎、大蒜碎炒香。

（3）放入番茄丁、甜红椒丁、西班牙辣味香肠丁，翻炒至番茄软烂。

（4）加入西班牙短粒米、藏红花和干白葡萄酒，继续翻炒让酒精挥发。

（5）待酒精基本挥发出去后，加入基础汤，使其浸没大米，加盐和黑胡椒碎调味。

知识拓展

西班牙海鲜饭源于西班牙瓦伦西亚地区，是西班牙具有代表性的美食，因其使用特制的双耳铁锅，故也称西班牙铁锅饭。正宗的西班牙海鲜饭应选用西班牙短粒邦巴米，邦巴米吸水性强，易入味，久煮不烂、劲道有嚼劲。西班牙海鲜饭一定少不了藏红花，藏红花不仅是调味品，更主要是使海鲜饭有诱人的金黄色泽。

（6）大火煮沸后，改小火保持微沸10 ~ 15 min，不要翻动。

（7）待表面水分将快收干时，将各种海鲜均匀地码放在表面，并将其轻轻按压至饭中，撒上豌豆，挤上柠檬汁。

（8）加盖或盖上锡纸，用小火再焖5 min。

（9）去掉盖或锡纸，再加热5 min左右，最后撒上番芫荽碎，摆上几个柠檬角即可。

单元小结

本单元共分四个主题，主要介绍西餐配菜的作用、分类和使用原则，介绍了西餐常见蔬菜类菜肴、马铃薯类菜肴和谷物类菜肴的制作方法和制作工艺。

思考与练习

一、选择题

1. 西班牙海鲜饭的英文是（　　）。

A. paella　　B. bomba　　C. risotto　　D. couscous

2. 谷物类菜肴大多含有丰富的（　　）、维生素和矿物质。

A. 蛋白质　　B. 脂肪　　C. 水　　D. 糖类

3. 意式白酱的主要原料是奶油和（　　）。

A. 培根　　B. 奶酪　　C. 牛奶　　D. 黄油

二、判断题（正确打“√”，错误的打“×”）

1. 意式馄饨的馅料都要放奶酪。（　　）

2. 制作马铃薯泥时要用力搅打使其上劲、黏稠。（　　）

3. 煮制意大利面一般多采用冷水下锅的方法。（　　）

三、简答题

1. 西餐配菜的作用是什么？

2. 简述意式馄饨（ravioli）与意式饺子（tortellini）的不同之处。

四、实践题

根据操作步骤和制作要点练习制作法式炸薯条。

单元八 热菜菜肴制作

学习目标

1. 能说出西餐主菜菜肴的形式和内容。

2. 能掌握常见各类主菜菜肴的制作工艺和制作方法。

3. 能够触类旁通、举一反三，提高在实际工作中灵活运用烹调技法的能力。

主题一
水产类菜肴制作

水产类菜肴通常作为正餐的第三道菜，也称为副菜，主要包括鱼类菜肴和其他虾、蟹、龙虾、牡蛎等水产品类菜肴。由于水产类原料大都肉质鲜嫩、水分充足，比较容易消化，所以安排在肉类菜肴的前面上菜。水产类菜肴常用的烹调方法主要有煎、炸、煮、焗、铁扒等。

一、鱼类菜肴制作实例

例1：炸指形鱼柳（deep fried fish goujons）（图8-1）

1. 原料（4份）

主料：白色鱼柳800 g，面粉200 g，牛奶（或水）250 mL，鸡蛋1个，泡打粉10 g，色拉油50 g，盐、胡椒粉适量。

少司料：鞑靼少司125 mL。

配菜：炸马铃薯丝100 g，柠檬片8片，炸番芫荽。

2. 制作过程

（1）将面粉、牛奶（或水）、泡打粉、鸡蛋混合，调制成面糊，静置20 min后，加入色拉油搅拌均匀。

（2）将鱼柳切成手指粗细的条，撒上盐、胡椒粉，沾上面粉，挂上面糊。

（3）将鱼柳放入180 ℃油锅中，炸成金黄色至成熟。

（4）装盘，配菜，单跟鞑靼少司。

3. 质量标准

色泽金黄，口味鲜香，肉质鲜嫩。

图8-1
炸指形鱼柳

小贴士

goujons：烹饪术语，指挂糊或裹面包糠炸制的小块鱼肉或鸡肉。

鱼柳要切得粗细均匀；鱼柳炸制后要放在吸油纸上，去除表面多余的油脂，避免鱼柳过于油腻。

例2：炸面包粉鱼排（breaded fish）（图8-2）

1. 原料（4份）

主料：鱼排800 g，鸡蛋2个，色拉油10 g，面粉10 g，面包粉50 g，

图 8-2
炸面包粉鱼排

小贴士

breaded：烹饪术语，指沾面包粉炸制的菜肴。鱼排要有一定厚度，若太薄则容易干柴无汁，炸制后要放在吸油纸上，去除表面多余的油脂，以避免鱼排过于油腻。

盐、胡椒粉适量。

少司料：黄油125 g，鲜罗勒10 g，柠檬汁、盐、胡椒粉适量。

配菜：炸薯条，柠檬角，炸番芫荽。

2. 制作过程

（1）将黄油软化，放入切碎的罗勒、柠檬汁、盐、胡椒粉搅拌均匀，用油纸卷成卷，放入冰箱冷藏凝固，制成香草黄油备用。

（2）将鸡蛋、色拉油及适量的水混合，搅拌均匀，调成鸡蛋糊。

（3）将鱼排切成大片，撒上盐、胡椒粉，沾上面粉、鸡蛋糊、面包粉压实。

（4）将鱼排放入175℃油锅中，炸成金黄色至成熟。

（5）装盘，配菜，放上切成片的香草黄油即可。

3. 质量标准

色泽金黄，口味鲜香，肉质鲜嫩。

啤酒面糊炸鱼柳

例3：啤酒面糊炸鱼柳（fish in beer batter）（图8-3）

1. 原料（4份）

主料：白色鱼柳1 000 g，面粉200 g，啤酒250 mL，椰奶25 mL，干白葡萄酒50 mL，柠檬汁、盐、胡椒粉适量。

少司料：鞑靼少司125 mL。

配菜：炸薯条，柠檬角。

2. 制作过程

（1）将面粉、啤酒、椰奶混合，搅拌均匀，调成面糊状。

（2）鱼柳切成条，用干白葡萄酒、柠檬汁、盐、胡椒粉腌渍入味。

（3）鱼条蘸面粉，挂上面糊，放入165℃油锅中慢慢炸至成熟上色。

（4）装盘，配菜，单跟鞑靼少司。

图 8-3
啤酒面糊炸鱼柳

3. 质量标准

色泽金黄，口味鲜香，外焦里嫩。

小贴士

啤酒面糊调制的浓度要适当，盛起一勺倒出，面糊应呈一条线流下且不断；啤酒面糊中加椰奶主要是为了中和啤酒的苦味，如没有椰奶可用牛奶替代。

例4：煎鱼黄油柠檬汁（pan fried fish with lemon and butter sauce）

1. 原料（4份）

主料：净鱼柳肉4条（约1 000 g），黄油50 g，干白葡萄酒、盐、胡椒粉适量。

少司料：酸豆15 g，番茄粒10 g，鱼基础汤100 mL，黄油100 g，柠檬汁25 mL，干白葡萄酒25 mL，香叶2片，胡椒粒6粒，盐、胡椒粉适量。

配菜：煮马铃薯，柠檬角，时令蔬菜。

小贴士

煎制鱼片时不要随意翻动，以免影响鱼片结壳上色；软化的黄油粒要分数次加入浓缩汁内，且要将少司锅的温度控制在40 ~ 50℃。

2. 制作过程

（1）将鱼柳加工成片，撒上盐、胡椒粉、干白葡萄酒调味。

（2）用少量油以小火慢慢将鱼片煎熟。

（3）将干白葡萄酒、柠檬汁、鱼基础汤倒入少司锅内，加入胡椒粒，浓缩，过滤。

（4）将浓缩汤汁放入少司锅内，逐渐加入软化的黄油粒，快速搅打均匀，使其充分融合至有光泽，加入酸豆、番茄粒、盐、胡椒粉调味，制成少司。

（5）将少司浇在盘内，上面放上鱼片，盘边配上煮马铃薯、柠檬角及时令蔬菜即可。

3. 质量标准

肉质鲜嫩，口味鲜香。

例5：文也式杏仁煎鱼（fillet of sole meuniére with almonds）（图8-4）

1. 原料（4份）

主料：比目鱼鱼柳4条（约1 000 g），清黄油50 g，面粉50 g，盐、胡椒粉适量。

少司料：巴旦杏仁片100 g，清黄油50 g，柠檬汁10 mL，盐、胡椒粉适量。

配菜：柠檬，番芫荽末。

图8-4

文也式杏仁煎鱼

小贴士

法文meuniére译为“文也式”，即用“清黄油煎”，此方法适用于鱼段、鱼柳及一些小型的整条鱼类。用清黄油煎制原料时油温不宜过高，以免黄油变色。

2. 制作过程

（1）鱼柳洗净，用盐、胡椒粉调味，蘸上面粉。

（2）用部分清黄油以小火慢慢将鱼柳两面煎黄，放入盘中。

（3）柠檬去皮，撕去筋膜，切成片，放于鱼柳上。

（4）用余下的清黄油将巴旦杏仁片煎上色，加入柠檬汁、盐、胡椒粉，倒在鱼柳上，撒上番芫荽末即可。

3. 质量标准

色泽金黄，肉质鲜嫩，口味鲜香、微咸。

煮三文鱼鱼段荷兰少司

例6：煮三文鱼鱼段荷兰少司（boiled cut salmon with hollandaise sauce）（图8-5）

1. 原料（4份）

主料：三文鱼鱼段4块（约1 000 g），菜清汤1 000 mL，盐、胡椒粉适量。

少司料：荷兰少司250 mL。

配菜：煮马铃薯200 g，番芫荽。

图8-5
煮三文鱼鱼段荷兰少司

2. 制作过程

（1）三文鱼鱼段用盐、胡椒粉调味。

（2）将鱼段放入微沸的菜清汤中，煮沸后改小火微沸5 min左右至成熟。

（3）取出鱼段，控干水分，用餐叉剥去鱼皮，剔除中间的脊骨和两侧肋骨。

（4）将鱼段放入盘中，浇上少许原汁，配上煮马铃薯、番芫荽，单跟荷兰少司。

3. 质量标准

口味清淡，肉质鲜嫩。

小贴士

因三文鱼鱼段较厚实，一般多采用沸煮方法煮制。煮制时要控制好火候，不可过火；从锅中取出三文鱼时，要注意保持鱼段完整，不要破损。

例7：煮鲈鱼奶油蘑菇少司（poached fillet of perch with cream mushroom sauce）

1. 原料（4份）

主料：鲈鱼鱼柳4块（约1 000 g），菜清汤1 000 mL，盐、胡椒粉适量。

少司料：蘑菇200 g，黄油25 g，鲜奶油200 mL，干白葡萄酒100 mL，番芫荽末、盐、胡椒粉适量。

2. 制作过程

（1）鲈鱼鱼柳撒上盐、胡椒粉调味。蘑菇切成块。

（2）将鱼柳放入微沸的菜清汤内，加入少量干白葡萄酒，以小火保持微沸状态将鱼柳煮熟。

（3）用黄油以小火将蘑菇块炒软，加入适量的鱼汤、鲜奶油、干白葡萄酒煮透，浓缩，用盐、胡椒粉调味，制成少司。

（4）取出鱼柳，放于盘内，浇上少司，撒上番芫荽末即可。

3. 质量标准

色泽乳白，口味鲜香，味咸酸，软嫩适口。

小贴士

鲈鱼鱼柳肉质鲜嫩、体型较薄，应采用温煮方法煮制；鱼柳煮熟取出时，要小心注意保持鱼柳完整，不要破损。

例8：荷兰少司焗比目鱼鱼柳（fillet of sole with hollandaise sauce）

1. 原料（4份）

主料：比目鱼鱼柳750 g，吉士粉50 g，黄油25 g，鱼基础汤、柠檬汁、盐、胡椒粉适量。

少司料：荷兰少司500 mL。

2. 制作过程

（1）比目鱼鱼柳切成长方形块，放入微沸的鱼基础汤内煮熟。

（2）小心捞出鱼肉，放在洁净的纱布上滤干水分。

（3）在腰形小焗盘内抹上黄油，盘内先放少许荷兰少司垫底，然后将煮熟的鱼块放在上面。

（4）浇上热的荷兰少司，撒上吉士粉，淋上黄油，放入焗炉内，焗至上色即可。

3. 质量标准

色泽金黄，鲜香肥润，肉质鲜嫩。

小贴士

鱼柳应用温煮的方法加工成熟，以保持其肉质的鲜嫩；焗盘内抹少许黄油，以防焗制后粘连鱼肉；待荷兰少司表面轻微凝固后再撒吉士粉，以使吉士粉能留在表面利于上色。

例9：铁扒三文鱼牡蛎汁（grilled fillet of salmon with oyster sauce）

1. 原料（4份）

主料：三文鱼鱼柳800 g，干白葡萄酒25 mL，色拉油、面粉、柠檬汁、盐、胡椒粉适量。

少司料：牡蛎肉100 g，洋葱碎50 g，干白葡萄酒75 mL，黄油100 g，奶油100 mL，鱼基础汤200 mL，盐、胡椒粉适量。

配菜：煮嫩扁豆100 g，炸葱丝。

2. 制作过程

（1）三文鱼鱼柳切成长方形厚片，撒上盐、胡椒粉、柠檬汁、干白葡萄酒腌渍入味。

（2）扒炉提前预热，刷上油。

（3）三文鱼蘸上薄薄一层面粉，刷上色拉油，放在扒炉上加热，扒上焦纹，并加热至熟。

（4）用部分黄油将洋葱碎炒软，加入牡蛎肉稍炒，加入干白葡萄酒、鱼基础汤，煮3～5 min，再加入奶油、盐、胡椒粉，煮开煮透，最后放入余下的黄油搅拌均匀，制成少司。

（5）将少司放入盘中垫底，放上煮扁豆，再放上两片鱼片，撒上炸葱丝即可。

小贴士

将鱼柳表面多余的水分擦干；铁扒前在鱼柳两面刷上油脂；铁扒时要先扒制鱼柳无皮的一面；铁扒过程中不要随意翻动鱼柳，待上色出焦纹后再翻面。

3. 质量标准

口味鲜香，鱼肉焦嫩多汁。

例10：焗鲈鱼锡纸包（baked fillet of perch in papillote）（图8-6）

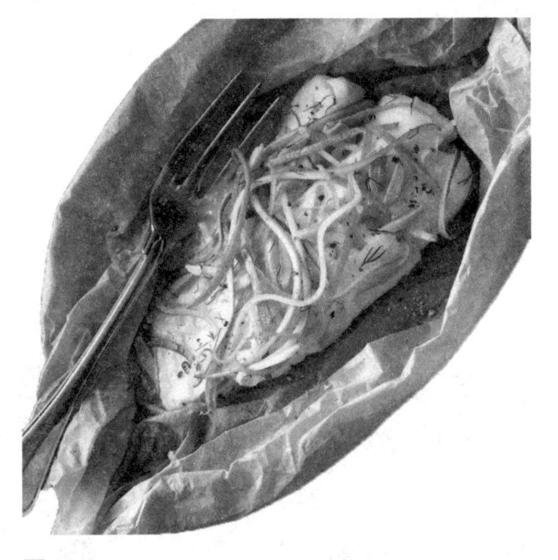

图8-6
焗鲈鱼锡纸包

1. 原料（4份）

主料：鲈鱼鱼柳4片（约400 g），锡箔纸4片，洋葱丝20 g，胡萝卜丝20 g，芹菜丝20 g，姜丝4 g，白葡萄酒15 mL，黄油、盐、胡椒粉适量。

少司料：白葡萄酒少司125 mL。

配菜：煮马铃薯，时令蔬菜。

2. 制作过程

（1）鲈鱼鱼柳斜切成大片，用盐、胡椒粉、白葡萄酒调味。

（2）锡箔纸擦上黄油，放入鲈鱼鱼柳、各种蔬菜丝，浇上白葡萄酒少司。

（3）将锡箔纸对折包裹，再将两边边缘对折。

（4）放入200℃的烤箱内，烤制10 min左右。

（5）将锡箔纸包划十字刀打开，装盘，配煮马铃薯、时令蔬菜即可。

3. 质量标准

色泽鲜艳，口味鲜香，肉质鲜嫩。

小贴士

Papillote一词为法语，原意指包裹食物的一种纸，in papillote的意思是用纸包裹原料，放入烤箱内烘烤。制作时要注意将锡箔纸袋四边卷紧、压实以防漏气。

二、其他水产品菜肴制作实例

例1：炸吉列虾排（king prawns cutlet）（图8-7）

1. 原料（4份）

主料：大虾8只，面粉10 g，面包粉50 g，鸡蛋2个，色拉油25 g，盐、胡椒粉适量。

少司料：鞑靼少司125 mL。

配菜：炸马铃薯丝100 g，柠檬片8片，炸番芫荽。

2. 制作过程

（1）大虾除去虾壳、虾头、虾肠，由背部片开成两片，剁断经脉，整形。

（2）虾排用盐、胡椒粉调味，蘸面粉、蛋液、面包粉。

（3）放入160℃的油锅中，炸制成金黄色至成熟。

（4）装盘，加上配菜，单跟鞑靼少司。

3. 质量标准

色泽金黄，虾排平整不卷曲，口味鲜香，肉质鲜嫩。

图8-7
炸吉列虾排

小贴士

加工虾排时，要将虾肉的经脉纤维斩断，以防止炸制时虾体变形、扭曲，影响菜肴的美观；虾排炸制后要放在吸油纸上，去除表面多余油脂，避免虾排过于油腻。

例2：炸奶油虾球（fried prawn croquettes）（图8-8）

1. 原料（4份）

主料：净虾肉300 g，稠奶油少司300 g，面包粉100 g，面粉20 g，鸡蛋2个，干白葡萄酒50 mL，盐、胡椒粉适量。

图 8-8
炸奶油虾球

小贴士

奶油少司的浓度应呈膏状，不粘手；炸制虾球时油温要高，以使其表面能较快地结成硬壳，防止虾球因炸制时间过长而破损、开裂。

图 8-9
炸牡蛎弗打

小贴士

面糊内加入打发的蛋清后，要轻轻搅拌均匀，不可用力；蛋清面糊调制后应马上使用，以免打发的蛋清泡沫破损，影响菜肴质量；炸制挂蛋清面糊的菜肴油温要低，以保证其能充分膨胀。

配菜：炸马铃薯丝，时令蔬菜。

2. 制作过程

（1）净虾肉切成小丁，放入稠奶油少司内，加入干白葡萄酒、适量的面包粉、盐、胡椒粉，搅拌均匀。

（2）将调好的虾馅搓成瓶塞形或球形，蘸上面粉、鸡蛋液、面包粉。

（3）放入175℃油锅中，炸至成熟上色。

（4）装盘，盘边配上炸马铃薯丝及时令蔬菜即可。

3. 质量标准

色泽金黄，虾球不破、不裂，口味鲜美、微咸，外焦里嫩。

例3：炸牡蛎弗打（oyster fritter）（图8-9）

1. 原料（4份）

主料：生牡蛎肉300 g，面粉300 g，牛奶（或水）250 mL，打发的蛋清2个，柠檬汁、盐、胡椒粉适量。

少司料：沙拉酱125 mL，香葱末10 g，番芫荽末5 g，柠檬皮5 g，柠檬汁、芥末、盐、胡椒粉适量。

配菜：炸番芫荽。

2. 制作过程

（1）将沙拉酱、香葱末、番芫荽末、柠檬皮混合，用柠檬汁、芥末、盐、胡椒粉调味，搅拌均匀，制成少司。

（2）生牡蛎肉洗净，放入沸水中略焯，取出控干水分，晾凉。用盐、胡椒粉、柠檬汁调味。

（3）将面粉与牛奶（或水）混合，加入打发的蛋清，搅拌均匀，调成面糊。

（4）牡蛎肉蘸上面粉，挂上面糊，放入160℃油锅中，以小火炸至成熟上色。

（5）装盘，加上配菜，单跟少司。

3. 质量标准

色泽金黄，口味鲜香，松软鲜嫩。

例4：公主式煎鲜贝（pan-seared scallops princess style）（图8-10）

1. 原料（4份）

主料：鲜贝16粒（约500 g），清黄油50 g，甜红椒20 g，甜黄椒20 g，青椒20 g，洋葱20 g，香菇20 g，鸡蛋2个，面粉、柠檬汁、盐、胡椒粉适量。

配菜：散叶生菜，酸黄瓜。

图8-10
公主式煎鲜贝

2. 制作过程

（1）甜红椒、甜黄椒、青椒、洋葱、香菇切成丝。

（2）鸡蛋打散，加入蔬菜丝，用盐、胡椒粉调味，搅拌均匀。

（3）煎盘内加少量油，放入蛋液蔬菜丝，拢成圆饼状，用小火将其煎至定形，然后放入烤箱内烤熟，制成蔬菜蛋饼备用。

（4）鲜贝洗净，用柠檬汁、盐、胡椒粉调味。

（5）鲜贝蘸上薄薄一层面粉，用清黄油将鲜贝两面煎至上色成熟。

（6）将蔬菜蛋饼垫底，上面放鲜贝，四周配散叶生菜、酸黄瓜即可。

小贴士

煎制蔬菜蛋饼时油温要低，以使蔬菜能够变软而鸡蛋又不会上色过度；煎制鲜贝时不要随意翻动，否则不易上色，煎制2～3 min上色后再煎另一面。

3. 质量标准

色泽鲜艳，口味鲜香，鲜贝微咸，鲜嫩多汁。

例5：莳萝烩海鲜（stewed seafood with dill cream sauce）

1. 原料（4份）

主料：新鲜净鱼肉400 g，大虾200 g，鲜贝150 g，奶油少司400 mL，奶油100 mL，洋葱碎50 g，蒜碎40 g，黄油50 g，白葡萄酒50 mL，鲜莳萝、白兰地酒、盐适量。

配菜：黄油米饭。

小贴士

海鲜丁切得要大小适当，不可过小；炒制海鲜丁时要小心轻翻，不要使其破碎；烩制时间不要过长，否则会造成海鲜肉质干柴；莳萝要最后放入少司内，以避免其变色。

2. 制作过程

（1）净鱼肉、鲜贝切成丁，大虾去虾头、虾壳、虾肠，切成丁。

（2）用黄油炒洋葱碎、蒜碎，炒软后放入海鲜丁，小火稍炒，烹入白兰地酒和白葡萄酒，放入奶油少司、鲜莳萝、盐，最后加入奶油煮开煮透。

（3）装盘，配黄油米饭即可。

3. 质量标准

色泽洁白，有光泽，口味鲜香，鱼肉鲜嫩。

例6：海鲜椰菜卷（stuffed cabbage with seafood）

海鲜椰菜卷

1. 原料（4份）

主料：甘蓝菜叶4～8片，石斑鱼鱼柳300 g，鲜贝150 g，虾肉150 g，蟹肉100 g，干白葡萄酒50 mL，柠檬汁、橄榄油、盐、胡椒粉适量。

少司料：橄榄油100 g，甜红椒20 g，甜黄椒20 g，青椒20 g，柠檬汁、盐、胡椒粉适量。

配菜：时令蔬菜。

2. 制作过程

（1）将甘蓝菜叶放入热水中烫2～3 min烫软，晾凉，备用。

（2）各类海鲜切成大粒，用干白葡萄酒、柠檬汁、橄榄油、盐、胡椒粉腌渍入味。

（3）用橄榄油将海鲜粒炒香。

（4）用烫软的菜叶将海鲜包成卷，放入蒸箱内以大火蒸2～3 min。

（5）甜红椒、甜黄椒、青椒切成粒，用橄榄油炒香，加入柠檬汁、盐、胡椒粉调味，制成少司。

（6）将海鲜菜卷放于盘内，浇上少司，配时令蔬菜即可。

小贴士

要将菜叶中间部分的硬叶梗去除；菜叶烫软后放入冰水中浸泡，可更有效地保持其翠绿的色泽；菜卷要卷扎紧实，不破、不漏；蒸制时间不要过长，以免造成海鲜肉质干柴。

3. 质量标准

色泽鲜艳、有光泽，口味鲜香，肉质鲜嫩。

例7：海鲜卷（seafood roulade）（图8-11）

海鲜卷

1.原料（4份）

主料：白色鱼柳300 g，大虾150 g，鲜贝肉200 g，海苔片4片，培根片8片，奶油75 mL，柠檬汁10 mL，盐、胡椒碎适量。

少司料：奶油芥末少司200 mL。

配菜：马铃薯泥、胡萝卜、橄榄。

2. 制作过程

图8-11
海鲜卷

（1）大虾去虾肠，用水煮熟后，去虾壳，备用。

（2）鱼柳切块，与鲜贝肉一同放入打碎机，打碎成泥，过细筛。

（3）鱼泥内加入奶油、柠檬汁、盐、胡椒碎调味，搅打上劲，放入冰箱冷藏备用。

（4）用纱布或保鲜膜垫底，平铺上培根片，抹上一层鱼泥，码放海苔片，再在海苔片上抹一层鱼泥，将虾肉码放在中间。

（5）用纱布或保鲜膜将其卷成卷，两端用绳扎紧。

（6）将海鲜卷放入热水中，用微沸的温度加热使其成熟。

小贴士

roulade：烹调术语，指用薄片肉类包裹原料制成肉卷。

鱼泥要打细腻，搅打要充分上劲，使其有一定的可塑性；煮制时温度要控制在微沸状态，煮制的温度过高会使内部出现大量气孔。

（7）取出，静置5 min，切段装盘、配菜，浇上奶油芥末少司即可。

3. 质量标准

色泽鲜艳，海鲜肉洁白、细腻，口味鲜香、微咸，口感鲜嫩多汁。

例8：莫内少司焗海鲜（seafood gratin with mornay sauce）

莫内少司焗海鲜

1. 原料

主料：白色鱼柳200 g，虾100 g，扇贝100 g，蛤蜊肉50 g，蘑菇100 g，帕尔玛奶酪粉200 g，熟马铃薯200 g，干白葡萄酒60 mL，洋葱碎25 g，黄油25 g，柠檬汁、盐、胡椒粉适量。

少司料：莫内少司500 mL 。

配菜：柠檬片。

2. 制作过程

（1）将各类海鲜洗净，切成块或片，用干白葡萄酒、柠檬汁、盐、胡椒粉腌渍入味。

（2）将海鲜肉温煮至成熟，用冰水过凉，控干水分备用。

（3）熟马铃薯切丁，蘑菇切片，用黄油将洋葱碎炒香，备用。

小贴士

浅焗的烹调方法要以面火为主，底火为辅；焗盘内抹黄油可防止海鲜肉与焗盘粘连；浇上莫内少司后要稍晾凉，待少司表面轻微凝结后再撒上奶酪粉；焗制时要控制好温度，以使少司表面均匀上色。

（4）将焗盘四周抹上黄油，浇上部分莫内少司垫底，码放上海鲜肉、马铃薯丁与蘑菇片。

（5）撒上炒香的洋葱碎，再浇上余下的莫内少司。

（6）表面撒上帕尔玛奶酪粉，放入180℃烤箱焗20 min至表面上色。

（7）上菜时，将焗盘放在平盘上，配上柠檬片即可。

3. 质量标准

色泽金黄，海鲜肉质鲜嫩，鲜香、微咸。

例9：铁扒大虾（grilled gratin with mornay sauce）（图8-12）

1. 原料（4份）

主料：大虾8只（约600 g），黄油50 g，面粉、盐、胡椒粉、柠檬汁适量。

少司料：黄油50 g，干白葡萄酒50 mL，盐、胡椒碎适量。

配菜：柠檬角、番芫荽。

2. 制作过程

（1）剪去大虾的虾须，从背部片开，保持腹部相连，去除虾肠，用柠檬汁、盐、胡椒粉腌渍入味。

（2）将大虾蘸上薄薄一层面粉，刷上熔化的黄油。

（3）将大虾放在扒炉上，扒至成熟。

（4）将干白葡萄酒加热浓缩至1/2，逐渐加入黄油粒，使其慢慢熔化，加入盐、胡椒碎调味，制成黄油汁。

（5）大虾装盘，浇上黄油汁，配柠檬角、番芫荽即可。

3. 质量标准

大虾色泽鲜红，口味鲜香、微咸，口感鲜嫩。

图8-12
铁扒大虾

小贴士

大虾开背后要用刀将虾肉断筋并整形，以防变形；铁扒炉要提前预热、刷油，以防大虾粘连在扒条上；制作黄油汁时，温度不要过高，要使黄油缓慢熔化。

例10：海鲜串（seafood brochette）（图8-13）

1. 原料（4份）

主料：净石斑鱼肉240 g，大虾200 g，鲜贝160 g，洋葱80 g，青椒

80 g，柠檬汁、盐、胡椒碎、色拉油适量。

少司料：莳萝少司200 mL。

2. 制作过程

（1）石斑鱼、鲜贝切成块，大虾去虾头、虾壳、虾肠，切成段，洋葱、青椒切成块。

（2）将加工成形的鱼肉、大虾、鲜贝用盐、胡椒碎、柠檬汁腌渍。

（3）将各类海鲜与洋葱、青椒相间穿于铁钎上，刷上色拉油。

（4）将海鲜串放在扒炉上，扒至成熟上色。

（5）将海鲜串码在盘内，撤去铁扦，浇上莳萝少司即可。

3. 质量标准

色泽鲜艳，口味鲜香微咸，鲜嫩多汁。

图8-13
海鲜串

小贴士

铁扒炉要提前预热、刷油，以防海鲜串粘连在扒条上。海鲜和蔬菜加工切块时要尽量大小、规格一致，以防高低不平影响扒烤效果；海鲜原料要尽量控干表面多余水分。

主题二 畜肉类菜肴制作

西餐烹调中，肉类菜肴和禽类菜肴是西餐正餐的第四道菜，被称为主菜（main course），是全餐的精华。畜肉类菜肴主要包括牛肉类、小牛肉类、羊肉类及猪肉类菜肴。畜肉类菜肴常用的烹调方法主要有：煎、炸、铁扒、烤、焖、烩、煮等。

一、牛肉类菜肴制作实例

例1：煎西冷牛排红酒少司（sirloin steak with red wine sauce）（图8-14）

1. 原料（4份）

主料：西冷牛排4块（800～1 000 g），黄油50 g，牛骨髓100 g，番芫荽末、盐、胡椒粉适量。

少司料：波尔多少司250 mL，干红葡萄酒60 mL，盐、胡椒粉适量。

煎西冷牛排红酒少司

图 8-14
煎西冷牛排红酒少司

小贴士

煎制前要将西冷牛排脂肪下的白色筋膜切断，以避免西冷牛排受热发生卷曲，影响牛排的美观；煎制时要先高温煎至结壳、上色，再酌情降温煎至所需火候。

图 8-15
黑胡椒肉眼牛排

小贴士

煎制牛排时不要随意晃动、翻动，以免影响牛排的快速结壳上色，使牛排肉内的汁液溢出过多；利用煎牛排时遗留在煎盘内的“残留物”制作少司的方法称为“deglaze”，化渍成汁。

配菜：炸薯条，时令蔬菜。

2. 制作过程

（1）西冷牛排用盐、胡椒粉调味。

（2）牛排用油快速煎上色，并达到要求的成熟度，放入盘内。

（3）将干红葡萄酒浓缩至1/2，加入波尔多少司，煮透，用盐、胡椒粉调味。

（4）牛骨髓切成厚片，放入热水中煮1～2 min，取出放于牛排上。

（5）将少司浇在牛排上，撒上番芫荽末，配炸薯条、时令蔬菜即可。

3. 质量标准

色泽深红，咸香适口，肉质鲜嫩。

例2：黑胡椒肉眼牛排（pepper rib eye steak）（图8-15）

1. 原料（4份）

主料：肉眼牛排4块（800～1 000 g），黑胡椒粒25 g，白兰地酒50 mL，黄油50 g，盐适量。

少司料：奶油100 mL，黄油50 g。

配菜：炸薯条，时令蔬菜。

2. 制作过程

（1）将牛排撒上盐，黑胡椒粒捣碎，撒在牛排上，用手压实。

（2）用煎盘将黄油熔化，放入牛排，快速煎上色并达到要求的成熟度，烹入白兰地酒，待酒精挥发后，将牛排取出，放入盘内。

（3）倒出煎盘内的余油，加入奶油，以大火煮沸后，再加入黄油，迅速搅打均匀，浇在牛排上，加上配菜即可。

3. 质量标准

呈深褐色，鲜香微咸，有浓郁的胡椒香味。

例3：煎菲力牛排黑胡椒少司（fried fillet steak with pepper sauce）（图8-16）

1. 原料（4份）

主料：牛里脊600～800 g，黄油50 g，盐、胡椒粉适量。

少司料：黄油100 g，黑胡椒碎80 g，洋葱碎50 g，蒜碎50 g，白兰地酒80 mL，布朗少司200 mL，奶油80 mL，盐、胡椒粉适量。

配菜：炸马铃薯条300 g，时令蔬菜200 g。

2. 制作过程

（1）将牛里脊切成3～5 cm厚的菲力牛排，用盐、黑胡椒碎调味。

（2）用黄油将牛排扒煎上色，并达到要求的成熟度，放入盘内。

（3）用黄油将洋葱碎、蒜碎、黑胡椒碎炒香，烹入白兰地酒，加入布朗少司，煮开煮透后加入奶油、软化的黄油搅打均匀，制成少司。

（4）将少司浇在牛排上，配上配菜即可。

3. 质量标准

呈深褐色，肉质鲜嫩，口味咸香并有浓郁的胡椒香味。

图8-16
煎菲力牛排黑胡椒少司

小贴士

要用小火将胡椒碎炒香、炒透后再加入少司。

例4：海鲜牛排（surf and turf）

海鲜牛排

1. 原料（4份）

主料：牛里脊600 g，大虾4只，黄油25 g，沙拉酱25 mL，马苏里拉奶酪粉、柠檬汁、盐、胡椒碎适量。

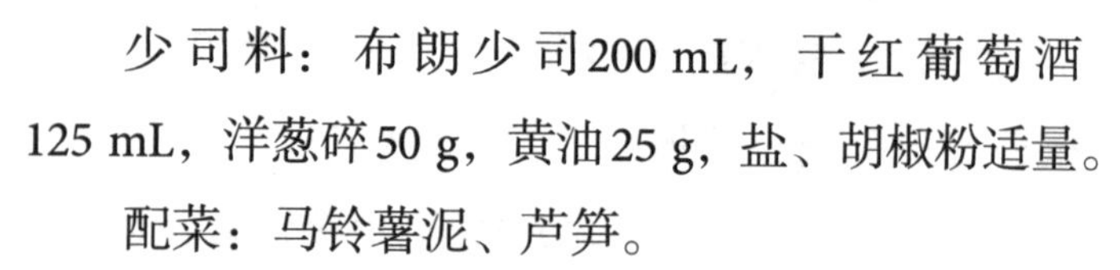

少司料：布朗少司200 mL，干红葡萄酒125 mL，洋葱碎50 g，黄油25 g，盐、胡椒粉适量。

配菜：马铃薯泥、芦笋。

2. 制作过程

（1）将牛里脊切成3～5 cm厚的菲力牛排，用盐、黑胡椒碎调味。

（2）大虾开背，去虾肠，用柠檬汁、盐、胡椒碎腌渍入味。

（3）将大虾抹上沙拉酱、撒上马苏里拉奶酪

小贴士

海鲜牛排又称海陆双拼、海陆大餐。一些高档餐厅常会将菲力牛排搭配一只龙虾尾或大明虾，称作“surf and turf”。surf是冲浪，代表海产；turf是草皮，代表牛的牧草。煎制牛排时要先高温煎至结壳上色，再酌情降温煎至所需火候；大虾要断筋、整形，以防加热后变形。

粉，放入180℃烤箱焗至成熟上色。

（4）将干红葡萄酒加洋葱碎加热浓缩至1/2，加入布朗少司，煮透，加盐、胡椒调味，过滤，保温。

（5）牛排用油快速煎上色，并达到要求的成熟度，静置。

（6）将大虾、菲力牛排码放在盘内，配上配菜，少司放入少司盅内单跟。

3. 质量标准

牛排呈深褐色、大虾呈金黄色，口感鲜嫩多汁，口味咸香并有浓郁的胡椒香味。

例5：铁扒菲力牛排马德拉酒少司（grilled fillet steak with Madeira sauce）（图8-17）

图8-17
铁扒菲力牛排马德拉酒少司

1. 原料（4份）

主料：牛里脊600～800 g，色拉油50 g，黄油75 g，盐、胡椒粉适量。

少司料：马德拉酒少司125 mL。

配菜：炸薯条，时令蔬菜。

2. 制作过程

（1）牛里脊剔除筋膜，切成4块，加工成3 cm厚的片，撒盐、胡椒粉调味，刷上色拉油。

（2）将牛排放入提前预热、刷油的扒炉上，扒至所需的火候，放入盘内。

（3）将黄油熔化，淋在牛排上，配炸薯条、时令蔬菜，单跟马德拉酒少司。

3. 质量标准

呈棕褐色，有网状焦纹，外焦里嫩，焦香微咸。

小贴士

扒炉要提前预热、刷油；铁扒时温度要高，时间要短，以充分保持牛排内部的水分；铁扒时不要随意翻动牛排，待一面上色出焦纹后再翻转铁扒另一面。

例6：铁扒T-骨牛排（grilled T-bone steak）（图8-18）

1. 原料（4份）

主料：T-骨牛排4块（1 400～1 600 g），色拉油50 g，黄油75 g，盐、黑胡椒粉适量。

配菜：炸薯条，时令蔬菜。

2. 制作过程

（1）将T-骨牛排撒盐、胡椒粉调味，刷上色拉油。

（2）将牛排放入提前预热、刷油的扒炉上，扒至所需的火候，放入盘内。

（3）将黄油熔化，淋在牛排上，配炸薯条、时令蔬菜即可。

3. 质量标准

呈棕褐色，有网状焦纹，外焦里嫩，焦香微咸。

图8-18
铁扒T-骨牛排

小贴士

T-骨牛排体型较大，扒制的时间相对较长，如牛排上色但未达到成熟标准，可放入烤箱加热，直至达到成熟标准。

例7：炒俄式牛肉丝（beef stroganoff）

1. 原料（4份）

主料：牛里脊肉600 g，洋葱60 g，青椒60 g，番茄50 g，蘑菇50 g，布朗少司200 mL，干红葡萄酒100 mL，酸奶油40 mL，番茄酱50 g，色拉油、红椒粉、盐、胡椒粉适量。

炒俄式
牛肉丝

配菜：黄油炒米饭，时令蔬菜。

2. 制作过程

（1）牛里脊切成1.5 cm粗的条，用红椒粉、盐、胡椒粉调味。

（2）洋葱、青椒、番茄切成粗丝，蘑菇切成片。

（3）用煎盘将色拉油加热，放入牛里脊肉，用大火迅速将牛里脊肉丝炒变色。

（4）另用一煎盘将番茄酱炒透，放入洋葱丝、青椒丝、蘑菇片和番茄丝，稍炒，加入牛肉丝、干红葡萄酒、布朗少司、盐、胡椒粉，最后放入酸奶油，煮至浓稠。

（5）将炒好的肉丝倒入盘中，配上黄油炒米饭及时令蔬菜即可。

3. 质量标准

色泽深红，口味浓香，肉质鲜嫩，咸酸适口。

小贴士

stroganoff：烹饪术语，指俄式炒牛肉丝，来源于19世纪俄国的斯特罗加诺夫家族，故也称斯特罗加诺夫牛肉。

牛肉丝切成手指粗细，不要切得过细，以免炒制后过于干柴；炒制牛肉丝时油温要高，翻炒动作要快，使牛肉丝快速上色；牛肉丝与少司混合后加热时间不要过长，以免牛肉丝干柴。

例8：匈牙利烩牛肉（beef goulash）

匈牙利烩牛肉

1. 原料（4份）

主料：牛胸肉（或臀部肉）600 g，洋葱块200 g，红椒粉（paprika）20 g，番茄酱或鲜番茄汁25 g，猪油50 g，面粉30 g，红葡萄酒100 mL，基础汤或水1 000 mL，盐、胡椒粉适量。

配菜：黄油米饭。

2. 制作过程

（1）将牛胸肉切成2 ~ 3 cm见方的块，撒盐、胡椒粉调味。

（2）将猪油加热，放入牛肉块煎上色，再加入洋葱块，炒3 ~ 5 min至洋葱变软。

（3）加入面粉、红椒粉、番茄酱炒透，用盐、胡椒粉调味。

（4）逐渐冲入温热的基础汤或水，浸没原料，并搅拌均匀，再加入红葡萄酒，煮沸，撇去浮沫，改小火加热保持微沸至牛肉成熟酥软。

（5）装盘，配黄油米饭。

3. 质量标准

色泽深红，汁浓肉烂，鲜香味美。

小贴士

制作匈牙利烩牛肉时，要大火快速将牛肉块煎至结壳上色；番茄酱要炒透，待出“红油”后再加入基础汤；烩制时一定要保持液体为微沸状态，如果液体温度过高会使牛肉干柴。

例9：红酒焖牛肉（braised beef in red wine）

1. 原料（4份）

主料：牛胸肉1 500 g，猪肥膘100 g，番茄酱50 g，黄油50 g，蔬菜香料（洋葱、胡萝卜）200 g，布朗基础汤500 mL，布朗少司125 mL，干红葡萄酒200 mL，香草束（百里香、番芫荽梗、香叶）、橄榄油、盐、胡椒粉适量。

配菜：煮绿面条，时令蔬菜。

2. 制作过程

（1）将猪肥膘切成细条，用肉针嵌入牛胸肉中，用线绳将牛胸肉捆扎成形。

（2）用干红葡萄酒、蔬菜香料（洋葱、胡萝卜）、香草束（百里香、番芫荽梗、香叶）、橄榄油、盐、胡椒粉将牛胸肉腌制24 h，使其肉质松软入味。

（3）用黄油将整块牛肉四周煎上色。

小贴士

焖牛肉要选用较大的、整块的瘦牛肉；穿嵌猪肥膘是为了补充油脂，以防牛肉干柴；加红葡萄酒腌制牛肉可以使肉质变松软，利于牛肉纤维软化；焖制的汤汁应浸没至牛肉的1/2左右，不要完全浸没牛肉；焖制时容器要加盖密封，以防水分挥发过多；牛肉焖熟后要再刷油入烤箱烘烤，使其表面干松有光泽。

（4）将腌制牛肉的蔬菜香料用黄油炒香，放入焖锅内垫底，放入煎上色的牛肉，加入布朗基础汤、干红葡萄酒、番茄酱、香草束煮沸，撇去浮沫，盖上盖。

（5）放入180℃的烤箱中，使焖锅中的汤液保持微沸状态，焖2 ~ 3 h。

（6）将焖熟的牛肉取出，刷上油，放入200℃烤箱再烘烤5 ~ 10 min。

（7）将焖锅内的原汁过滤，加入布朗少司，上火煮沸，撇沫，加入盐、胡椒粉调味，浓缩制成少司。

（8）上菜时，将牛肉切成厚片，每份2 ~ 3片，浇上原汁少司，配煮绿面条、时令蔬菜即可。

3. 质量标准

呈深红色，有光泽，肉质酥软，咸香适口。

例10：烤牛外脊（roasted sirloin of beef）（图8-19）

1. 原料（6份）

主料：牛外脊1条（约1 400 g），牛骨、植物油、盐、胡椒粉适量。

少司料：布朗少司200 mL，红葡萄酒100 mL，蔬菜香料（洋葱、胡萝卜、芹菜）200 g，香草（百里香、香叶）、盐、胡椒粉适量。

配菜：炸薯条，时令蔬菜。

2. 制作过程

（1）牛外脊剔除筋膜及多余的脂肪，用线绳捆扎成形，撒盐、胡椒粉调味。

（2）用热油将牛外脊煎上色，放在烤盘内的牛骨上。蔬菜香料切成片，放于烤盘内。

（3）将烤盘放入烤炉内，先高温烤10 ~ 15 min，再降温烤至所需火候，并不断往牛外脊上刷油脂。

（4）将烤盘内的牛骨、蔬菜香料及肉汁倒入锅内，加入布朗少司、红葡萄酒、香草煮沸，撇沫，用盐、胡椒粉调味，过滤制成少司。

（5）将烤好的牛外脊取出，静置10 min左右，去除线绳，切成厚片，放入盘内，浇上少司，配炸薯条、时令蔬菜即可。

图8-19
烤牛外脊

小贴士

牛外脊要用线绳捆扎，以免烤制时变形；烤制时要将牛肉放于烤盘内的烤架上，以利于底部空气流通；牛外脊从烤箱内取出后，要静置10 min左右后再切片，以免造成内部水分流失过多。

3. 质量标准

口味鲜香、微咸，肉质鲜嫩多汁。

例11：惠灵顿牛柳（beef Wellington）

1. 原料（6份）

惠灵顿牛柳

主料：牛里脊1条（约1 500 g），鹅肝750 g，清酥面1 000 g，黄油50 g，波特红葡萄酒100 g，植物油、盐、胡椒粉、蛋液适量。

少司料：熟鹅肝100 g，红葡萄酒少司500 mL，盐、胡椒粉适量。

配菜：煮胡萝卜橄榄球，时令蔬菜。

2. 制作过程

小贴士

牛里脊煎制后一定要晾凉，以使其控出血水；鹅肝腌渍后一定要擦干表面的水分后再使用；要保证肉批上气孔的通畅，以利于在烘烤过程中排气；烘烤肉批的烤箱最好选用带有蒸汽的烤箱，可以防止清酥面皮表面干结而使其膨胀不均匀。

（1）将牛里脊整条切去头尾两端，剔除筋膜及多余的脂肪，撒盐、胡椒粉调味。

（2）用植物油与黄油将牛里脊煎至三四成熟后，取出，控去油脂和血水。

（3）鹅肝去血污、去筋，切成3 cm厚的片，用波特红葡萄酒、盐、胡椒粉腌制2h后控去血水。

（4）将清酥面擀成1 cm厚、40 cm长、20 cm宽的长方形面片，再擀一张1 cm厚、40 cm长、40 cm宽的片。

（5）在烤盘上抹上一层黄油，将擀好的小片清酥面放在上面，将牛柳放于面片中央，再在牛柳上均匀地码上腌制好的鹅肝，在牛柳四周面片上刷上蛋液，将另一张大的清酥面片铺盖在牛柳的上面，用手将两面片的四周压实，与牛柳留2 cm的距离，去掉四边，表面再刷上蛋液，贴上装饰的面皮，用钢针在面片上再扎数个气孔，放入冰箱冷藏30 min。

（6）将冷藏后的牛柳放入190～200℃的烤箱中，烤至面片呈金黄色时取出。

（7）将熟鹅肝过箩成泥，加入红葡萄酒少司中，用盐、胡椒粉调味，煮透即可。

（8）上菜时，将酥皮牛柳用锯刀切成2～3 cm厚的片，平码在盘中，浇上少司，配煮胡萝卜橄榄、时令蔬菜即可。

3. 质量标准

外酥里嫩、浓香微咸。

例12：汉堡牛扒（hamburger steak）

1. 原料（4份）

主料：牛肉馅400 g，洋葱碎50 g，黄油25 g，鲜面包片100 g，鸡蛋2个，面粉、盐、胡椒粉适量。

配菜：煎鸡蛋，炸洋葱圈。

2. 制作过程

（1）用少量黄油将洋葱碎炒香。鲜面包片切去四边浸入温水中，取出并挤干水分。

（2）将牛肉馅、洋葱碎、面包片、鸡蛋、盐、胡椒粉混合，调匀搅拌上劲。

（3）将搅好的牛肉馅分成4份，蘸上少量的面粉揉成圆球，按平，制成圆饼形。

（4）将黄油熔化，放入肉饼，用小火将两面煎至成熟上色。

（5）将肉饼放于盘内，上面摆放一个煎鸡蛋，配炸洋葱圈即可。

3. 质量标准

颜色金黄，味鲜香，肉软嫩多汁。

小贴士

将牛肉饼放入冰箱内冷藏1 ~ 2 h后再煎制，可以使牛肉扒更好地结壳上色；煎制牛扒时要用小火且不要随意翻动，待牛扒结壳上色后再翻转。

二、小牛肉菜肴制作实例

例1：炸意式奶酪小牛排（crumbed veal scalloppini）（图8-20）

1. 原料（4份）

主料：小牛肉600 g，面包粉100 g，帕尔玛奶酪粉30 g，法香碎5 g，面粉25 g，鸡蛋2个，第戎芥末酱15 g，植物油、盐、胡椒粉适量。

配菜：柠檬角、马铃薯泥、时令蔬菜。

图8-20
炸意式奶酪小牛排

2. 制作过程

（1）将小牛肉切厚片，用拍刀拍成薄片，加入盐、胡椒粉调味。

（2）将帕尔玛奶酪粉、法香碎与面包粉混合；鸡蛋与第戎芥末酱混合均匀。

（3）将小牛排蘸上一层薄薄的面粉，挂上蛋液，再蘸面包粉混合物。

（4）小牛排放入油锅，用中火炸至两面金黄

小贴士

小牛排蘸面包粉后要压实，在一面压上刀纹以防炸制后“脱皮”；小牛排炸制后要放在吸油纸上以去除多余油脂。

色，成熟。

（5）将小牛排装盘，配上柠檬角、马铃薯泥、时令蔬菜即可。

3. 质量标准

色泽金黄色，有浓郁的奶酪香味，外焦里嫩。

例2：维也纳炸小牛肉排（Wiener schnitzel）（图8-21）

图8-21
维也纳炸小牛肉排

知识拓展

维也纳炸小牛肉排（wiener schnitzel）是一道奥地利名菜，奥地利当地规定只有以小牛肉为原料的才可以称作wiener schnitzel，而以猪肉或鸡肉等为原料的只能称作schnitzel（炸肉排）。

1. 原料（4份）

主料：小牛腿肉600 g，鸡蛋2个，面粉50 g，面包粉75 g，黄油50 g，柠檬汁、盐、胡椒粉适量。

配菜：柠檬片，炸薯条，时令蔬菜。

2. 制作过程

（1）将小牛腿肉剔去硬筋，切成大片，用拍刀拍平，加入盐、胡椒粉调味。

（2）将小牛肉排蘸上一层薄薄的面粉，挂上蛋液，再裹上面包粉，压实。

（3）将小牛肉排放入175 ℃的油锅中，炸成金黄色，成熟。

（4）将小牛肉排放在盘内，浇上熔化的黄油和柠檬汁，上面放柠檬片，盘边配炸薯条、时令蔬菜即可。

3. 质量标准

呈金黄色，香嫩咸鲜。

例3：普罗旺斯煎小牛肉片（provencal veal）

1. 原料（4份）

主料：小牛后腿肉600 g，鸡蛋1个，面包粉75 g，面粉50 g，百里香、迷迭香、他拉根、番芫荽末、盐、胡椒粉、橄榄油、水适量。

少司料：牛基础汤40 mL，黄油100 g，橄榄油100 g，番茄粒100 g，罗勒、盐、胡椒粉适量。

配菜：时令蔬菜。

2. 制作过程

（1）小牛后腿肉剔去硬筋，切成大片，用拍刀拍平，用盐、胡椒粉调味。

（2）将鸡蛋、橄榄油、盐、胡椒粉及适量的水混合，搅拌均匀，制成鸡蛋糊。

（3）面包粉内加入百里香、迷迭香、他拉根、番芫荽末、盐、胡椒粉、橄榄油，搅拌均匀，制成香草面包粉。

（4）将小牛肉片蘸上一层薄薄的面粉，挂上鸡蛋糊，再蘸上香草面包粉。

（5）用油将其煎至成熟上色。

（6）将牛基础汤煮至原来的1/2，加入番茄粒、罗勒、盐、胡椒粉、橄榄油煮透，过箩，加入软化的黄油调剂浓度，制成少司。

（7）将小牛肉片放入盘内，浇上少司，配上时令蔬菜即可。

小贴士

面包粉要用手压实，以防煎制时脱落；煎制时油量要多些，油温不宜过高，待一面煎上色后再翻转煎制另一面。

3. 质量标准

外酥里嫩，咸鲜适口，香草味浓郁。

例4：铁扒小牛排蘑菇少司（grilled veal cutlet with mushroom sauce）

1. 原料（4份）

主料：肋骨小牛肉排4块，冬葱碎25 g，蘑菇片100 g，黄油25 g，奶油少司200 mL，干白葡萄酒100 mL，色拉油、盐、胡椒粉适量。

配菜：意大利面条，时令蔬菜。

2. 制作过程

（1）将肋骨小牛肉排整形、露出肋骨，加入盐、胡椒粉调味，刷上色拉油。

（2）将小牛肉排放入提前预热、刷油的扒炉上，扒至所需的火候。

（3）用黄油以小火炒冬葱碎至软，加入蘑菇片、干白葡萄酒，浓缩煮至1/2，加入奶油少司、盐、胡椒粉调味，制成蘑菇少司。

（4）小牛肉排装盘，配意大利面条、时令蔬菜，单跟蘑菇少司。

小贴士

铁扒炉要提前预热、刷油；铁扒时不要随意翻动小牛排，待一面上色扒出“焦纹”后再翻转扒制另一面；用小火将冬葱碎炒软，但不要上色；干白葡萄酒要浓缩至一半以上。

3. 质量标准

色泽棕褐色，有网状焦纹，焦香微咸。

例5：炒小牛肉片（saute veal escalope）

1. 原料（4份）

主料：小牛肉600 g，清黄油50 g，洋葱50 g，白蘑菇50 g，布朗少司75 mL，红葡萄酒25 mL，奶油25 mL，盐、胡椒粉适量。

配菜：黄油米饭。

小贴士

炒小牛肉片时油温要高，以使其快速变色，保持其更多的水分。加入红葡萄酒后要适当煮制，以使其酒精挥发；小牛肉片放入少司内后，加热时间不要过长，以免造成肉质干柴。

2. 制作过程

（1）将小牛肉切成薄片，加入盐、胡椒粉调味。洋葱、白蘑菇切成块。

（2）用清黄油以大火将小牛肉片炒至七八成熟。

（3）用清黄油炒洋葱至软，加入蘑菇块稍炒，烹入红葡萄酒，加入布朗少司煮透。

（4）将小牛肉片放入少司内，加入奶油、盐、胡椒粉调味。

（5）装盘，配黄油米饭即可。

3. 质量标准

色泽暗红，鲜嫩香浓，味咸香。

例6：白汁烩小牛肉（veal fricassee）（图8-22）

1. 原料（4份）

主料：小牛肉800 g，白蘑菇100 g，蔬菜香料（洋葱、胡萝卜）100 g，香叶2片，盐、胡椒粒、橄榄油适量。

少司料：黄油60 g，面粉60 g，白色小牛肉基础汤600 mL，奶油120 mL，盐、胡椒粒适量。

配菜：黄油米饭。

2. 制作过程

（1）将小牛肉切成块，用盐调味；白蘑菇切成块。

（2）将小牛肉块用油煎上色，放入锅中，加入水、盐、蔬菜香料、香叶、胡椒粒，加热至沸，改小火加热保持微沸，煮至八成熟，将小牛肉取出。

（3）用黄油炒面粉，炒至松散，不要上色。逐渐加入热的白色小牛肉基础汤，搅拌均匀，加入奶油，煮透，制成少司。

（4）将小牛肉和白蘑菇块，放入少司内，烩至小牛肉成熟。

（5）装盘，配黄油米饭。

3. 质量标准

色泽乳白，鲜嫩肥润。

图8-22
白汁烩小牛肉

小贴士

少司量不宜多，以将覆盖原料为宜；烩制时少司的温度应保持在微沸状态（80～90℃）；烩制的过程中容器要加盖密封，以防止水分蒸发过多。

例7：焖小牛膝肉（osso bucco à la dijon）（图8-23）

1. 原料（4份）

主料：带骨牛膝肉4块，番茄酱50 g，蔬菜香料（洋葱、胡萝卜、芹菜）200 g，大蒜片20 g，香叶2片，红葡萄酒50 mL，马德拉酒25 mL，面粉、橄榄油、盐、胡椒粉适量。

少司料：第戎芥末酱25 g，冬葱碎25 g，小牛肉基础汤125 mL，奶油80 mL，黄油75 g，盐、胡椒粉适量。

配菜：时令蔬菜。

图8-23
焖小牛膝肉

2. 制作过程

（1）带骨牛膝肉用盐、胡椒粉调味，蘸上面粉，用橄榄油快速将四周煎上色。

（2）用橄榄油将蔬菜香料、大蒜片炒香，加入番茄酱炒透，再加入红葡萄酒、马德拉酒、香叶煮15 min左右，倒入焖锅内。

（3）将煎上色的带骨牛膝肉放入焖锅，焖锅加盖，放入180℃的烤箱内，焖2～3 h至牛膝肉熟透。

（4）用部分黄油将冬葱碎炒香，加入小牛肉基础汤和奶油，煮透，再加入第戎芥末酱、盐、胡椒粉，最后加入余下的黄油，调节浓度，制成少司。

（5）将焖熟的牛膝肉用油煎香，放入盘内，浇上少司，配时令蔬菜即可。

小贴士

Osso bucco是意大利文，意思是带孔的骨头；焖制时将牛膝骨的骨头竖直摆放在焖锅内，以充分保留牛膝骨内的骨髓，不使其流失过多。

3. 质量标准

色泽暗红，肉质软嫩，口味咸香、微辣。

例8：英式煎小牛肝（calf's liver a l'anglaise）（图8-24）

1. 原料（4份）

主料：小牛肝600 g，黄油50 g，面粉25 g，盐、胡椒粉适量。

少司料：布朗少司125 mL，雪利酒、辣酱油、盐、胡椒粉适量。

图8-24
英式煎小牛肝

小贴士

煎制小牛肝时，待一面煎上色后翻转煎制另一面，两面上色即可，千万不要过火而使小牛肝发硬、干柴；小牛肝煎制后要静置，待出血水后再装盘。

配菜：马铃薯泥，煎培根。

2. 制作过程

（1）将小牛肝切成2 cm厚的片，加入盐、胡椒粉调味，蘸上一层面粉。

（2）用黄油以大火将小牛肝两面煎上色，控掉多余的油脂。

（3）烹入雪利酒、辣酱油，加入布朗少司、盐、胡椒粉调味。

（4）上菜时，将小牛肝放入盘内，浇上原汁，配马铃薯泥、煎培根即可。

3. 质量标准

色泽紫红，鲜香软嫩。

三、羊肉类菜肴制作实例

例1：煎羊排芥末汁（lamb cutlets with mustard sauce）（图8-25）

1. 原料（4份）

主料：格利羊排8～12块，面包粉50 g，熟扁桃仁片25 g，蒜碎10 g，番芫荽末5 g，鸡蛋2个，芥末酱、面粉、植物油、盐、胡椒粉适量。

少司料：白少司125 mL，芥末酱15 g，盐、胡椒粉适量。

配菜：焗番茄，时令蔬菜。

图8-25
煎羊排芥末汁

2. 制作过程

（1）将羊排整形，用拍刀稍拍，撒上盐、胡椒粉，抹上芥末酱调味。

（2）将熟扁桃仁片切碎，与面包粉、番芫荽末、蒜碎混合，搅匀。

（3）将羊排蘸上面粉，挂上蛋液，再蘸上面包粉混合物。

（4）用油将羊排两面煎成金黄色。

（5）将羊排取出，放入烤盘内，入烤箱稍烤至成熟。

（6）白少司内加入芥末酱、盐、胡椒粉煮透，制成少司。

（7）装盘，配菜，单跟少司。

小贴士

扁桃仁片要碾碎，颗粒不要太大；蘸面包粉要用手压实，以防煎制时脱落；煎制时油量要多些，油温不宜过高，待一面上色后再翻转煎制另一面。

3. 质量标准

色泽金黄，外焦里嫩，口味咸香、微辣。

例2：铁扒格利羊排（grilled lamb cutlets）（图8-26）

1. 原料（4份）

主料：格利羊排8～12块，植物油50 g，胡椒碎、盐适量。

少司料：番芫荽、黄油。

配菜：炸薯条，铁扒番茄，生菜。

2. 制作过程

（1）羊排用拍刀稍拍，撒上盐、胡椒碎，刷上植物油。

（2）将羊排放入提前预热、刷油的扒炉上，扒至上色成熟，放入盘内。

（3）上菜时，将番芫荽切末、黄油切片，放于羊排上，配炸薯条、铁扒番茄、生菜即可。

3. 质量标准

呈棕褐色，有网状焦纹，鲜嫩焦香，味微咸。

图8-26
铁扒格利羊排

小贴士

铁扒炉要提前预热刷油；格利羊排相对较薄，扒炉的温度要高些，以使其快速成熟，减少水分流失；铁扒时不要随意翻动羊排，待一面上色扒出“焦纹”后再翻转扒制另一面。

例3：法式香草面包羊排（herb-crusted rack of lamb）（图8-27）

1. 原料（3份）

主料：六肋羊排1条，法式芥末酱20 g，面包粉50 g，黄油50 g，蒜碎、杂香草、盐、胡椒粉适量。

少司料：薄荷少司250 mL。

配菜：烤马铃薯，时令蔬菜。

2. 制作过程

（1）将黄油熔化，加入蒜碎、杂香草炒香，放入面包粉混合均匀，制成香草面包粉。

图8-27
法式香草面包羊排

（2）将羊排整形，剔去多余的脂肪，表面剞上交叉的花刀，撒上盐、胡椒粉调味。

（3）用油将羊排炸上色，放入200℃烤箱内烤至七八成熟。

小贴士

用小火将蒜碎、杂香草炒香后再加入面包粉搅拌均匀，不要使面包粉上色；羊排表面要保留部分脂肪，以利于烤制；羊排烤好要稍晾凉后再切片，以利于保持羊排的水分。

（4）取出羊排，在其表面抹上一层法式芥末酱，均匀撒上香草面包粉。

（5）将羊排再放入烤箱内，烤至香草面包粉上色。

（6）将羊排沿肋骨切成片，配上烤马铃薯、时令蔬菜，单跟薄荷少司。

3. 质量标准

口味鲜香辛辣，香草味浓郁，肉质鲜嫩多汁。

图 8-28
爱尔兰烩羊肉

例4：爱尔兰烩羊肉（Irish stew）（图8-28）

1. 原料（4份）

羊胸口肉500 g，马铃薯块300 g，芹菜100 g，香草束（百里香、番芫荽梗），小洋葱100 g，甘蓝100 g，洋葱100 g，番芫荽末、盐、胡椒粉适量。

2. 制作过程

（1）将羊肉切成均匀的块，放入沸水锅中，煮沸，捞出，过冷水晾凉。

（2）将羊肉再放入锅内，加入香草束、盐、胡椒粉，倒入清水浸没原料，煮沸，撇沫。

（3）洋葱、甘蓝切成块，芹菜切成段，放入锅中，改小火加热保持微沸煮30 min。

（4）加入马铃薯块和小洋葱，盖上盖，以小火加热保持微沸煮至羊肉熟透。

（5）上菜时，连汤带肉一起装入汤盘里，撒上番芫荽末即可。

3. 质量标准

原汁原味，清淡适口。

小贴士

羊肉要用沸水进行初步热加工，以去除血污和杂质；水量不要过多，以将覆盖羊肉为宜；要及时清除汤汁中的浮沫和油脂；烩制时汤汁的温度应保持在微沸状态（80 ~ 90℃）；烩制的过程中容器要加盖密封，以防止水分蒸发过多。

例5：咖喱羊肉（curry lamb）（图8-29）

1. 原料（4份）

主料：羊肩肉500 g，盐、胡椒粉适量。

少司料：咖喱粉10 g，基础汤500 mL，杧果片25 g，洋葱碎20 g，蒜碎15 g，椰奶5 g，植物油25 g，葡萄干10 g，苹果片50 g，盐、胡椒粉适量。

配菜：黄油米饭。

2. 制作过程

（1）羊肩肉切成均匀的块，用盐、胡椒粉调味。用油将羊肉快速煎上色。

（2）用油将洋葱碎、蒜碎炒出香味，加入咖喱粉炒透。

（3）逐渐加入热的基础汤，搅拌均匀，煮沸，撇沫，调味。

（4）加入杧果片、苹果片、椰奶、葡萄干，盖上盖，保持微沸直至成熟。

（5）将羊肉捞出，汤汁过滤，煮沸，撇去沫和油脂，再放入羊肉，用盐、胡椒粉调味。

（6）装盘，配上黄油米饭即可。

3. 质量标准

嫩黄色，汁浓味醇，鲜香适口。

图 8-29
咖喱羊肉

小贴士

要用大火快速将羊肉块四面煎至结壳上色；用小火将咖喱粉炒香，不要炒煳；少司量以将覆盖羊肉为宜；少司的浓度不要过于浓稠，以免煳底；烩制时少司的温度应保持在微沸状态（80 ~ 90℃）；烩制过程中容器要加盖密封，以防止水分蒸发过多；羊肉成熟后少司要过细筛，以保证其细腻的口感。

例6：烤羊腿（roasted leg of lamb）（图 8-30）

1. 原料（6份）

羔羊腿1条（约1 500 g），大蒜4瓣，蔬菜香料（洋葱、胡萝卜）200 g，植物油、基础汤、羊骨、柠檬汁、盐、胡椒粉适量。

2. 制作过程

（1）将羔羊腿整形，剔除多余的筋膜和脂肪，用刀尖在羊腿上刺出若干个小孔。

（2）大蒜切成薄片，嵌入羊腿上的小孔，羊腿抹上盐、胡椒粉。

（3）将羊腿放在烤盘内的羊骨上，淋上植物油。蔬菜香料切成片，放于烤盘内。

（4）将烤盘放入烤炉内，先高温烤10 ~ 15 min，再降温烤至所需火候，并不断往羊腿上刷油脂。

（5）将烤盘内的羊骨、蔬菜香料及烤肉汁倒入锅内，加入基础汤煮沸，撇去沫和油脂，过滤

图 8-30
烤羊腿

小贴士

羊腿在放入烤炉前，一定要让其表面保持干燥，这样能使羊腿快速上色；烤制时要将羊腿放于烤盘内的烤架上，以利于底部空气流通；在所刷的植物油内加入部分黄油，可以使羊腿上色更快，还可增加风味。

汤汁，加入柠檬汁、盐、胡椒粉调味，制成少司。

（6）将羊腿放入银盘内，原汁少司放入少司盅内单跟。

3. 质量标准

呈紫红色，鲜香肥嫩，微咸，肉质鲜嫩多汁。

例7：串烧羊肉（brochette of lamb）

1. 原料（4份）

主料：嫩羊肉500 g，洋葱50 g，甜红椒50 g，青椒50 g，黑胡椒碎、迷迭香、百里香、盐适量。

配菜：里昂马铃薯。

2. 制作过程

（1）嫩羊肉剔去筋皮，切成块，放在容器内，加入黑胡椒碎、迷迭香、百里香、盐腌渍入味。

（2）洋葱、青椒、甜红椒切成块。

（3）将羊肉、洋葱、甜红椒、青椒相间穿于铁钎上，刷上油。

（4）放入提前预热、刷油的扒炉上，扒至所需要的火候。

（5）把肉串放在盘中间，撤去铁钎，配里昂马铃薯即可。

小贴士

羊肉要腌渍1 ~ 2 h，使其入味；羊肉块、蔬菜块要切得尽量大小一致，以防凹凸不平，影响扒制；穿串时原料之间不要过于紧密，以利于成熟。铁扒时要不断刷油脂，以防其干柴。

3. 质量标准

焦香适口，外焦里嫩。

例8：低温慢煮羊柳（sous vide lamb loin）

1. 原料（4份）

主料：羊脊肉400 g，鲜百里香、盐、胡椒碎适量。

少司料：奶油芥末少司200 mL。

配菜：时令蔬菜。

2. 制作过程

（1）羊脊肉整形，剔除多余筋膜和脂肪，加入盐、胡椒碎调味。

（2）将羊脊肉放入真空袋，再放入几根鲜百里香。

（3）将真空袋抽真空，封口密封，放入低温慢煮机中以60℃水温低温慢煮50 min左右。

小贴士

低温慢煮时要将真空袋完全浸没于水中；从真空袋内取出的羊脊肉一定要静置，使其保持更多水分；真空袋内的汤汁可用于制作少司。

（4）将真空袋内羊脊肉取出，静置5 ~ 10 min。

（5）用少量油以大火快速将羊脊肉四面煎上色。

（6）羊脊肉切厚片装盘，配菜，浇上奶油芥末少司即可。

3. 质量标准

羊肉无膻味，外酥里嫩。

四、猪肉类菜肴制作实例

例1：米兰式炸猪排（pork chop Milanese）（图8-31）

1. 原料（4份）

主料：猪排4块（约600 g），面包粉50 g，奶酪粉25 g，鸡蛋1个，面粉25 g，盐、胡椒粉适量。

配料：炒意大利实心粉，时令蔬菜。

2. 制作过程

（1）猪排用拍刀稍拍，用盐、胡椒粉调味。

（2）猪排蘸上一层薄薄的面粉，挂上鸡蛋液，再蘸面包粉和奶酪粉的混合物，压实。

（3）将猪排放入175℃的油锅中，炸成金黄色，成熟。

（4）将猪排放入盘内，配炒意大利实心粉、时令蔬菜即可。

3. 质量标准

色泽金黄色，外焦里嫩。

图8-31
米兰式炸猪排

小贴士

用刀尖在猪排上“点”数刀，将猪排纤维剁断，以防炸制时猪排卷曲、变形。猪排蘸面包粉后要压实，在一面压上刀纹以防炸制后“脱皮”；炸制后猪排要放在吸油纸上以去除多余油脂。

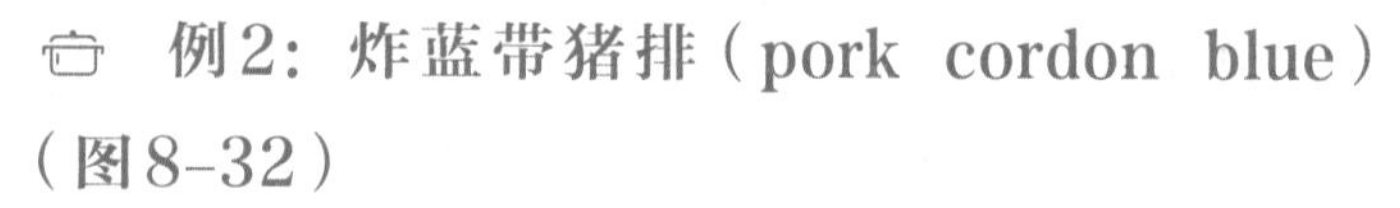

例2：炸蓝带猪排（pork cordon blue）（图8-32）

炸蓝带猪排

1. 原料（4份）

主料：猪通脊肉500 g，奶酪40 g，火腿50 g，面包粉100 g，鸡蛋2个，面粉25 g，盐、胡椒粉适量。

少司料：番茄少司125 mL。

配菜：炸薯条，时令蔬菜。

2. 制作过程

（1）猪通脊肉剔除筋膜，切成四片，用拍刀稍拍，从一侧将猪排片成

图 8-32
炸蓝带猪排

口袋状。

（2）火腿切成薄片，奶酪切成片，两片火腿夹一片奶酪，放于猪排的口袋内。

（3）猪排上撒盐、胡椒粉调味，蘸上一层面粉，挂上鸡蛋液，再蘸上面包粉。

（4）将猪排放入170℃左右的油锅内，炸至上色成熟。

（5）装盘，配菜，浇上番茄少司即可。

3. 质量标准

色泽金黄，薄厚均匀，口味浓香，微咸。

小贴士

将火腿、奶酪置于口袋的中间位置；在猪排“开口”处用刀背剁一剁，将开口封住，以防炸制时奶酪流出；猪排蘸面包粉后要压实，在一面压上刀纹以防炸制后“脱皮”；炸制后猪排要放在吸油纸上以去除多余油脂。

例3：煎意式比吉达猪排（pork piccata）

1. 原料（4份）

主料：猪里脊或猪通脊肉600 g，奶酪粉25 g，面粉25 g，鸡蛋2个，百里香、植物油、盐、胡椒粉适量。

煎意式比
吉达猪排

少司料：烧汁125 mL，洋葱碎25 g，火腿丝80 g，牛舌丝50 g，蘑菇片60 g，干红葡萄酒25 mL，盐、胡椒粉、黄油适量。

配菜：炒意大利面条，时令蔬菜。

2. 制作过程

（1）猪里脊切成12小块，用拍刀拍成薄片，撒上盐、胡椒粉调味。

（2）用黄油将洋葱碎炒香，加入火腿丝、牛舌丝、蘑菇片炒香，调入烧汁、干红葡萄酒煮透，用盐、胡椒粉调味，制成少司。

（3）将百里香、奶酪粉、鸡蛋液混合，搅匀。

（4）猪排蘸上面粉，挂上蛋液混合物，用小火慢慢将两面煎至上色成熟。

（5）将猪排放入盘内，浇上少司，配炒意大利面条、时令蔬菜即可。

3. 质量标准

色泽浅黄，口味浓香，微咸，软嫩多汁。

小贴士

Piccata，烹饪术语，意为“嫩煎薄肉片”，除了猪里脊肉，也可以选用小牛肉、鸡肉；将猪排拍成厚0.5 cm左右的薄片；猪排放在蛋液混合物中浸泡1 ~ 2 h，能使猪排肉质变得柔软，也能使蛋液挂得更均匀；煎制时油温不宜过高，煎至猪排表面的鸡蛋轻微上色即可。

例4：煎核桃猪排（fried pork chop with walnut）（图8-33）

1. 原料（4份）

主料：带骨猪排4块（约600 g），核桃仁60 g，松子仁40 g，核桃油15 mL，芥末酱15 g，黄油、盐、胡椒粉适量。

少司料：番茄丁200 g，牛基础汤250 mL，干白葡萄酒100 mL，核桃油15 mL，芥末酱10 g，盐、胡椒粉适量。

配菜：公爵夫人式马铃薯，焗番茄，时令蔬菜。

图8-33
煎核桃猪排

2. 制作过程

（1）带骨猪排用拍刀稍拍，撒上盐、胡椒粉、核桃油腌渍入味。

（2）核桃仁、松子仁用热水浸泡后，剥去外皮，切碎，放入烤箱内烘干，不要上色。

（3）猪排放入煎盘中，用油煎上色，取出，表面抹上芥末酱，蘸上核桃碎和松子碎混合物，淋上黄油，放入烤箱内，烤至果仁金黄，猪肉成熟。

（4）将干白葡萄酒上火浓缩至1/2，再加入牛基础汤继续浓缩，加入番茄丁、盐、胡椒粉、核桃油，最后调入芥末酱，制成少司。

（5）将猪排放入盘内，浇上少司，配公爵夫人式马铃薯、焗番茄、时令蔬菜即可。

3. 质量标准

色泽焦黄，有浓郁的果仁香味，口味鲜香微咸，肉嫩多汁。

小贴士

将猪排煎至两面上色，达到八成熟左右即可。如果煎至全熟，烤制后肉质会干柴、无汁；果仁颗粒要切得均匀，不可过碎；烤制时以小火为主且温度不要过高。

例5：奥斯卡猪排（pork oscar style）

1. 原料（4份）

主料：猪梅花肉4块（600 g），蟹腿肉80 g，绿芦笋120 g，盐、胡椒碎适量。

少司料：荷兰少司200 mL

配菜：炒马铃薯，焗番茄。

2. 制作过程

（1）将蟹腿肉、绿芦笋分别煮制成熟，备用。

小贴士

奥斯卡式（oscar style）：在煎好的猪排、牛排、小牛排、鱼排等顶部配上芦笋和蟹，浇上荷兰少司或奶油少司。

梅花肉如不是很规整，可用线绳捆扎；煎制猪排不要过火，使猪排干柴无汁；可用奶油少司替代荷兰少司。

（2）将猪梅花肉用盐、胡椒粉调味。

（3）煎盘加热，放入油脂，将猪排煎至上色、成熟。

（4）将猪排装盘，码放上芦笋和蟹腿肉，浇上荷兰少司，配菜即可。

3. 质量标准

色泽鲜艳，口味咸香微酸，口感肉质软嫩多汁，少司细腻顺滑。

例6：柏林式煮酸菜猪肉（boiled pork and sauerkraut Berlin style）（图8-34）

图 8-34
柏林式煮酸菜猪肉

小贴士

猪肉要用沸水初步热加工，以去除血水和污物；煮制猪肉时要以小火加热保持微沸，将猪肉煮至成熟。

1. 原料（4份）

带皮猪腩肉800 g，德式酸菜400 g，煮马铃薯200 g，洋葱100 g，香叶2片，鼠尾草、盐、胡椒粒适量。

2. 制作过程

（1）酸菜切成丝。马铃薯部分切成片，部分切成块。洋葱切成块。

（2）带皮猪腩肉洗净，放入沸水锅中烫一下，捞出，放入煮锅中。

（3）洋葱、马铃薯片、鼠尾草、香叶、胡椒粒、盐放入煮锅中，再加入清水，上火加热至沸后，改小火以微沸煮至猪肉成熟。

（4）将猪肉取出，汤汁过滤，汤汁内的马铃薯片捣碎成泥，再放入过滤后的汤汁内。

（5）将马铃薯块、酸菜丝放入过滤后的汤汁内，上火加热煮熟。

（6）将猪肉切成片，放于盘内，配上煮熟的酸菜丝、马铃薯块，浇上适量的原汤即可。

3. 质量标准

口味鲜香，酸咸适口，猪肉软烂不腻。

例7：苹果烩猪排（pork chops with apple sauce）

1. 原料（4份）

主料：带骨猪排4块，苹果2个，白火龙果汁50 mL，苹果酱50 g，基础汤250 mL，香叶2片，黄油25 g，洋葱碎20 g，面粉、盐、胡椒粒适量。

配菜：马铃薯泥，时令蔬菜。

2. 制作过程

（1）将带骨猪排整形，加入盐、胡椒调味，蘸上面粉；苹果去皮、果核，切成月牙状的苹果角。

（2）用油将带骨猪排快速煎至两面上色。

（3）用油将洋葱碎炒软，加入基础汤、苹果酱、白火龙果汁、苹果角、香叶，加入猪排，以小火加热保持微沸，烩制10 ~ 15 min，至猪排成熟。

（4）将猪排和苹果角取出，原汁用大火浓缩，制成少司。

（5）将马铃薯泥放于盘边，放上猪排、苹果角，浇上原汁少司，配上时令蔬菜。

小贴士

烩制猪排时，要以小火保持汤汁微沸，并将猪排不时翻转，使其更好入味。

3. 质量标准

色泽浅褐色，甜咸适口，猪肉软嫩多汁。

例8：红葡萄酒汁焖猪排卷（braised pork loin roulade）

1. 原料4（份）

主料：猪通脊肉1条600 g，肥膘肉50 g，帕尔玛火腿片4片，菠菜叶100 g，青、红、黄椒150 g，盐、胡椒粉适量。

少司料：蔬菜香料（洋葱、胡萝卜、芹菜）100 g，干红葡萄酒100 mL、布朗少司200 mL，黄油25 g，香草束、盐、胡椒粉适量。

配菜：意大利宽面，时令蔬菜

2. 制作过程

（1）将青、红、黄椒切成粗条，用油煸炒，加入盐、胡椒粉调味，备用。

（2）将肥膘肉切成薄片；菠菜叶洗过用沸水烫软，控干水分，备用。

（3）将猪通脊用刀片成2 ~ 3 cm厚的大片，整形，撒盐、胡椒粉调味。

（4）在猪排片上码放肥膘肉片，铺上一层菠菜叶，在一侧放炒好的蔬菜条并卷成卷，外裹帕尔玛火腿片，用线绳捆好。

（5）将肉卷用油煎上色，放入蔬菜香料垫底的容器内，加入布朗少司、干红葡萄酒、香草束。容器外包裹上锡纸或加盖密封。

（6）放入180℃烤箱，焖制1 ~ 2 h至成熟。

（7）将肉卷取出，刷油，放入200℃烤箱烘烤至表面上色，取出静置。

小贴士

菠菜叶烫软后要放入冰水中降温，以保持色泽；猪通脊要尽量片得薄厚一致；线绳捆扎肉卷要紧实，以防变形；焖制的汤汁应浸没猪排卷的1/2左右，不要完全浸没；焖制时容器要加盖密封，以防水分挥发过多；肉卷焖熟后要再刷油入烤箱烘烤，使其表面干松有光泽。

（8）将焖肉原汁过滤，放盐、胡椒粉调口，放黄油调浓度。

（9）肉卷切成厚片，码放在盘内，配菜，淋上少司即成。

3. 质量标准

色泽浅褐，口味鲜香微咸，肉质软烂多汁。

例9：德式猪肘（German pork knuckles/schwein shaxe）（图8-35）

德式猪肘

1. 原料（4份）

主料：猪前肘4个，香芹籽20 g，蒜粉25 g，啤酒600 mL，蔬菜香料（洋葱、胡萝卜）200 g，粗粒盐、胡椒碎适量。

少司料：芥末酱。

配菜：德式酸菜，煮马铃薯（或马铃薯泥）。

2. 制作过程

（1）将猪肘洗净，放入锅内沸水煮大约30 min，捞出，稍晾。

（2）趁热用一把锋利的刀将肉皮转圈划开，剔除上面关节部分的皮和肉，露出骨头。

（3）将粗粒盐、香芹籽、蒜粉涂抹在猪肘上，反复揉搓，直至盐粒熔化，放入冰箱冷藏腌渍12～24 h。

（4）焖锅内放蔬菜香料垫底，竖直放入腌渍过的猪肘，倒入啤酒，用锡纸封盖。

（5）放入180℃的烤箱内，烤制3～4 h，直至猪肘成熟，取出，静置。

（6）将静置后的猪肘表皮刷上油脂，放入220℃的烤箱烘烤，直至表皮起泡、酥脆。

（7）装盘，配上德式酸菜、煮马铃薯（或马铃薯泥）、芥末酱，淋上少许原汁即可。

3. 质量标准

色泽棕红，口味鲜香微咸，肉质软烂，外皮酥脆。

图8-35
德式猪肘

小贴士

德式猪肘准确讲应该称为“德式焖猪肘”，是德国一道著名美食。

划皮时要趁热，否则肉皮凉了就会变硬不易划开；划肉皮只需切开肉皮，露出脂肪即可；在猪肘上搓盐和香芹籽一定要充分涂抹揉搓，否则不易入味；焖制时，容器要加盖或包裹锡纸；烘烤时要不断刷油，直至肉皮起泡、酥脆。

例10：意式奶酪焗猪排（gratin pork chop with cheese Italy-style）

1. 原料（4份）

主料：猪通脊肉600 g，帕尔玛奶酪80 g，盐、胡椒粉适量。

少司料：番茄200 g，洋葱碎40 g，蒜碎30 g，干红葡萄酒100 mL，黄油100 g，辣酱油、罗勒、盐、胡椒粉适量。

配菜：炒意大利面条，时令蔬菜。

2. 制作过程

（1）猪通脊肉切成4片，用拍刀稍拍，用盐、胡椒粉调味。

（2）帕尔玛奶酪切成细薄片，番茄去皮、去籽切成小丁。

（3）用黄油将洋葱碎、蒜碎炒香，放入番茄丁，再加入干红葡萄酒、辣酱油、罗勒、盐、胡椒粉炒透，制成少司。

（4）用油将猪排煎上色，上面码放一层奶酪片，放入明火焗炉内，焗至奶酪熔化上色。

（5）将少司倒在盘中垫底，上面放猪排，配上炒意大利面条、时令蔬菜即可。

3. 质量标准

色泽金黄，口味浓香、微咸，鲜嫩多汁。

小贴士

猪排煎制到八成熟左右即可，不要全熟，以免焗制后猪排肉质干柴、少汁；奶酪要均匀撒在猪排表面。

例11：铁扒猪排（grilled pork chop）（图8-36）

1. 原料（4份）

主料：猪通脊肉600 g，黄油50 g，植物油、盐、胡椒粉适量。

配菜：焗番茄，炸薯条，时令蔬菜。

2. 制作过程

（1）猪通脊肉切成4片，用盐、胡椒粉调味，刷上植物油。

（2）将猪排放入提前预热、刷油的扒炉上，扒至成熟上色，放入盘内。

（3）将黄油熔化，淋在猪排上，配炸薯条、焗番茄、时令蔬菜即可。

3. 质量标准

鲜嫩多汁，焦香微咸，有网状焦纹。

图8-36
铁扒猪排

小贴士

铁扒炉要提前预热、刷油；猪排表面刷油后应放置30 min左右，使其表面干爽，有利于铁扒时结壳上色；铁扒时不要随意翻动猪排，待一面上色扒出焦纹后再翻转扒制另一面；猪排必须是全熟，所以猪排上色后可将扒炉火力减小，以使其完全成熟。

例12：李子干烤猪通脊（pork loin stuffed with prunes）（图8-37）

图8-37
李子干烤猪通脊

小贴士

猪通脊中填的李子馅要压紧实，不要有空洞，但又不要过于饱满，以防烤制时溢出；烘烤时要反复刷油，以防止水分流失过多；少司中的李子干不宜加热时间过长，避免其变软烂而影响少司的细腻度。

1. 原料（4份）

主料：猪通脊1条（600 ~ 800 g），李子干200 g，核桃仁50 g，培根50 g，干白葡萄酒50 mL，鼠尾草、植物油、盐、胡椒粉适量。

少司料：布朗少司300 mL，李子干25 g，黄油25 g，盐、胡椒粉适量。

配菜：烤马铃薯，时令蔬菜。

2. 制作过程

（1）将猪通脊剔除多余的筋膜和脂肪，用戳刀顺长在猪通脊上并排戳两个直径2 cm左右的孔。

（2）将李子干捣烂成酱，核桃仁、培根切成碎末。

（3）用油将培根碎炒香，与核桃碎、李子酱混合，加入干白葡萄酒、鼠尾草、盐、胡椒粉搅拌均匀，制成馅。

（4）将李子馅填入猪通脊的两个孔内，压实。

（5）在猪通脊表面撒盐、胡椒粉调味，用热油快速将猪通脊四周煎上色。

（6）猪通脊刷油，放入200℃的烤箱内，烘烤至成熟。

（7）将布朗少司加热，放入李子干、盐、胡椒粉调口，最后放入黄油，制成少司。

（8）将烤熟的猪通脊静置后，切成厚片放入盘内，浇上少司，配烤马铃薯、时令蔬菜即可。

3. 质量标准

口味甜咸，鲜嫩多汁。

主题三
家禽类菜肴制作

禽类菜肴同肉类菜肴一样，作为正餐的第四道菜——主菜，禽类菜肴主要是鸡、鸭、鹅等。由于家禽的肉质较嫩，所以禽类菜肴常用的烹调方法主要有煎、炸、炒、煮、烩、焗、铁扒等。

一、鸡肉类菜肴制作实例

例1：煎鸡脯蘑菇少司（pan fried chicken breast with mushroom sauce）（图8-38）

1. 原料（4份）

主料：鸡脯4块（约600 g），鸡蛋2个，面粉50 g，盐、胡椒粉适量。

少司料：布朗少司125 mL，红葡萄酒50 mL，蘑菇片50 g，奶油50 mL，辣酱油、盐、胡椒粉适量。

配菜：时令蔬菜。

2. 制作过程

（1）鸡脯用盐、胡椒粉调味，蘸上一层薄薄的面粉，挂上蛋液。

（2）将鸡脯放入热油中，煎至两面呈金黄色。

（3）将红葡萄酒、布朗少司、蘑菇片、奶油、盐、辣酱油、胡椒粉混合搅拌均匀，上火加热煮透。

（4）上菜时，将鸡脯放于盘内，浇上原汁和蘑菇片，配时令蔬菜即可。

3. 质量标准

色泽浅红，肉质鲜嫩，鲜香微咸。

图8-38
煎鸡脯蘑菇少司

小贴士

煎制鸡排时，油温不宜过高，待一面煎上色后再翻转煎制另一面，以保证其外表完整、不破损。

例2：意式帕尔玛奶酪鸡排（chicken parmesan Italy-style）（图8-39）

1. 原料（4份）

主料：去骨鸡胸4块，鸡蛋2个，面包粉50 g，帕尔玛奶酪粉50 g，马苏里拉奶酪100 g，植物油50 mL，番茄少司250 mL，罗勒碎8片，面粉、油、盐、胡椒粉适量。

配菜：意大利面条，时令蔬菜。

2. 制作过程

（1）用肉锤将去骨鸡胸拍成薄厚均匀的片，用盐、胡椒粉调味。

（2）将面包粉、帕尔玛奶酪粉、罗勒碎混合。

（3）鸡排蘸上面粉和蛋液，压上面包粉混合物。

（4）用油将鸡排两面快速煎上色，放入烤盘。

（5）鸡排上浇上番茄少司，再放上马苏里拉奶酪片。

（6）放入200℃烤箱内，将马苏里拉奶酪烤至金黄色。

（7）上菜时，将意大利面条和时令蔬菜放于盘内，摆上鸡排，可用罗勒叶装饰。

3. 质量标准

色泽金黄，肉质鲜嫩，奶香味浓郁。

图 8-39
意式帕尔玛奶酪鸡排

小贴士

鸡胸不要过厚，如果鸡胸过厚，可将其片成两片，再用肉锤拍制成薄厚均匀的片；鸡排蘸上面包粉后要用手压实；煎制鸡排时油量要多些。

例3：法式煎芥末鸡排（fried chicken with mustard French style）

1. 原料（4份）

主料：去骨鸡胸4块（约600 g），法式芥末酱20 g，面包粉50 g，扁桃仁片25 g，黄油25 g，番芫荽末5 g，盐、胡椒粉适量。

少司料：芥末少司125 mL。

配菜：时令蔬菜，水果。

2. 制作过程

（1）将扁桃仁片烤熟，切成碎片。

（2）将黄油熔化，加入面包粉、杏仁碎、番芫荽末，搅拌均匀。

（3）去骨鸡胸用盐、胡椒粉调味，蘸上面粉，用油将两面略煎上色。

（4）将鸡排较平整的一面抹上法式芥末酱，蘸上面包粉混合物。

（5）放入烤箱内，烤至上色成熟，取出，斜切成片。

（6）用芥末少司垫底，放上鸡排，配时令蔬菜和水果即可。

小贴士

鸡排烤熟后不要立即切片，要稍晾后再切片，这样可以使鸡排保持更多的水分。

3. 质量标准

色泽金黄，口味酸辣、微咸，肉质鲜嫩。

例4：马里兰式炸鸡（Maryland fried chicken）

1. 原料（4份）

主料：净鸡1只（约800 g），鸡蛋2个，牛奶100 mL，面包粉50 g，面粉50 g，盐、胡椒粉适量。

少司料：奶油少司250 mL。

配菜：炸薯条，煎培根，煎玉米饼。

2. 制作过程

（1）鸡剁去头和脚，加工成两腿、两胸脯4大块，并将两腿剔除腿骨，用盐、胡椒粉调味。

（2）将鸡蛋、牛奶、面粉、盐、胡椒粉混合，调成面糊。

（3）将鸡块挂上面糊，蘸上面包粉，放入热油中炸至两面呈金黄色，取出再放入烤箱内，烤至成熟。

（4）装盘，配炸薯条、煎培根、煎玉米饼，单跟奶油少司。

小贴士

面糊的浓度不要过稠；蘸上面包粉后要用手压实，以防炸制时脱落；炸制时油温不宜过高；鸡块炸制后如没有成熟，可放入烤箱内烤熟。

3. 质量标准

色泽金黄，外焦里嫩，咸香适口。

例5：嫩煎鸡胸奶油芥末少司

1. 原料（4份）

主料：鸡胸4块（600 g）、面粉、盐、胡椒粉适量。

少司料：奶油50 mL，洋葱碎25 g，蘑菇200 g，法式芥末酱15 g，干白葡萄酒50 mL、黄油30 g，面粉、法香碎、盐、胡椒粉适量。

嫩煎鸡胸奶油芥末少司

配菜：意大利面，胡萝卜。

2. 制作过程

（1）将鸡胸肉斜片成大片，用盐、胡椒粉调味，蘸上面粉。

（2）将鸡胸肉放入热油中，快速煎至两面上色，取出备用。

（3）煎过鸡胸肉的煎盘中加入黄油，放入洋葱碎，以小火炒软。

小贴士

鸡胸肉要有一定厚度，否则煎后易干柴；煎制鸡胸要快速，不要煎制时间过长，使鸡肉干柴无汁；如果少司浓度不够，可适当加入少量油炒面；法香碎要在最后撒入煎盘内，不用搅拌，以防变色。

（4）加入蘑菇、干白葡萄酒、奶油、法式芥末酱，煮开煮透。

（5）加入煎好的鸡胸肉，用盐、胡椒粉调味，最后撒上法香碎。

（6）装盘，配上煮意大利面和胡萝卜即可。

3. 质量标准

色泽乳黄，口味咸香，芥末味浓郁，口感肉质软嫩，少司顺滑。

例6：白汁烩鸡（chicken fricassee）

1. 原料（6份）

主料：净鸡1只（1 200～1 500 g），黄油50 g，面粉40 g，鸡蛋黄2个，鸡基础汤500 mL，奶油100 mL，柠檬汁、番芫荽末、盐、胡椒粉适量。

配菜：黄油米饭。

2. 制作过程

（1）净鸡分档，切成适于烩制的块，用盐、胡椒粉调味。

（2）将部分黄油熔化，加入鸡肉块，以小火加热，盖上盖烹制2～3 min，不要上色。

（3）将余下的黄油熔化，加入面粉，以小火炒至松散，不要上色。

（4）逐渐加入热的鸡基础汤，搅拌均匀。

（5）将鸡肉块加入汤中，煮沸，撇沫，改小火加热保持微沸，直至成熟。

小贴士

煎制鸡块时一定要小火加盖煎制，否则鸡肉会上色，影响少司的色泽；锅内少司量不宜多，以将浸没鸡块为宜；烩制时少司应保持在微沸状态（温度80～90℃）；烩制过程中容器要加盖密封，以防止水分蒸发过多。

（6）将鸡肉块取出，汤汁过滤。

（7）将蛋黄和奶油混合，加入少量汤汁，搅拌均匀。

（8）将混合的蛋黄和奶油逐渐加入过滤后的汤汁内，搅拌均匀，再放回鸡肉块，用柠檬汁、盐、胡椒粉调味，煮透。

（9）将鸡肉块放入盘内，浇上原汁，撒上番芫荽末，配黄油米饭即可。

3. 质量标准

色泽淡黄，鲜嫩肥润。

例7：焗锡纸鸡肉卷（chicken roulade）（图8-40）

焗锡纸鸡肉卷

1. 原料（4份）

主料：鸡胸肉4片，芦笋100 g，帕尔玛火腿4～8片，海苔片4片，盐、胡椒粉适量。

少司料：奶油芥末少司250 mL。

配菜：马铃薯泥，生菜沙拉。

2. 制作过程

（1）将芦笋削去老皮，过沸水烫熟，备用。

（2）将鸡胸肉片成蝴蝶片，用肉锤拍平整，加入盐、胡椒粉调味。

（3）用海苔片将芦笋裹紧成卷，用鸡肉片将海苔卷紧成卷。

（4）鸡肉卷外表包裹上帕尔玛火腿片，再用锡纸将鸡肉卷包裹紧实。

（5）将鸡肉卷放入180℃烤箱，焗制15 min左右至成熟，取出，静置。

（6）鸡肉卷切片，码放在盘内，浇上奶油芥末少司，配菜即可。

3. 质量标准

色泽棕红，口味鲜香，芥末味浓郁，口感鲜嫩多汁。

图 8-40
焗锡纸鸡肉卷

小贴士

芦笋用沸水烫过后，要立即放入冰水中降温，使其保持脆嫩口感和色泽；鸡胸肉简单拍平整即可，不要拍得太薄、太松散，易造成肉质干柴。

例8：烤鸡（roasted chicken）（图8-41）

1. 原料（4份）

主料：净鸡1只（1 200～1 500 g），植物油50 g，蔬菜香料（洋葱、胡萝卜、芹菜）200 g，盐、胡椒粉适量。

少司料：面包少司125 mL，布朗基础汤125 mL。

配菜：炸薯条，西洋菜。

2. 制作过程

（1）净鸡用盐、胡椒粉里外调味，用线绳捆扎成形。

（2）蔬菜香料切成片，放于烤盘内。

（3）将鸡放在烤架或骨头上，鸡胸朝上，刷上油脂，放入190～200℃的烤箱内烤制，并不断刷以油脂，直至成熟。

（4）将鸡取出，稍晾凉后分切成四块。

（5）将烤盘内的烤汁撇去油脂，倒入锅内，

图 8-41
烤鸡

小贴士

整鸡在烤制前要捆扎，以防烤制时变形；将捆扎的鸡置于烤架上，以利于底部空气的流通；烤制时要不断涂以油脂；鸡肉成熟后，要稍晾凉后再切块。

加入蔬菜香料、布朗基础汤煮沸，撇沫，用盐、胡椒粉调味，过滤，制成原汁少司。

（6）上菜时，将鸡放入盘内，浇上原汁少司，配炸薯条、西洋菜，单跟面包少司。

3. 质量标准

色泽金黄，香鲜适口，鲜嫩多汁。

例9：铁扒鸡（grilled spring chicken）（图8-42）

1. 原料（2份）

主料：春鸡1只（400～500 g），植物油25 g，盐、胡椒粉适量。

少司料：迷迭香少司125 mL。

配菜：煎培根，煎番茄，西洋菜。

2. 制作过程

（1）将鸡加工成适于铁扒的形状，用拍刀拍平，用盐、胡椒粉调味。

（2）鸡表面刷上油脂，放入提前预热、刷油的铁扒炉上。

（3）在铁扒时，应不断地刷以油脂，扒15～20 min，将鸡翻转，扒另一面。

（4）用牙签扎鸡大腿，如无红色汁液溢出即成熟。

（5）上菜时，将鸡放入平盘内，配上煎培根、煎番茄、西洋菜，单根迷迭香少司。

图8-42
铁扒鸡

小贴士

铁扒鸡加工成形后，可用竹扦固定，以防铁扒时变形；铁扒前可将鸡淋上部分油脂，放入冰箱内冷藏腌渍2 h，这样铁扒时鸡肉更容易上色，也能更好保持肉质的鲜嫩。

3. 质量标准

色泽金黄，有网状焦纹，焦香微咸，鲜嫩多汁。

例10：魔鬼式焗鸡（deviled chicken）

1. 原料（2份）

主料：嫩鸡1只（800～1 000 g），面包粉50 g，法式芥末酱25 g，黄油、盐、胡椒粉适量。

少司料：魔鬼少司125 mL。

配菜：炸薯条，煎番茄，西洋菜。

2. 制作过程

（1）将鸡开背，分成两半，剁去脊骨，用拍刀拍平，用盐、胡椒粉调味。

（2）用油将鸡的两面煎上色，放入烤箱内焗熟。

（3）将鸡取出，在带皮的一面涂上法式芥末酱，蘸上面包粉，淋上熔化的黄油。

（4）放入明火焗炉，将面包粉焗成金黄色。

（5）上菜时，将鸡放入平盘内，配炸薯条、煎番茄、西洋菜，单跟魔鬼少司。

小贴士

整鸡要用拍刀拍平展；用中火将整鸡两面煎上色；煎上色的鸡可用锡纸包好，再放入烤箱内烤熟，这样可以较好地保持鸡肉的水分。

3. 质量标准

色泽金黄，外焦里嫩，口味鲜香。

二、其他家禽类菜肴制作实例

煎鸭胸西梅少司

例1：煎鸭胸西梅少司（duck breast with prunes sauce）（图8-43）

1. 原料（4份）

主料：带皮鸭胸4块（600 g），迷迭香、盐、胡椒粉适量。

少司料：西梅干50 g，干红葡萄酒150 mL，意大利黑醋50 mL，蜂蜜20 mL，糖25 g，盐、黑胡椒碎适量。

配菜：时令蔬菜。

图8-43
煎鸭胸西梅少司

2. 制作过程

（1）用刀将带皮鸭胸的鸭皮按1～2 cm间隔斜着划开，露出皮下脂肪，用盐、胡椒粉调味。

（2）煎盘内放少量油，以小火先煎制带皮一面。

（3）待煎出鸭油，鸭皮上色后，翻转煎制另一面。

（4）将鸭胸取出，带皮一面朝上，放入180℃烤箱，加热至所需火候。

（5）西梅干和干红葡萄酒放入少司锅内，加入意大利黑醋、蜂蜜、糖，以小火加热，浓缩至

小贴士

将鸭皮划开可以更快地使皮下脂肪溢出，缩短煎制时间；煎鸭胸可不放油或少放油，要先煎带皮的一面，待鸭胸皮下脂肪耗尽、鸭皮上色后再煎制另一面；煎鸭胸的成熟度一般在七八成熟即可；煎制好的鸭胸要静置后再切片，以防其水分流失过多。

汤汁浓稠，加入盐、黑胡椒碎调味。

（6）将烤箱内的鸭胸取出，静置3～5 min。

（7）上菜时，将鸭胸切片放于盘内，浇上西梅少司，配时令蔬菜即可。

3. 质量标准

少司色泽紫红，口味甜中带咸，鸭肉口感软嫩。

例2：白葡萄煎鹅肝（goose liver with grape）（图8-44）

图8-44
白葡萄煎鹅肝

小贴士

煎制鹅肝时，如鹅肝表面不蘸面粉，则要用较高的油温煎制，使其表面快速结壳上色，以防鹅肝出油，外观不整。

1. 原料（4份）

主料：肥鹅肝400 g，黄油15 g，面粉、盐、胡椒粉适量。

少司料：布朗少司400 mL，红葡萄酒50 mL，马德拉酒50 mL，白葡萄20粒，盐、胡椒粉适量。

配菜：菠菜泥，炒蘑菇，时令蔬菜。

2. 制作过程

（1）将肥鹅肝切成1 cm厚的大片，用盐、胡椒粉调味，蘸上面粉。

（2）用黄油以小火将鹅肝两面煎至呈金黄色。

（3）将红葡萄酒、马德拉酒倒入少司锅内，加热浓缩至1/2，加入布朗少司继续浓缩，用盐、胡椒粉调味，最后加入去皮、去籽的白葡萄，煮透制成少司。

（4）上菜时，将鹅肝片放于盘内，浇上少司，配菠菜泥、炒蘑菇、时令蔬菜即可。

3. 质量标准

色泽金黄，鲜香微咸，肉质鲜嫩，酒香味浓郁。

例3：香橙烩鸭（stewed duck with orange sauce）（图8-45）

图8-45
香橙烩鸭

1. 原料（4份）

主料：嫩鸭1只（800～1 000 g），鲜橙2个，洋葱碎50 g，布朗少司500 mL，橙子酒80 mL，番茄酱50 g，蜂蜜30 g，黄油50 g，糖、盐、胡椒粉适量。

配菜：鲜橙，时令蔬菜。

2. 制作过程

（1）鲜橙去皮，榨成汁。橙皮切成细丝，用清水煮软。

（2）鸭子剁成块，用盐、胡椒粉调味，用油煎上色。

（3）用黄油将洋葱碎炒香，加入番茄酱炒透，放入鸭块，加入布朗少司、橙皮丝、橙汁、橙子酒、蜂蜜、盐、糖、胡椒粉，煮沸后改小火加热保持微沸，将鸭肉烩熟。

（4）将鸭肉放在盘中，浇上原汁，配上鲜橙、时令蔬菜即可。

3. 质量标准

色泽棕红，香味浓郁，鸭肉软烂。

小贴士

切橙皮丝前，要先将橙皮下的白色部分用刀剔除干净，否则会有苦味；布朗少司量不要过多，以将浸没鸭块为宜；烩制时要以小火加热保持微沸将鸭肉烩熟。

例4：铁扒乳鸽（grilled young pigeon）

1. 原料（4份）

主料：乳鸽4只，黄油50 g，盐、胡椒粉适量。

配菜：炸薯条，煎培根，西洋菜。

2. 制作过程

（1）乳鸽加工成用于铁扒的形状，用拍刀拍平，用盐、胡椒粉调味。

（2）乳鸽刷上油脂，放入提前预热、刷油的铁扒炉上。

（3）在铁扒时，应不断地刷以油脂，将乳鸽扒至两面焦黄。

（4）上菜时，将乳鸽放入平盘内，浇上熔化的黄油，配上煎培根、煎番茄、西洋菜即可。

3. 质量标准

色泽金黄，有网状焦纹，焦香微咸，鲜嫩多汁。

小贴士

乳鸽有一定腥味，所以铁扒前可涂抹香料、柠檬汁和油脂放入冰箱冷藏腌渍1 ~ 2 h，既可去除乳鸽的腥味，又可使乳鸽在铁扒时更容易上色；铁扒时要不断地刷以油脂。

例5：烤火鸡（roasted turkey）

1. 原料（10份）

主料：火鸡1只，蔬菜香料（洋葱、胡萝卜、芹菜）200 g，香叶2片，植物油、盐、胡椒粉适量。

馅料：熟栗子250 g，培根200 g，火鸡肝200 g，鲜面包粉350 g，洋葱碎20 g，白兰地酒50 mL，鸡基础汤、迷迭香、牛至、盐、胡椒粉、黄油适量。

少司料：烧汁500 mL，红葡萄酒250 mL，盐、胡椒粉适量。

配菜：焗苹果（苹果、砂糖、玉桂粉），时令蔬菜。

2. 制作过程

（1）培根、火鸡肝、熟栗子切成小丁。

（2）用黄油将洋葱碎炒香，放入培根丁、火鸡肝丁炒透，加入白兰地酒、盐、胡椒粉、迷迭香、牛至、面包粉、熟栗子丁，并加入适量鸡基础汤，焖透制成栗子馅。

（3）火鸡用蔬菜香料、香叶、盐、胡椒粉稍腌后，表面刷上油脂，放入烤盘内。

（4）将栗子馅塞入火鸡嗉子内，将嗉子捆紧，放入烤盘。

（5）将烤盘放入烤箱，先用较高的炉温烤制20 ~ 30 min，再降温烤至火鸡成熟，并不时往火鸡表面刷以油脂。

（6）将烤火鸡的原汁过滤，去掉浮油，加入烧汁、红葡萄酒，上火煮沸，用盐、胡椒粉调味，制成原汁少司。

（7）将苹果核挖空，填上砂糖，撒上玉桂粉，放入烤箱内焗熟。

（8）取出火鸡，将火鸡嗉子取出，稍晾凉后，片成片。

（9）每份一片火鸡腿、一片火鸡脯、一片瓤馅（火鸡嗉子），浇原汁少司，配上焗苹果、时令蔬菜即可。

3. 质量标准

色泽金黄，肉质鲜嫩，口味鲜香。

小贴士

烤火鸡是传统的圣诞餐桌上一道必不可少的菜肴，其起源于美国。烤火鸡切忌烤制时间过长，造成肉质干柴，烤制时最好使用烤火鸡探针或烤火鸡温控器，这样能较好地把握火鸡的成熟度。

例6：法式油封鸭（duck confit）

1. 原料（4份）

主料：鸭腿4只，鸭油600 mL，粗粒海盐20 g，胡椒碎适量。

少司料：黑樱桃200 g，樱桃酒100 mL，糖20 g，玉米粉、盐、胡椒碎适量。

配菜：蔬菜沙拉。

2. 制作过程

（1）将鸭腿洗净、擦干表面水分，用粗粒海盐和胡椒碎涂抹、揉搓鸭腿。

小贴士

Confit，油封，烹饪术语，原意为“保存”，现泛指放入油脂中低温慢煮的肉类。腌渍鸭腿时，除海盐外，还可添加一些香料，增加鸭腿香味；腌渍时适当压重物，可使其入味和排出水分并定形；低温烘烤的温度一般在70 ~ 90℃，温度过高会使鸭腿干柴、易碎；如没有鸭油，可用鸡油或橄榄油替代。

（2）将抹盐的鸭腿压上重物，放入冰箱冷藏腌渍1～2天。

（3）将腌渍的鸭腿洗净表面盐分，擦干水分，放入容器内，加入鸭油，让鸭油浸没鸭腿。

（4）将容器加盖或盖上锡纸，放入90℃烤箱，低温烘烤5～6 h。

（5）将黑樱桃洗净、去核，放入少司锅内，加入樱桃酒、糖及适量的清水煮制，加入玉米粉调剂浓度，用盐、胡椒碎调味，制成少司。

（6）将鸭腿取出、控干表面油脂，用少量油脂将鸭腿带皮的一面轻压煎上色。

（7）鸭腿装盘，浇上黑樱桃少司，配蔬菜沙拉即可。

3. 质量标准

鸭腿色泽金黄，口味咸中带甜，口感肉质柔软，外皮焦脆。

单元小结

本单元共分三个主题，主要介绍西餐主菜菜肴的制作。阐述和说明了西餐热菜菜肴的常见种类和烹调方法，介绍了西餐热菜中常见的鱼类和其他水产品类菜肴、牛肉类菜肴、小牛肉类菜肴、羊肉类菜肴、猪肉类菜肴、鸡肉类菜肴和其他家禽类菜肴的制作方法和制作工艺。

思考与练习

一、选择题

1. 水产类菜肴通常作为西餐正餐的（　　）道菜 。

A. 第一　　B. 第二　　C. 第三　　D. 第四

2. 畜肉类和禽类菜肴通常作为西餐正餐的（　　）道菜 。

A. 第一　　B. 第二　　C. 第三　　D. 第四

3. 文也式即用（　　）煎制原料，适用于鱼段、鱼柳及一些小型的整条鱼类菜肴的制作。

A. 黄油　　B. 清黄油　　C. 橄榄油　　D. 色拉油

4. 制作匈牙利烩牛肉必须添加的调料是（　　）。

A. 辣椒粉　　B. 甜椒粉　　C. 芥末酱　　D. 番茄酱

二、判断题（正确的打“√”，错误的打“×”）

1. 烤制好的大型肉类原料，要静置5 ~ 10 min，再去除线绳，切片。（　　）

2. 焖制时将牛膝骨的骨头竖直摆放在焖锅内，以充分保留牛膝骨内的骨髓。（　　）

3. 铁扒鱼柳时应先铁扒带鱼皮的一面，以防鱼柳变形。（　　）

4. 烤制肉类原料，烤制时要先低温烤至成熟，最后再高温上色。（　　）

三、简答题

1. 举例说明如何根据原料挂糊情况的不同来选择炸制的油温。

2. 煎或铁扒牛排时应注意哪些问题?

四、实践题

根据操作步骤和制作要点练习铁扒鸡的制作。

单元九

西式早餐与快餐制作

学习目标

1. 能说出西餐中的早餐和快餐制品的特点、分类和用途。
2. 能掌握常见西式早餐和快餐品种的制作方法和制作工艺。

主题一

西式早餐制作

一、西式早餐的分类

西式早餐在内容上比较注重营养搭配，科学性较强，大多是选料精细、粗纤维少、营养丰富的食品。根据其服务形式和供应品种，可分为英美式早餐和欧陆式早餐两种。

1. 英美式早餐

英美式早餐又称英式早餐或美式早餐，品种比较丰富，是目前比较流行的早餐形式。一般早餐供应的品种有：

水果和果汁类：各种新鲜水果和橘汁、菠萝汁、番茄汁、葡萄汁、苹果汁等。

蛋类：煮鸡蛋、水波蛋、炒鸡蛋、煎蛋、煎蛋卷等。

面包类：吐司面包、圆面包、牛角面包、法式面包等。

谷物麦片类：玉米片、泡芙麦片、葡萄干麦片、燕麦粥、麦片粥等。

薄饼类：各种薄饼、华夫饼、松饼等。

肉类：各种香肠、火腿、培根等。

乳品类：牛奶、酸奶、奶酪等。

饮料类：咖啡、茶等各种冷热饮料。

2. 欧陆式早餐

欧陆式早餐在欧洲大陆和拉丁美洲各国比较普遍，其早餐内容比较简单，品种较少，一般供应的品种主要是各种面包、黄油、果酱，以及咖啡、牛奶、茶等各种饮料。

3. 地中海式早餐

地中海式早餐是当今比较流行的一种早餐形式，它与欧陆式早餐相似，但地中海式早餐主要以植物性食物为主，包括水果、蔬菜、全谷物制品和乳制品等，通常用橄榄油代替黄油烹调，此外还加入了香肠、火腿、火鸡胸肉等。地中海式早餐的加工度较低，食品新鲜度较高。

二、蛋类制品

（一）煮鸡蛋类（boiled egg）

西式早餐中的煮鸡蛋，应根据客人的要求掌握煮制的时间和鸡蛋的生熟度，有嫩鸡蛋、半硬心鸡蛋、硬心鸡蛋之分。

制作实例

例1：煮嫩鸡蛋（soft-boiled egg）

1. 原料

新鲜鸡蛋2个。

2. 制作过程

鸡蛋洗净后放入冷水中，加热至水沸后，改小火加热保持微沸2～3 min，从水中取出后立刻放入蛋杯中。此种做法一定要用新鲜的带壳鸡蛋，且应带壳上菜。

3. 特点

蛋清轻微凝固，蛋黄软流。

例2：煮半硬心鸡蛋（medium-boiled egg）

1. 原料

新鲜鸡蛋2个。

2. 制作过程

鸡蛋洗净后放入水中，加热至水沸后，改小火加热保持微沸 3～4 min，取出后小心剥去外壳。食用前，再放入热盐水中煮半分钟即可。

3. 特点

蛋清凝固，蛋黄软流。

例3：煮硬心鸡蛋（hard-boiled egg）

1. 原料

新鲜鸡蛋2～4个。

2. 制作过程

鸡蛋洗净后放入冷水中，加热至水沸后，改用小火加热保持微沸 6～8 min，取出，晾凉。

煮硬心鸡蛋时，如温度太高或时间太长，蛋

小贴士

从冰箱中取出的鸡蛋不宜立即煮制，应放置1 h，待恢复到常温状态后再进行煮制，这样蛋壳不易破裂。

黄中的铁和蛋清中的硫化物会释放出来，使蛋黄表面出现一层黑圈；如鸡蛋存放时间过长，蛋黄表面也会出现黑圈，影响质量。

3. 特点

蛋黄凝固，色泽浅黄，表面无黑圈。

（二）煎蛋类（fried egg）

煎蛋是西式早餐中最常见的品种。煎蛋根据其烹调方式的不同，可有一面煎蛋、两面煎蛋、法式煎蛋等。

制作实例

例1：一面煎蛋（sunny side up fried egg）

1. 原料

新鲜鸡蛋2个，植物油、盐、胡椒粉适量。

2. 制作过程

（1）鸡蛋轻轻磕入碗内，不要打散。

（2）煎盘内淋少许油，小心倒入鸡蛋，放入盐、胡椒粉调味。

（3）以小火烹制，直至蛋清凝固、蛋黄软流，取出，装入盘中。

3. 特点

蛋清凝固、洁白，蛋黄软流。

例2：两面煎蛋（over fried egg）

1. 原料

新鲜鸡蛋2个，植物油、盐、胡椒粉适量。

2. 制作过程

（1）将煎盘加热后，淋上少许油。

（2）小心加入鸡蛋，用盐、胡椒粉调味。

（3）以中火煎制，至鸡蛋底面呈淡黄色时将鸡蛋翻转，将另一面也煎成淡黄色即可。

3. 特点

鸡蛋金黄色，蛋黄软流。

例3：法式煎蛋（French fried egg）

1. 原料

新鲜鸡蛋2个，植物油、盐、胡椒粉适量。

2. 制作过程

（1）煎盘内多加些油，小心放入鸡蛋，用盐、胡椒粉调味。

（2）以中火煎制，并用铲子不断地往鸡蛋表面撩油，使其表面形成一层白膜，将蛋黄封在很嫩的蛋清内即可。

小贴士

制作煎蛋要选用高质量、新鲜的鸡蛋，可以配上火腿、咸肉、香肠、番茄等，制成咸肉煎蛋、香肠煎蛋、火腿煎蛋等。

3. 特点

鸡蛋表面形成白膜，蛋黄软流。

（三）煎蛋卷类（omelet）

煎蛋卷又称奄列蛋或煎蛋饼等，起源于西班牙，是西式早餐中常见的蛋类制品之一。其品种繁多，常见的有法式煎蛋卷、美式煎蛋卷、意式煎蛋卷、西班牙式煎蛋卷、舒芙蕾煎蛋卷等。

制作实例

例1：（基础）法式煎蛋卷（French omelet）

1. 原料

鸡蛋3个，牛奶30 mL，黄油10 g，填馅料30 g，盐、胡椒粉适量。

2. 制作过程

（1）将鸡蛋、牛奶、盐、胡椒粉混合，搅拌均匀。

（2）将煎蛋盘或煎盘加热，放入黄油，待黄油熔化后加入蛋液。

（3）改小火，用肉叉连续不断地搅动蛋液，直至混合物全部轻微凝固成为一个整体。

（4）在蛋饼中央加入馅料。

（5）撤火，将蛋饼翻过1/3。

（6）倾斜煎盘，并轻敲煎盘，边转动蛋饼边翻过另1/3，使蛋饼完全卷起呈椭圆形。

（7）将蛋卷取出，放入盘内。

例2：（基础）美式煎蛋卷（American-style omelet）

1. 原料

鸡蛋3个，牛奶30 mL，黄油10 g，填馅料30 g，盐、胡椒粉适量。

2. 制作过程

（1）将鸡蛋、牛奶、盐、胡椒粉混合，搅拌均匀。

（2）将煎盘加热，放入黄油，待黄油冒泡时加入蛋液。

（3）将煎盘倾斜，用蛋铲快速将煎盘边缘凝固的鸡蛋转到中央，让蛋液再流到边缘，如此重复，直至蛋液全部凝固。

（4）在蛋饼中央加入馅料。

（5）用铲子将其翻过一半，使其呈半月形。

（6）取出，放入盘内即可。

知识拓展

美式煎蛋卷近似于法式煎蛋卷，但两者的不同之处是，法式煎蛋卷口感细腻，外表光滑、整齐，形状多为椭圆形，制作难度较大。美式煎蛋卷因鸡蛋结块较大，故外表较为粗糙，较容易操作，形状多为半月形。

例3：意大利鸡蛋饼（frittata）

1. 原料

鸡蛋6～8个，意大利面300 g，意大利帕尔玛奶酪50 g，培根50 g，植物油、盐、胡椒粉适量。

2. 制作过程

（1）将意大利面煮熟、捞出，沥干水分，备用。

（2）鸡蛋打散，加入意大利帕尔玛奶酪、培根、盐、胡椒粉，搅拌均匀。

（3）将油倒入煎盘，放上煮熟的意大利面，摊平整。

（4）倒入蛋液，以小火慢慢将一面煎至金黄色，翻转煎制另一面至金黄色。

（5）取出晾凉，切成角状，装盘。

知识拓展

意大利鸡蛋饼形式多样，变化较多，是一种将蔬菜、奶酪、意大利面条、培根等放入蛋液内，通过煎制或放入烤箱烘烤而制作成饼状的煎蛋卷。

（四）炒蛋类（scrambled egg）

炒蛋又称熘糊蛋，也是西式早餐中较常见的蛋类制品。

制作实例

例1：基础熘糊蛋

1. 原料

鸡蛋6～8个，黄油50 g，盐、胡椒粉、威士忌酒适量。

2. 制作过程

（1）将鸡蛋打入碗内，加入盐、胡椒粉及少量的威士忌酒调味，打散。

（2）用厚底煎盘将一半的黄油熔化，倒入蛋液，以中火加热，并用木铲搅动，直到蛋液轻微凝结。

（3）撤火，加入剩下的黄油，搅拌均匀即可。

在此基础上加入各种料，可以制成番茄炒蛋、蘑菇炒蛋、杂香草炒蛋、面包丁炒蛋等。

例2：火腿熘糊蛋（scrambled egg with ham）

1. 原料

鸡蛋6～8个，火腿丁100 g，黄油50 g，盐、胡椒粉、威士忌酒适量。

2. 制作过程

（1）将鸡蛋打入碗内，加入火腿丁、盐、胡椒粉及少量的威士忌酒调味，打散。

（2）用厚底煎盘将一半的黄油熔化，倒入蛋液，以中火加热，并用木铲搅动，直到蛋液轻微凝结。

（3）撤火，加入剩下的黄油，搅拌均匀即可。

小贴士

制作炒蛋的过程中，油温不要太高，否则会使鸡蛋变色、结块；烹制时间不要过长，否则会使鸡蛋发生脱水、收缩的现象。

（五）水波蛋（poached egg）

水波蛋也是西式早餐中较常见的一种。制作水波蛋时，应选用高质量、新鲜的鸡蛋，且应用较低的水温煮制。

制作实例

例1：（基础）水波蛋

1. 原料

新鲜鸡蛋2个，醋水（醋精∶水=1∶15），盐适量。

2. 制作过程

（1）鸡蛋去壳，小心放入碗中。

（2）将醋精、水混合，加热至90℃左右。

（3）放入鸡蛋，温煮2～3 min，至蛋清轻微凝固。

（4）取出鸡蛋，放入冷水中，并修整四周多余的蛋清。

小贴士

如果鸡蛋非常新鲜，水中可以不加醋。但如果鸡蛋不够新鲜，水中加醋可以抑制蛋清的“流动”，以保证水波蛋的形状完整。

（5）食用前，放入滚热的盐水中浸泡大约1 min，取出，装盘即可。

例2：班尼迪克水波蛋（eggs benedict）

1. 原料

水波蛋2个，英式松饼2片，烟熏火腿或加拿大培根2片，荷兰少司50 mL，黄油10 g。

2. 制作过程

（1）将英式松饼抹上黄油，放在盘内。

（2）火腿或培根用油煎制1～2 min，放于松饼上。

（3）将水波蛋放入热盐水中浸泡30～60 s，取出，沥干水分，放于火腿上。

（4）浇上荷兰少司即可。

小贴士

班尼迪克水波蛋变化很多，可将火腿换成烟熏三文鱼，即为三文鱼班尼迪克蛋，可将松饼换成黄油菠菜，即为菠菜班尼迪克蛋。

三、谷物类制品

西式早餐中常见的谷物类制品主要是燕麦粥、麦片粥、薄饼、华夫饼和面包等。

制作实例

例1：麦片粥（oat meal gruel）

1. 原料

麦片50 g，牛奶150 mL，白砂糖30 g，黄油5 g，盐、清水适量。

2. 制作过程

（1）麦片用清水泡软后，上火煮沸。

（2）倒入牛奶，以小火煮10 min。

（3）加入黄油、糖、盐，煮开煮透即可。

例2：煎法式吐司面包（fried bread）

1. 原料

白吐司面包60 g，鸡蛋1个，牛奶30 mL，果酱5 g，植物油、白砂糖、糖粉、香草粉适量。

2. 制作过程

（1）白吐司面包从中间切成两片，一端不要切断，中间抹上果酱。

（2）将鸡蛋、牛奶、白砂糖、香草粉调匀，并将面包片放入其内泡透。

（3）用120℃左右的油温，将面包片两面煎成金黄色，沥去油。

（4）放入盘内，撒上糖粉即可。

例3：薄饼（pancake）

1. 原料

面粉500 g，砂糖150 g，牛奶750 mL，鸡蛋5个，糖粉50 g，盐、植物油适量。

2. 制作过程

（1）砂糖和盐用少量牛奶溶化，鸡蛋打散并加入盐和剩余的牛奶与砂糖一起混合。然后慢慢倒入面粉内，搅拌均匀，过筛，成为薄饼生坯料。

（2）将薄饼盘烧热，淋少许油，加入一小勺生坯料，轻轻转动薄饼盘，摊成圆形薄饼。

（3）以小火煎制，将薄饼两面煎成金黄色。

（4）食用前，将薄饼卷成长卷或折成三角形，用少许黄油略煎一下，放入盘内，撒上糖粉即可。

在此基础上还可以制成苹果薄饼、橘子薄饼、诺曼底薄饼等。

例4：华夫饼（waffles）

1. 原料

面粉500 g，鸡蛋4个，牛奶300 mL，砂糖100 g，植物油150 g。

2. 制作过程

（1）面粉过筛，加入砂糖和打散的鸡蛋、牛奶，慢慢地搅拌均匀，制成面糊。

（2）将华夫饼夹烧热，上下两面刷上油，倒入一勺调制好的面糊，将其夹好，烘烤。待饼熟透、变黄时，取出即可。

四、熟食类制品

西式早餐熟食主要是各种肉类制品，如火腿、培根、香肠等，此外还有美式炸薯饼、早餐香肠肉饼等。这些熟食类制品一般都需要加热处理后食用，也可搭配面包或其他早餐食品。

制作实例

例1：煎培根（pan fried bacon）

1. 原料

培根4片，植物油适量。

2. 制作过程

（1）平底锅加热，倒入油脂，放入培根片。

（2）将培根片煎至焦脆，取出，用吸油纸吸除多余的油脂。

培根一般用于搭配面包、吐司或煎蛋等。

例2：早餐香肠肉饼（breakfast sausage patties）

1. 原料

猪肉馅400 g，红糖5 g，杂香草（鼠尾草、百里香、迷迭香等）、红椒粉、大蒜粉、盐、胡椒碎适量。

2. 制作过程

（1）将猪肉馅与红糖、杂香草、红椒粉、大蒜粉、盐、胡椒碎混合，搅拌均匀。

（2）将猪肉馅分成10等份，搓圆、压扁制成圆饼状。

（3）平底锅加热，倒入少量油脂，将肉饼煎制成熟。

香肠肉饼可单独作为早餐食品，也可搭配煎蛋、炒蛋等。

例3：美式炸薯饼（hash brown）

1. 原料

马铃薯300 g，面粉10 g，洋葱粉3 g，盐适量。

2. 制作过程

（1）将马铃薯去皮、洗净，擦成丝，用清水冲洗两遍。

（2）将马铃薯丝放入盐水中，煮沸3～4 min取出，用纱布过滤并挤干水分。

（3）加入面粉、洋葱粉、盐调味，搅拌均匀，放入模具制成薯饼。

（4）将薯饼放入平底锅内，半煎半炸至表面金黄即可。

美式炸薯饼可单独作为早餐食品，也可搭配煎蛋、炒蛋等。

五、饮料类制作实例

西餐中常见的饮料有咖啡、红茶、可可、果汁等。

1. 咖啡（coffee）

咖啡是一种热带植物，其果实为红色，椭圆形，去除果肉后为咖啡豆。咖啡豆经焙炒后研细，就是咖啡粉。由于加工方法不同，咖啡又有颗粒状咖啡和粉末状咖啡两种。

（1）颗粒状咖啡　味香醇，但要经过煮制后才可饮用。煮制时要先将水煮沸，然后倒入咖啡粒，水与咖啡的比例一般为3∶1左右，等到水再次沸腾后，再改用文火煮8 ~ 10 min，当液体颜色变深并有香味时，滤出咖啡渣，即可饮用。

煮咖啡时，一定要用没有油脂的器具，煮的时间不要过长，否则会使咖啡变黑，失去香味。咖啡在饮用时可根据个人口味加糖和牛奶。

（2）粉末状咖啡　即速溶咖啡，用热水冲开即可，饮用方便，但不如煮制的咖啡香味浓郁。

2. 红茶（black tea）

红茶是经过发酵的茶类，其色重味浓，深受大多数西方人的喜爱。为了供应方便，一般可提前煮好茶卤。

制作方法：茶叶与水的比例一般是1∶15左右，先将水煮沸，再加入茶叶，以微火煮3 ~ 5 min，滤去茶叶后便为茶卤。饮用时先在茶杯内倒上茶卤，再冲入4 ~ 5倍量的沸水即可。红茶在饮用时一般要加糖。

红茶内放入柠檬片便为“柠檬红茶”，加上牛奶或奶油便是“奶茶”。

3. 可可（cacao）

可可是一种热带植物。可可的种子经焙炒后再脱去部分脂肪便是可可粉。可可饮料是用可可粉加糖和水煮成可可汁，再兑入牛奶制成的。

制作方法：将可可粉、糖与水搅拌均匀。可可粉、糖、水的比例为1∶5∶5左右。以微火煮至黏稠，便是可可汁。在可可汁内兑入5倍量的热牛奶，便是“热可可饮料”，兑入冷牛奶便是“冷可可饮料”。

4. 果汁（juice）

果汁也是西式早餐中常用的饮料。果汁是以新鲜水果为原料制作的饮品，含有丰富的维生素，一般分为鲜果汁和果汁饮料两种。果汁应保持新鲜，一般要放入冰箱内保存，其最佳饮用温度在10℃左右。常见的品种有橙汁、西瓜汁、番茄汁、菠萝汁、苹果汁、葡萄汁、杧果汁等。

主题二
西式快餐食品制作

西餐中的快餐食品是指能在短时间内提供给客人饮食的各种方便菜点。在饭店中，各种快餐食品大都在咖啡厅、酒吧内供应，一般不单设专门的快餐厅。

一、西式快餐的特点

西式快餐初创于20世纪初的美国，当时仅限于在餐厅内出售一些像汉堡包一类的快餐食品。西式快餐真正的发展出现在20世纪50年代，第二次世界大战后美国经济复苏，从而推动了餐饮业的发展，为了适应加快的工作与生活节奏，以及人们饮食观念与需求的改变，一种全新的餐饮形式——快餐应运而生。

西式快餐以其特有的制售快捷、食用便利、服务简便、质量标准化、价格低廉等特点，在20世纪60年代末70年代初开始风靡世界，到80年代末期，随着我国的改革开放，以肯德基、麦当劳为代表的西式快餐进入中国市场，并取得了骄人的业绩。

二、西式快餐制品

可作为快餐供应的西式菜点很多，凡是制作简便或可以提前预制好的菜点都可以作为快餐食品供应。西式快餐常见制品主要有炸鱼柳、炸鸡、汉堡包、比萨饼、三明治、热狗、意大利面条等。

（一）三明治（sandwich）

三明治是英语sandwich的音译，有的地方译作“三文治”“三味吃”。三明治主要是由面包片、熟肉制品、蔬菜和调味酱等组成。三明治种类很多，冷热皆有，常见的主要是英式三明治和美式三明治，此外还有法国的长面包三明治、比利时的三明治卷等。

知识拓展

三明治源于英格兰东部的三明治镇。此镇原有一位伯爵名叫三明治，因酷爱玩桥牌，废寝忘食，厨师为了迎合主人，自制了一些面包夹肉的食品，供伯爵边玩牌边吃，深得伯爵喜欢。由于这种食品制作简单，营养丰富，又便于携带，所以很快在各地流传，并以“三明治”命名，以后逐渐发展成为一种快餐食品。

制作实例

例1：火腿三明治（ham sandwich）

1. 原料

方面包片2片，火腿50 g，黄油10 g。

2. 制作过程

（1）火腿切成片，将黄油抹在方面包片上，再将火腿夹在两片面包片中间。

（2）用刀将面包片四周的硬皮切去，再从中间沿对角线斜切成大小相同的两块即可。

知识拓展

火腿三明治是最常见的三明治类型，用同样的方法可以制作奶酪三明治、烤牛肉三明治、鸡肉三明治等。

例2：总汇三明治（club sandwich）

1. 原料

方面包片3片，沙拉酱15 g，熟火腿10 g，鸡蛋1个，熟鸡肉片20 g，番茄片20 g，生菜叶少量。

2. 制作过程

（1）将3片方面包片烤成金黄色，再涂上沙拉酱。

（2）将火腿切成2片。将鸡蛋打散，火腿蘸蛋液用油煎熟。

（3）将生菜叶、熟鸡肉片、番茄片夹放在两片面包片中间，再将火腿码在第二片面包上，盖上第三片面包，用手稍压。

（4）用刀切去面包片四周的硬皮，再沿对角线切成两块，在每块上插一根牙签即可。

知识拓展

总汇三明治又被称为公司三明治、俱乐部三明治等，是一种双层或多层的大型三明治。

例3：檀香山三明治（Honolulu sandwich）

1. 原料

方面包片3片，黄油10 g，熟金枪鱼肉75 g，千岛酱、生菜叶适量。

2. 制作过程

（1）将面包片两面烤成金黄色，再抹匀黄油。

（2）将生菜叶、金枪鱼肉、千岛酱放在两片面包中间。

（3）在第二片面包上再放上生菜叶、金枪鱼肉、千岛酱，盖上第三片面包。

（4）用刀切去面包片四周的硬皮，再切成2块或4块，插上牙签即可。

（二）汉堡包（hamburger）

汉堡包是英语hamburger的译音，在美国称为“burger”，是西式快餐中的代表食品之一。最早的汉堡包主要是圆面包夹牛肉饼，现已发展成为口味多样、款式繁多、畅销世界的方便食品。

知识拓展

汉堡包最初源于德国的汉堡肉饼。德国汉堡地区的人将剁碎的牛肉末做成肉饼煎烤来吃，于是称为“汉堡肉饼”。1850年，德国人将汉堡肉饼的烹制技艺带到了美国，后来逐渐与三明治相结合，即将牛肉饼夹在一剖为二的小面包当中一同食用，所以被称为“汉堡包”。

制作实例

例1：奶酪汉堡包（cheese hamburger）

1. 原料

主料：牛肉馅650 g，白面包75 g，沙拉酱25 g，汉堡面包4个，奶酪片4片，牛奶25 g，盐、胡椒粉适量。

配菜：炸薯条，时令蔬菜。

2. 制作过程

（1）将白面包用清水泡软，挤干水分，放入牛肉馅内，加入盐、胡椒粉、牛奶搅拌均匀，制成肉饼，用油煎熟。

（2）将汉堡面包从中间片开，涂上沙拉酱，夹上肉饼，放上一片奶酪，放入烤炉烤透即可。

（3）上菜时，可以配炸薯条和时令蔬菜。

例2：牛柳汉堡包（beef fillet burger）

1. 原料

主料：汉堡面包4个，牛里脊600 g，瑞士奶酪150 g，生菜叶50 g，番茄片50 g，酸黄瓜片25 g，洋葱片25 g，黄油20 g，盐、胡椒粉适量。

配菜：炸薯条，蔬菜沙拉。

2. 制作过程

（1）将汉堡面包切为两半，切面涂上黄油，放入扒炉，将切面扒上色。

（2）将牛里脊切成4份，加工成圆饼状，用盐、胡椒粉调味，放在扒炉上扒至所需要的火候。

（3）将生菜叶、番茄片、洋葱片、酸黄瓜片放在底层面包上。

（4）在扒好的牛排上面放上奶酪片，放入明火焗炉，焗至奶酪熔化。

（5）将焗好的奶酪牛排放在有蔬菜的面包上，盖上另一半面包，放入盘中。

（6）上菜时，配上炸薯条、蔬菜沙拉即可。

例3：鱼肉汉堡包（fish burger）

1. 原料

白色鱼柳750 g，面包粉50 g，番芫荽末15 g，鸡蛋1个，沙拉酱25 mL，汉堡面包6个，生菜叶6片，番茄片12片，面粉、盐、胡椒粉适量。

2. 制作过程

（1）将白色鱼柳剁碎，放入面包粉、番芫荽末、鸡蛋、盐、胡椒粉搅打上劲，制成鱼肉馅。

（2）将鱼肉馅分成6份，制成圆饼状，蘸上面粉，用油煎熟。

（3）将汉堡面包分为两半，放入扒炉，将切面扒上色。

（4）将生菜叶、番茄片、鱼肉饼放在底层的面包上，浇上沙拉酱，盖上另一半面包即可。

（三）比萨饼（pizza）

比萨是英文“pizza”的音译。比萨饼源于意大利的那不勒斯，是由意大利那不勒斯的面包师傅创制的。它是一种由特殊的饼底、酱汁、馅料和奶酪构成的、具有意大利风味的食品，受到各国消费者的喜爱。

知识拓展

意大利具有代表性的比萨当属那不勒斯的玛格丽特比萨（margaret pizza）。相传19世纪意大利王妃玛格丽特对比萨非常钟爱，那不勒斯的一位厨师为了表达对王妃的敬意，用番茄、罗勒、马苏里拉奶酪特制了一款象征意大利国旗红、绿、白的比萨饼，献给了王妃，并命名为玛格丽特比萨。

制作实例

例1：夏威夷比萨（Hawaii pizza）

1. 原料

软皮比萨面：面粉200 g，酵母6 g，牛奶140 mL，砂糖、盐适量。

馅料：里脊火腿75 g，菠萝罐头100 g，番茄沙司30 mL，奶酪粉50 g，番芫荽适量。

2. 制作过程

（1）将面粉、牛奶、酵母、砂糖、盐混合制成面团。

（2）面团经两次或三次发酵后，分成两份并揉成圆形。

（3）待面团稍膨胀后，用手压制成四周略厚的圆饼。

（4）将里脊火腿、菠萝分别切成扇形片。

（5）将番茄沙司加入适量的菠萝罐头汁，上火煮至浓稠。

（6）在面饼表面涂上番茄菠萝汁，码上火腿片、菠萝片，撒上奶酪粉。

（7）放入200℃的烤箱内，烘烤15 ~ 20 min，直至面皮香脆，奶酪熔化，点缀上番芫荽即可。

例2：海鲜比萨（seafood pizza）

1. 原料

硬皮比萨面：面粉120 g，牛奶70 mL，黄油15 g，盐适量。

馅料：熟贻贝肉250 g，熟虾肉375 g，培根4片，番茄沙司50 mL，青椒丝30 g，洋葱丝40 g，马苏里拉奶酪粉250 g，牛至适量。

2. 制作过程

（1）面粉过筛，加入黄油、盐及牛奶调成面团，将面团揉至上劲、表面有光泽。

（2）培根用油煎至香脆，沥去油脂备用。

（3）将面团擀制成薄的圆饼状，放入比萨饼模内，表面刷上番茄沙司，撒上洋葱丝、青椒丝、贻贝肉、虾肉、奶酪粉和牛至。

（4）放入200℃的烤箱内，烘烤15 ~ 20 min，直至比萨表面上色。

（四）热狗（hot dog）

热狗起源于美国，是一种面包夹泥肠一同食用的方便食品。因其是在白色的面包内夹一根红色的泥肠，很像热天吐舌散热的狗，故名热狗。

热狗有很多种变化，除了在面包内夹各种泥肠外，还可以夹入生菜、番茄、黄瓜、番茄沙司、奶酪等。

制作实例

例1：（基础）热狗

1. 原料

热狗面包1个，热狗泥肠1根，炸薯条20 g，芥末酱、番茄沙司适量。

2. 制作过程

（1）将热狗面包从中间片开，一端保持连接不切断，抹上芥末酱。

（2）夹上热狗泥肠和炸薯条，挤上番茄沙司即可。

例2：煎奶酪热狗（cheese hot dog）

1. 原料

热狗面包1个，热狗泥肠1根，切达奶酪碎、热狗酱、洋葱碎适量。

2. 制作过程

（1）将热狗泥肠从中间切开，用油煎上色。

（2）将热狗面包从侧边片开，用擀面杖擀薄。

（3）将没有面包皮的一面朝上，抹上热狗酱。

（4）在面包上放上煎制的泥肠，撒上奶酪碎和洋葱碎，将两片面包合紧。

（5）放入平底锅，用油将两面煎上色即可。

单元小结

本单元共分两个主题，主要介绍西餐中的早餐和快餐食品的制作，阐述和说明了西餐早餐的分类和常见快餐的品种。介绍了西式早餐中蛋类制品、谷物类制品、熟食类制品、饮料类制品及常见西式快餐比萨、汉堡包、三明治等制品的制作方法和制作工艺。

思考与练习

一、选择题

1. 西式早餐因食品和服务形式的不同，分为英美式早餐和（　　）两种。

A. 法式早餐　　B. 德式早餐　　C. 欧陆式早餐　　D. 意式早餐

2. 制作水波蛋的烹调温度为（　　）℃。

A. 55～65　　B. 70～80　　C. 85～95　　D. 100

3. 煮鸡蛋的温度过高或时间过长会使蛋黄中的（　　）释放出来，影响质量。

A. 硫化物　　B. 铁　　C. 磷脂　　D. 蛋白质

4. 汉堡肉扒源于德国，传入（　　）后演变成为汉堡包。

A. 法国　　B. 英国　　C. 美国　　D. 意大利

二、判断题（正确的打“√”，错误的打“×”）

1. 法式煎蛋的标准应是蛋白凝固，蛋黄软流。（　　）

2. 咖啡煮制的时间越长，味道越好。（　　）

3. 热狗是用小长面包加上肉肠制成的一种方便食品。（　　）

4. 快餐是指在短时间内能提供给食客的面点制品。（　　）

三、简答题

1. 英美式早餐的特点是什么，主要有哪些品种？

2. 如何煮制红茶？

四、实践题

根据操作步骤和制作要点练习西式早餐的三种煎蛋。

附录一 西餐烹调常用词汇

一、烹饪原料（Ingredients）

1. 肉类（meat）

牛肉　beef

牛后腱子　beef shank

米龙　beef rump

和尚头　beef topside

仔盖　beef silver side

牛腰窝　beef thick flank

牛外脊　beef loin

牛里脊　beef fillet

牛硬肋　beef plate

牛腩　beef thin flank

牛胸口　beef brisket

牛上脑　beef chuck rib

牛前腱子　beef shank

牛前腿　beef leg

牛颈肉　beef sticking piece

牛舌　beef tongue

牛腰　beef kidney

牛肝　beef liver

牛尾　beef tail

牛脑　beef brain

牛胃　beef tripe

牛骨髓　beef marrow

菲力米云　filet mignon

薄片牛排　minute steak

牛排　beef steak

Y–骨牛排　Y–bone steak

肋骨牛排　rib steak

美式T–骨牛排　porterhouse steak

肉眼牛排　rib–eye steak

西冷牛排　sirloin steak

整条菲力　long fillet

纽约式西冷牛排　New York cut

小牛肉　veal

小牛核　sweet bread

羔羊　lamb

羊马鞍　saddle

羊　mutton

七肋羊排　7-rib bone

格利羊排　lamb cutlet

香椎羊排　noisette

乳羊　milk fed lamb

猪肉　pork

带骨猪排　pork cutlet

无骨猪排　pork loin chop

猪蹄　trotter

猪上脑　chuck rib

猪外脊　pork loin

猪里脊　pork tenderloin

猪短肋　short plate

猪硬肋　spare rib

猪软肋　belly-ribbed

猪后臀部/猪后臀尖　pork round

猪油　lard

培根　bacon

火腿　ham

法国烟熏火腿　bayonne ham

苏格兰整只火腿　braden ham

德国陈制火腿　westphalian ham

黑森林火腿　black forest ham

意大利火腿　prama

德式小香肠　bratwurst

米兰萨拉米香肠　Milan salami

维也纳牛肉香肠　Viennese sausage

法国香草萨拉米香肠　French herb salami

2. 家禽（poultry）

鸡　chicken

雏鸡　chick

春鸡　spring chicken

阉鸡　capon

老鸡　fowl

火鸡　turkey

鹅　goose

鸭　duck

鸽子　pigeon

兔　rabbit

珍珠鸡　guinea fowl

3. 水产品（aquatic food）

牙鲆鱼　flounder

鲽鱼　plaice

舌鳎　tonguefish

柠檬舌鳎　lemon sole

英国舌鳎　english sole

都花舌鳎　dover sole

宽体舌鳎　rex sole

大菱鲆鱼　turbot

大比目鱼　halibut

沙滩比目鱼　sand dab

鲑鱼　salmon

金枪鱼　tuna

鳀鱼　anchovy

沙丁鱼　sardine

鲱鱼　herring

鳕鱼　cod

海鲈鱼　sea perch

真鲷　genuine porgy

鳟鱼　trout

鳜鱼　mandarin

蛤　clam

龙虾　lobster

对虾　prawn

牡蛎　oyster

扇贝　scallop

贻贝　mussel

蜗牛　snail

鱼子酱　caviar

4. 乳制品（milk product）

牛奶　milk

鲜奶　homogenized milk

酪奶　butter milk

脱脂奶　nonfat milk

淡炼乳　evaporated milk

甜炼乳　condensed milk

酸奶　sour milk

酸奶酪/优格　yogurt

奶油　cream

掼奶油　whipped cream

酸奶油　sour cream

黄油　butter

清黄油　melted butter

奶酪　cheese

英国切达奶酪　cheddar cheese

荷兰埃达姆奶酪　edam cheese

瑞士干酪/古老也奶酪　gruyere cheese

羊乳奶酪　roquefort cheese

巴伐利亚蓝纹奶酪　bavarian blue cheese

德贝奶酪　derby cheese

法国布里奶酪　french brie cheese

马苏里拉奶酪　mozzarella cheese

帕尔玛奶酪　parmesan cheese

古贡佐拉奶酪　gorgonzola cheese

5. 蔬菜（vegetable）

洋蓟　artichoke

芦笋　asparagus

西蓝花　broccoli

红菜头　beet root

莴苣/生菜　lettuce

波士顿生菜　boston lettuce

冰山生菜　iceberg lettuce

菊苣　chicory

白菊苣　blanching chicory

法国菊苣　french endive

比利时菊苣　belgium chicory

卷曲菊苣　curly chicory

白菌　button mushroom

羊肚菌　morels

黑松露　truffles

香菇　shiitake

冬葱　shallot

芹菜　celery

洋葱　onion

胡萝卜　carrot

青蒜/韭葱　leek

蒜　garlic

细香葱　chive

番茄　tomato

黄瓜　cucumber

茄子　egg-plant

红菜头　beet root

茴香　fennel

嫩葫芦　marrow

嫩黄瓜/酸黄瓜　gherkin

欧防风　parsnip

西洋菜/豆瓣菜　watercress

番芫荽/欧芹　parsley

细叶芹　chervil

牛蒡　burdock

青椒　bell pepper

辣椒　chili

红甜椒　pimiento

西葫芦　squash

南瓜　pumpkin

甘蓝　cabbage

羽衣甘蓝　kale

球芽甘蓝　brussels sprout

马铃薯　potato

小萝卜　radish

萝卜/芜菁　turnip

甘薯　sweet potato

豆　bean

黑豆　black gram

扁豆　lentil

豌豆　pea

黄豆　soybean

四季豆　green bean

蚕豆　broad bean

法国菜豆　french bean

玉米　corn

面粉　flour

大米　rice

大麦　barley

燕麦　oat

荞麦　buckwheat

意大利实心粉　spaghetti

意大利空心粉　macaroni

意大利味饭　risotto

6. 水果类（fruit）

苹果　apple

香蕉　banana

梨　pear

草莓　strawberry

樱桃　cherry

橙子　orange

柠檬　lemon

胡桃　walnut

菠萝　pineapple

猕猴桃　kiwi fruit

橄榄　olive

鳄梨　avocados

杧果　mango

阳桃　star fruit

番木瓜　papaya

开心果　pistachio nut

扁桃仁　almond

腰果　cashew

香瓜、甜瓜　melon

榛子　hazelnut

椰子　coconut

西瓜　watermelon

荔枝　litchi

7. 调料（seasoning）

盐　salt

油　oil

色拉油　salads oil

花生油　peanut oil

辣酱油　worcestershire sauce

香槟酒醋　champagne vinegar

香草醋　herb vinegar

他拉根香醋　tarragon vinegar

麦芽醋　malt vinegar

葡萄酒醋　wine vinegar

雪利酒醋　sherry vinegar

苹果醋　apple cider vinegar

意大利香脂醋　balsamic vinegar

白醋　white vinegar

番茄酱和番茄沙司　tomato paste / tomato sauce/ketchup

咖喱粉　curry powder

芥末　mustard

香叶　bay leaf

酸豆　caper

胡椒　pepper

肉豆蔻　nutmeg

丁香　clove

肉桂皮　cinnamon

百里香　thyme

迷迭香　rosemary

他拉根香草　tarragon

鼠尾草　sage

莳萝　dill

藏红花　saffron

罗勒　basil

牛至　oregano

水瓜柳　caper

辣根　horseradish

红椒粉　paprika

多香果　allspice

香兰草　vanilla

香草粉/香兰素　vanillin

孜然/小茴香/枯茗　cumin

8. 饮料（drink）

矿泉水　mineral water

纯净水　pure water

橘子汁　orange juice

橘子水　orangeade / orange squash

柠檬汁　lemon juice

柠檬水　lemonade

鸡尾酒　cocktail

伏特加　vodka

马提尼酒　martini

白兰地　brandy

法国干邑白兰地　cognac

威士忌　whisky

金酒/杜松子酒　gin

朗姆酒　rum

红葡萄酒　red wine

白葡萄酒　white wine

香槟酒　champagne

苦艾酒　vermouth

雪利酒　sherry

马德拉酒　madeira

波特酒　port wine

利口酒　liqueur

啤酒　beer

二、厨房用具（kitchen ware）

天使蛋糕模　angel cake mould

苹果去心刀　apple corer

焗盘，烘盘　baking pan

烧烤炉　barbecue grill

沸水炉　boiler

剁骨刀　bone knife

面包篮　bread basket

面包刀　bread knife

烤炉　baking oven

剔骨刀　boning knife

刷子　brushes

水桶 bucket

切肉刀 butcher's knife

磨刀钢条 butcher's steel

黄油刀 butter knife

蛋糕叉 cake fork

蛋糕刀 cake knife

搅拌器 cake mixer

开罐头刀 can opener

切肉刀 carving knife

帽形滤器 cap strainer

蔬菜滤器 colander

蛤蜊刀 clam knife

焗盅/砂锅 casserole

芝士刀 cheese knife

砧板 chopping block

鸡尾杯 cocktail glass

酒钻/开瓶塞器 cork screw

五味架 cruet set

肉槌 cutlery box

硬棕刷 deck scrubber

打蛋器 egg beater

煮蛋杯 egg cup

切蛋器 egg cutter

煎蛋盘 egg frying pan

切蛋片器 egg slicker

蛋铲 egg shovel

鱼叉 fish fork

鱼刀 fish knife

面粉筛 flour scoop

炸炉 fryer

煎盘/平底锅 frying pan

滤汁器 gravy strainer

擦床 grater

烧肉用之叉 grill fork

平面煎板 griddle/griller

冰淇淋机 ice cream machine

果冻模 jelly mould

长匙/汤勺 ladle

穿肉针 larding needle

榨汁器 lemon squeezer

绞肉机 meat chopper

绞碎器 mincer

拍刀 meat pounder

微波炉 microwave oven

立式万能机 mixer

煎蛋盘 omelette pan

烤炉、焗炉 oven

牡蛎刀 oyster knife

胡椒研磨器 pepper mill

批模、排模 pie mould

比萨炉 pizza oven

夹薯泥器 potato masher

烤炉 roast oven

滤汁器 sauce strainer

炒盘 sauté pan

洗涤盆 sink

串肉钎 skewer

蒸锅/蒸炉 steamer

烩锅 stew pan

漏勺 skimmer

汤桶 stock pot

炉灶 stove

明火焗炉 salamander

锥形滤器 stabber

蒸汽汤炉 tilting boiler

多士炉/烘面包炉 toaster

食品夹子 tongs

穿肉条针 trussing needle

挖球器　vegetable scoop

搅打器　wire whisk

木匙　wooden spoon

三、常用烹调用语（cooking terms）

初步热加工　blanching

炸　deep frying

煎　pan frying

炒　saute

温煮　poaching

沸煮　boiling

蒸　steaming

烩　stewing

白烩　white stew

红烩　brown stew

焖　braising

烤　roasting

焙烘/焗　baking

铁扒　grilling

串烧　brochette

浅焗　gratin

基础汤　stock

少司　sauce

汤　soup

沙拉　salad

野外烧烤　barbecue

面糊，面浆　batter

腌渍　brine

提炼　clarify

撇去　skim

搅拌　stir

增稠　thicken

拌　toss

抽打　whip

烫的　scalded

腌渍的　pickled

烟熏的　smoked

卤的　salted in soy sauce

冰镇的　iced

冰冻的　frozen

武火/猛火　intense heat/high heat

中火　moderate heat，medium heat

文火/小火　low heat

冷水过凉　refresh

抽打　beat

搅匀　blend

冷却　cool

调味　correct seasoning

脆　crisp

洒酒点燃　flambé

光泽　glaze

熔化　melt

沸腾　bring to a boil

块/片　chop

小丁　dice

削皮　peel

碎片　sliver

去核　core

砸碎　crush

捆扎　trusse

装饰　garnish

捣　mash

切末　mince

混合　mix

去壳的，脱皮的　shelled

去皮的　skinned

切丝的　shredded

剁碎的　minced

磨碎的　ground

淋以油脂　basting

微沸　simmering

香草束　bouquet garni

甜　sweet

酸　sour

苦　bitter

咸　salty

脆的　crisp

酥的　short

腻　rich

浓　thick

新鲜的　fresh

生的　raw

热的　hot

凉的　cool

风味，味道　flavor

清淡的 light

老的　tough

嫩的　tender

不熟的　underdone

半生半熟的　rare

合适的　medium

熟透的　well-done

过火的　overdone

béchamel 〔法文〕用油炒面和牛奶调制的白少司。

bouchée 〔法文〕用清酥面团烘制的小酥盒，俗称“小巴地”。

brunoise 〔法文〕将原料切成小方粒。

basting　烧烤原料时，淋以油脂或汤汁。

bouquet garni 〔法文〕将各种香草扎成束。

batter　用水或牛奶、鸡蛋、面粉等调制的各种面糊、面浆。

chiffonnade 〔法文〕将原料逆纤维方向切成丝。

concasse 〔法文〕将番茄去皮、去子切成小粒。

consommé 〔法文〕清汤。

croquette 〔法文〕将原料加工成卷状，蘸蛋液、面包粉炸制。

croûton 〔法文〕将面包切成小方粒，用油脂炸至金黄，主要用于汤类菜肴装饰。

dripping　烧烤肉类原料时流出的油脂。

duxelles 〔法文〕用黄油将蘑菇、洋葱碎、香草等炒香。

escalope 〔法文〕将肉类原料拍成薄的肉片。

julienne 〔法文〕将原料顺纤维方向切成丝。

macédoine 〔法文〕将原料切成方丁。

marinade 〔法文〕将原料放入用葡萄酒、白醋、橄榄油、蔬菜香料等调制的溶液内，腌渍入味。

roux 〔法文〕用黄油将面粉炒透。

stuffing　将原料填馅，瓤馅。

simmering　用小火加热，使其保持微沸状态。

附录二 烹调度量表

一、质量换算

（一）公制、市制换算

1公斤=1千克（kg）=2市斤

1市斤=500克（g）=10市两

1市两=50克（g）=10市钱

1市钱=5克（g）=10市分

（二）英美制换算

1磅（1b）=16盎司/安士（oz.）=453.6克（g）

1盎司/安士（oz）=16打兰（dr.）=28.35克（g）

1打兰（dr.）=1.77克（g）

二、容量换算

（一）公制换算

1升（L）=10分升（dL）=100厘升（cL）=1 000毫升（mL）

（二）英制换算

1加仑（gal）=4夸脱（qt）=4.546升（L）

1夸脱（qt）=2品脱（pt）=1.135 6升（L）

1品脱（pt）=4及耳（gi）=0.568 2升（L）

1及耳（gi）=5盎司/安士（oz.）=0.142升（L）

1盎司/安士（oz.）=28.4毫升（mL）

（三）美制换算

1加仑（gal）=4夸脱（qt）

1夸脱（qt）=2品脱（pt）

1品脱（pt）=2杯（cup）=16盎司/安士（oz.）

1杯（cup）=2及耳（gi）=8盎司/安士（oz.）

1及耳（gi）=8汤匙（table spoon）=4盎司/安士（oz.）

1盎司/安士（oz.）=2汤匙（table spoon）

1汤匙（table spoon）=3茶匙（tea spoon）=1/2盎司/安士（oz.）

1茶匙（tea spoon）=1/6盎司/安士（oz.）

1盎司/安士（oz.）=29.57毫升（mL）

三、温度换算

华氏温度 = 摄氏度 ×9÷5+32

摄氏度 =（华氏度 −32）×5÷9

常见华氏/摄氏温度对照表

华氏度/°F	摄氏度/°C	华氏度/°F	摄氏度/°C
14.00	−10	300	149
32.00	0	330	166
50	10	360	182
70	21	390	199
90	32	420	216
120	49	450	232
150	66	480	249
180	82	500	260
210	99	520	271
240	116	550	288
270	132	580	304

参考书目

[1] 郭亚东.西餐烹调技术[M].北京：高等教育出版社，1991.

[2] 韦恩·吉斯伦.专业烹饪：第四版[M].大连：大连理工大学出版社，2005.

[3] 闫文胜.西餐烹调技术[M].2版.北京：高等教育出版社，2012.

[4] 洪锦怡，曾淑凤.西餐烹调实习[M].台北：五南图书出版股份有限公司，2020.

郑重声明

读者意见反馈

为收集对教材的意见建议，进一步完善教材编写并做好服务工作，读者可将对本教材的意见建议通过如下渠道反馈至我社。

咨询电话　400-810-0598

反馈邮箱　zz_dzyj@pub.hep.cn

通信地址　北京市朝阳区惠新东街4号富盛大厦1座

高等教育出版社总编辑办公室

邮政编码　100029

防伪查询说明

用户购书后刮开封底防伪涂层，使用手机微信等软件扫描二维码，会跳转至防伪查询网页，获得所购图书详细信息。

防伪客服电话　（010）58582300

学习卡账号使用说明

一、注册/登录

访问http://abook.hep.com.cn/sve，点击“注册”，在注册页面输入用户名、密码及常用的邮箱进行注册。已注册的用户直接输入用户名和密码登录即可进入“我的课程”页面。

二、课程绑定

点击“我的课程”页面右上方“绑定课程”，在“明码”框中正确输入教材封底防伪标签上的20位数字，点击“确定”完成课程绑定。

三、访问课程

在“正在学习”列表中选择已绑定的课程，点击“进入课程”即可浏览或下载与本书配套的课程资源。刚绑定的课程请在“申请学习”列表中选择相应课程并点击“进入课程”。

如有账号问题，请发邮件至：4a_admin_zz@pub.hep.cn。